U0378973

"十四五"国家重点出版物出版专项规划项目

教育部人文社会科学研究规划基金项目

# 延安红色建筑遗产保护及利用

王 莉 著

西安电子科技大学出版社

## 内 容 简 介

本书以延安红色建筑遗产的保护及利用为出发点，通过对延安红色建筑遗产的调查，总结了延安红色建筑遗产的特征，并进行了典型延安红色建筑遗产的价值评估，提出了规范的延安红色建筑遗产的保护体系和利用方式，并通过实践案例说明其可行性及合理性。

本书兼顾理论和实践，通过强调延安红色建筑遗产保护及利用的整体性思维，构建整体性的工作流程及设计框架，整合调查、评估、规划设计、展示利用等相关工作，并尝试将其纳入推动我国社会发展的终极目标，强调延安红色建筑遗产保护中的文化自觉性，探究红色建筑遗产利用中社会、经济、文化效益的协调，以保护延安圣地的红色基因，传承并弘扬延安精神。

本书可为城市规划、建筑历史、建筑遗产保护利用和环境景观设计等专业工作者以及政府主管部门和相关专业大专院校师生提供参考。

图书在版编目（CIP）数据

延安红色建筑遗产保护及利用 / 王莉著. -- 西安 ：西安电子科技大学出版社，2025. 2. -- ISBN 978-7-5606-7491-9

Ⅰ. TU-87

中国国家版本馆 CIP 数据核字第 20249TE703 号

策　　划　李惠萍
责任编辑　李惠萍
出版发行　西安电子科技大学出版社（西安市太白南路 2 号）
电　　话　(029) 88202421　88201467　　邮　　编　710071
网　　址　www.xduph.com　电子邮箱　xdupfxb001@163.com
经　　销　新华书店
印刷单位　广东虎彩云印刷有限公司
版　　次　2025 年 2 月第 1 版　2025 年 2 月第 1 次印刷
开　　本　787 毫米×1092 毫米　1/16　印张 15.5
字　　数　365 千字
定　　价　62.00 元
ISBN 978-7-5606-7491-9
XDUP 7792001-1

# 前言

2021年3月，习近平总书记对革命文物工作作出重要指示，强调："革命文物承载党和人民英勇奋斗的光荣历史，记载中国革命的伟大历程和感人事迹，是党和国家的宝贵财富，是弘扬革命传统和革命文化、加强社会主义精神文明建设、激发爱国热情、振奋民族精神的生动教材。"我国把深化革命文物保护利用工作提升到了中国共产党和国家重要事业发展的高度，要求加大对革命文物保护利用工作的力度，从坚定文化自信、弘扬革命文化、传承红色基因、全面建设社会主义现代化国家、实现中华民族伟大复兴中国梦的战略高度，切实做好延安革命文物的保护及利用。

文化自信是我国在国际多元文化与价值观挑战下提出的战略思想，是对民族文化认同的必然要求，更是推进中国文化全面建设、实现中国梦的重要保障。当前我国文化自信进入理论及实践的创新阶段，在大力实施文化建设的格局下，延安红色建筑遗产的保护及利用是对中国文化全面建设的探索，这一探索势必加强延安革命文物保护利用和延安精神弘扬的内在联系，并可推进中国文化自信理论及实践的普适性研究，以及革命文物保护利用的典型性研究，为中华民族伟大复兴添砖加瓦。

延安是中国革命的圣地、中华人民共和国的摇篮，其不仅是马克思主义中国化的完成地，也是中国化马克思主义的诞生地。自中共中央到达延安，以毛泽东为代表的中国共产党在延安领导了土地革命、全民族抗日战争及解放战争，以上活动中形成了延安红色建筑遗产的物质遗存和非物质红色记忆，这些遗存和记忆见证了中国特色社会主义的历史发展足迹，蕴含着社会主义核心价值体系。中国共产党建党已有百年，延安红色建筑遗产见证了中国共产党辉煌而厚重的历史，在新时代如何整体、动态地进行延安红色建筑保护利用是一个值得研究的问题。

本书从建筑学的视角展开对延安红色建筑遗产保护及利用的研究，梳理并提炼了延安红色建筑遗产的特征，综合评估了延安红色建筑遗产的价值，采用理论结合实证的方式探究了延安红色建筑遗产的保护体系及利用方式，以传承红色文化基因，传播延安精神。

本书共分为七章。第一章为绪论，介绍了延安红色建筑遗产的研究背景、研究意义、研究目标与内容。第二章为延安红色建筑遗产的保护及利用，通过介绍建筑遗产保护及利用的概况、讨论建筑遗产保护及利用的相互关系与可持续发展，提出了延安红色建筑遗产保护及利用的工作体系。第三章为延安红色建筑遗产的内容，包括延安历史文化环境、延安精神、延安红色建筑遗产的调查等。第四章为延安红色建筑遗产的特征，首先对延安历史文化名城的自然风貌符号、历史文化符号、空间格局符号进行总结，其次对延安历史文化名城的历史环境的时空特征及变迁特征进行总结，最后对延安红色建筑遗产的符号特征及演变特征进行总结。第五章为延安红色建筑遗产的价值评估，采用层次分析法、使用后评估法进行了延安红色建筑遗产的价值评估。第六章为延安红色建筑遗产的保护，从遗产的保护规划方面，讨论了延安历史文化名城的物质和非物质的保护规划，并选取杨家岭革命旧址和枣园革命旧址进行延安红色建筑遗产保护的实证实践。第七章为延安红色建筑遗产的利用，采用展示性利用和功能性利用的遗产利用方式，选取了王家坪革命旧址进行延安红色建筑遗产利用的实证研究。

本书是国家“十四五”重点出版物出版专项规划项目“延安红色建筑遗产保护及利用”的研究成果，是2021年度教育部人文社会科学研究规划基金项目“延安红色建筑遗产的保护性利用研究(21YJA760064)”的研究成果。

本书得到了西安电子科技大学出版社的大力支持，得到了李惠萍编审、许青青编辑、杜敏娟编辑、陈宇光编审的帮助，在此表示感谢。为了本书的编写，袁一凡、康伟桐、秦耕、杨昊宇、袁征、韩新月、孙岩、樊艺繁、秦嘉煊、侯瑞谦等在延安进行过数次调研，李媛媛、赵妍欣、张斯朦、冯兴旺、张希雅进行了资料整理工作，在此一并表示衷心的感谢。

恳切希望使用本书的同行及学者提出宝贵意见。

王　莉<br>2024年6月

# 目 录

# 第一章 绪　　论

2022年习近平总书记在二十大报告中提出，要推进文化自信自强，铸就社会主义文化新辉煌。延安被誉为红色文化圣地，其不仅是马克思主义中国化的完成地，也是中国化马克思主义的诞生地，延安的红色建筑遗产是弘扬革命文化、传承延安精神的物质财富，也是坚持中国特色社会主义文化发展道路的精神财富。

2021年国家文物局发布《革命文物保护利用“十四五”专项规划》，意味着国家对革命文物保护利用工作进行了战略部署，革命文物保护利用进入了新的阶段。该规划指出：“革命文物承载党和人民英勇奋斗的光荣历史，记载中国革命的伟大历程和感人事迹，是党和国家的宝贵财富。加强革命文物保护利用，弘扬革命文化，传承红色基因，是全党全社会的共同责任”，要“坚持科学保护”“坚持守正创新”。保护是主线，保护利用是关系。该规划强调：“及时将重要革命旧址核定公布为各级文物保护单位”“建成全国革命文物大数据库”“加强革命旧址保护维修和馆藏革命文物保护修复，全面推进革命文物保护利用片区工作，强化整体规划、连片保护、统筹展示、梯次利用”“围绕党和国家重大战略规划，结合长征国家文化公园、革命文物保护利用片区建设和延安革命文物国家文物保护利用示范区创建”“开发红色文化创意产品，依托革命文物开辟公共文化空间、提供公共文化服务，不断满足人民日益增长的美好生活需要”。从以上规划中可以看到，革命文物保护利用理念要进行实践性创新，就需要在革命文物的遗产保护及利用模式方面实现突破。

延安红色建筑遗产是中国近现代革命历史上创造的体现重要历史事件、重要历史人物相关的具有纪念意义、教育意义和史料价值的建筑遗产。遗留至今的延安红色建筑遗产中，一部分被认定为文物保护单位，还有一部分未被认定，本书的延安红色建筑遗产包含革命文物和红色历史建筑，其中革命文物包括革命旧址、革命遗址、革命文物保护单位，红色历史建筑指未被定级的红色建筑(见图1.1)。延安红色建筑遗产是宝贵的文化遗产，蕴含着中华民族特有的精神价值和思维方式，凝聚着中华民族的想象力、创造力、生命力，延安红色建筑遗产保护及利用的理论实践研究影响着红色文化基因和延安精神的可持续传承。

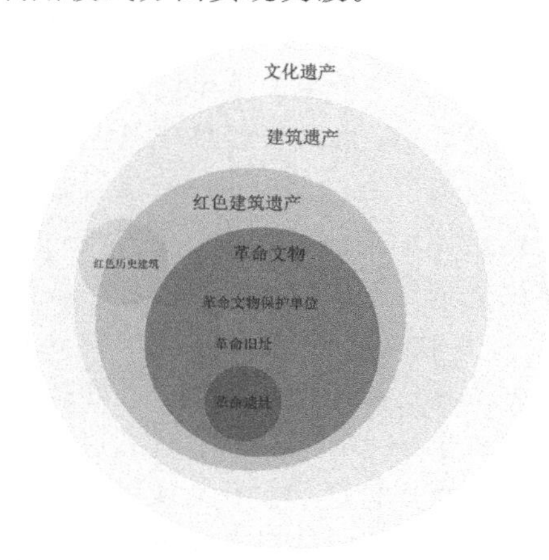

图1.1　延安红色建筑遗产的概念示意图

延安作为一座历史文化名城，它所孕育的红色建筑遗产具有不可再生性。延安红色建筑遗产保护和利用，不仅需要建立完整的延安红色建筑遗产的本体数据库，提出延安红色建筑遗产的适应性利用理念，还应对延安红色建筑遗产的保护利用展开理论及实践方面的创新性研究。本书基于这些目标进行撰写，从实践出发，努力推进与红色建筑遗产保护及利用相关的创新性研究进程。

## 一、研究背景

自1935年中共中央到达延安，以毛泽东为代表的中国共产党人在延安领导了全民族抗日战争及解放战争，在以上活动中形成了延安红色建筑遗产的物质载体和非物质红色记忆，见证了中国特色新民主主义革命的历史发展足迹，是中国社会主义核心价值体系形成的重要实践基础。中国共产党建党已有百年，延安红色建筑遗产见证了中国共产党辉煌而厚重的革命历史记忆，新时代如何整体、动态地进行延安红色建筑遗产保护及利用是一个值得研究的问题。

随着现代延安城市建设的更新和社会经济的发展，延安红色建筑遗产保护及利用面临以下几个突出问题。

### （一）保护不充分，导致毁坏

随着延安经济发展、城市化进程不断加快，大批旧建筑被拆除、改建和重建。文物保护方面的相关法律法规使得延安红色建筑遗产得到了保护，但是一些延安红色建筑遗产由于某些原因仍然缺乏保护，有些红色建筑遗产在城市化建设与旧城改造中消失，一定程度上导致了少数延安红色建筑遗产不可挽回的损失。例如，茶坊陕甘宁边区机器厂旧址（省级文物保护单位）濒临毁坏，石疙瘩陕甘宁边区丰足火柴厂旧址（省级文物保护单位）已被拆毁，八路军后方留守兵团旧址（市县级文物保护单位）已被拆毁，陕甘宁边区民众剧团旧址（市县级文物保护单位）已被拆毁，等等。

### （二）馆藏保护资金不足

延安红色建筑遗产多数为窑洞建筑和传统木构建筑，建筑结构易损，需要时常更新维护。文物古迹保护至关重要的一点在于日常维护，革命文物的综合价值较高，可采用博物馆式保护方式，而延安红色建筑遗产数量多，政府的财力有限，采用博物馆式保护方式保护的对象不可能过多。即使国家及地方政府投入保护资金，对于数量较多的延安红色建筑遗产仍是杯水车薪，大部分延安红色建筑遗产仍需要通过保护利用、自我使用和自我维护来解决资金与保护的问题。联合国教科文组织（UNESCO）文物保护顾问费尔顿博士在20世纪80年代发表的《欧洲关于文物建筑保护的观念》一文中提出：“维持文物建筑的一个最好的方法是适当地使用它们，最好是按照它原来的用途去使用它们。”学者朱光亚在《建筑遗产保护学》一书中指出：“建筑遗产利用是加强保护建筑遗产的必要手段和过程，是帮助人们了解遗产价值和文化意义的活动。”可见，在经济效益、社会效益和文化价值综合目标下，为了更好地保护延安红色建筑遗产，就需要对红色建筑遗产进行适应性保护及利用。

### （三）资源浪费，缺乏高效利用

延安红色建筑遗产一部分既不可能进行博物馆式的保护，也不可能进行旅游展示利用，导致这些延安红色建筑遗产的使用率不足，处于闲置状态，资源浪费严重，缺乏资金及时维修。例如，中国女子大学旧址属于省级文物保护单位，地处偏远，院落长期闲置，尚有10孔窑洞未维修。一些延安红色建筑遗产的利用率不高，周边基础设施建设滞后，导致交通不便，造成了红色文化资源的浪费。例如，白求恩国际和平医院旧址属于全国重点文物保护单位，地处延安宝塔区桥沟镇刘万家沟村，交通不便，导致访客人数较少。经济学家提倡稀缺资源的最优配置，即在既定资源条件下提高资源利用效率，给社会提供尽可能多的效用与效益。因此，采用延安红色建筑遗产适应性的保护利用方法，改善红色建筑遗产周围环境，激发红色文化资源活力，促进区域经济效益，是延安红色建筑遗产保护及利用的重要问题。

2021年国家文物局在《革命文物保护利用"十四五"专项规划》中指出："'十四五'时期是我国开启全面建设社会主义现代化国家新征程、向第二个百年奋斗目标进军的第一个五年，也是全面建设文化强国、文物保护利用强国的关键时期。新时代革命文物工作正处于乘势而上、大有可为的重要战略机遇期，其高质量发展具有多方面的优势和条件，同时全国革命文物保护利用不平衡不充分的问题依然突出，保护管理还有弱项，研究展示存在短板，运用手段有待拓展，融合发展仍需提升，能力建设亟待加强。文物系统更须抓住机遇、应对挑战，胸怀大局、开拓创新，更好统筹革命文物保护与利用、革命文化弘扬与传承工作。"在这个大背景下，加大延安革命文物和红色历史建筑的保护力度、推进延安红色建筑遗产的适度利用已经成为共识。

## 二、研究意义

延安红色建筑遗产承载着我国厚重的革命历史，它见证了中国共产党人的斗争历史，蕴含着伟大的革命精神，是我国一笔宝贵的文化遗产。革命文化作为中国新民主主义文化的重要组成部分，凝聚了中国共产党的光辉历史，是更好地构筑中国精神、彰显中国价值、增强中国力量的源泉。在现实意义上，站在党和国家事业发展全局的高度，保护延安红色建筑遗产就是保护革命文化，是激发爱国热情、振奋民族精神的有效途径，有助于坚定文化自信，为实现中华民族伟大复兴奠定基础。在社会意义上，深度挖掘延安红色建筑遗产的革命精神和多元价值，有助于读者深入了解革命先辈坚韧不拔、无畏牺牲和英勇奋斗的革命精神，从而充分发挥延安红色建筑遗产在爱国主义教育、革命文化传承方面的重要作用。此外，重视延安红色建筑遗产的保护及利用研究，还有利于充分发挥其文化资源的优势，将文化资源优势转化为旅游优势和区域发展优势，为其他地区红色建筑遗产的保护及利用提供一定的借鉴意义。

综上所述，本书从建筑学的视角对延安红色建筑遗产的保护及利用进行研究，理论联系实际，旨在满足红色文化遗产保护及利用研究的多元化需求，并引导延安红色建筑遗产保护及利用工作的规范性及创新性，为延安红色建筑遗产保护及利用提供决策建议和规划设计。

## 三、研究目标与内容

### （一）研究目标

延安红色建筑遗产的保护及利用需要以价值为导向，探讨多种保护利用方法。2015年国际古迹遗址理事会中国国家委员会制定的《中国文物古迹保护准则》提出了文物古迹利用的方式，分别从功能延续和赋予新功能等角度，阐述了合理利用的原则和方法，提出应根据文物古迹的价值、特征、保存状况、环境条件，综合考虑研究、展示、延续原有功能和赋予文物古迹适宜的当代功能的各种利用方式，强调了利用的公益性和可持续性，反对和避免过度利用。2016 年国家文物局《关于促进文物合理利用的若干意见》提出了文物利用的基本原则："坚持把社会效益放在首位，注重发挥文物的公共文化服务和社会教育功能，传承弘扬中华优秀文化""坚持合理适度，文物利用必须以确保文物安全为前提，不得破坏文物、损害文物、影响文物环境风貌。文物利用必须控制在文物资源可承载的范围内，避免过度开发"。2018 年中共中央办公厅和国务院《关于加强文物保护利用改革的若干意见》提出："要从坚定文化自信、传承中华文明、实现中华民族伟大复兴中国梦的战略高度，提高对文物保护利用重要性的认识，增强责任感使命感紧迫感，进一步解放思想、转变观念，深化文物保护利用体制机制改革，加强文物政策制度顶层设计，切实做好文物保护利用各项工作。"

延安红色建筑遗产作为红色文化资源的典型代表，见证了红色文化辉煌而厚重的革命历史记忆，具有多层级、多元性的价值特征。

从延安红色建筑遗产的长远发展来看，保护和利用都是手段。利用就是将延安红色建筑遗产的内涵和价值激活，将红色建筑遗产的空间盘活，赋予其新的使命并传承给后代。遗产及周围环境的可持续发展是保护的最终目的，只有认识到传承的意义，才不会让遗产的利用走入功利的误区。

从延安红色建筑遗产的最终目标来看，保护是利用与展示的前提和基础。《文化遗产阐释与展示宪章》提出："在众多保存下来的物质遗存和昔日社会与文明的无形价值的广阔范围中，选择保护什么、如何保护以及如何向公众展示，这些都是遗产阐释的要素。"以上的利用必须是基于保护立场的利用，是以遗产的价值和真实性原则为前提的，是综合考虑了遗产的自然、文化、社会、经济、环境的可持续性利用。

延安红色建筑遗产的保护研究，首先要对延安红色建筑遗产的本体进行详细调研，同时对其进行社会调查；其次应对延安红色建筑遗产的本体进行历史环境和时间空间的特征归纳；最后对延安红色建筑遗产的多元价值进行认知和判断，采用层次分析法、使用后评估法等价值评估方式，为延安红色建筑遗产的保护及利用提供价值依据。

延安红色建筑遗产的利用研究，一方面，对延安红色建筑遗产的物质本体及其环境进行展示，延续其原有的使用功能，在空间分区、功能布局、环境景观等方面进行延安红色建筑遗产的展示利用设计，提高访客对延安红色建筑遗产的多元认识；另一方面，对延安红色建筑遗产的非物质层面进行展示，转变其原有的使用功能，从文化空间、文化产品等方面进行延安红色建筑遗产的展示利用设计，强化访客对延安红色建筑遗产的深层理解。

延安是我国重要的红色文化遗产地，在新的时代条件下，应推动延安红色建筑遗产的创新性保护及适应性利用，针对中国国情和中国建筑遗产保护实践的现状，依托中华文化的深厚积淀及东方智慧，不断地吸纳和融合世界遗产保护的理念和经验，传承延安精神，建设美丽新延安。

延安红色建筑遗产作为中国文化遗产的一部分，在遗产保护理论方面除了有与国际上建筑遗产保护相通的一面，还有与国外相区别而与我国国情密不可分且独具特色的一面。延安红色建筑遗产中，以窑洞及木构结构为主的建筑形式是中国特有的建筑体系。由于建筑具备社会功能，因此延安红色建筑在维系和潜移默化塑造社会秩序的使命中发挥着关键的作用。中国建筑遗产保护应遵守真实性和可识别性原则，更应研究如何处理新旧建筑的关系。例如，在历史文化名城的核心保护范围和建设控制地带内，西方强调在建筑体量呼应的同时要拉开新旧建筑的时代痕迹差距，而中国更偏重“和而不同”，针对历史文化名城提出了建筑遗产保护要满足协调性要求，更要注重文化连续性对社会的影响。关于新旧建筑关系，我国的遗产保护要求在遵守遗产真实性和可识别性的原则下，既要具备差异性（即可识别性），又要保持协调性。

延安红色建筑遗产的保护及利用也显示出若干与审美判别相关的问题。布兰迪从理论上认为，文化遗产的“历史诉求”就是充分保存来自过去的部分，而“美学诉求”则相反，它似乎提供了一个先于证明的前提，使得人们可以极大地去自由选择各种手段来恢复遗产作品因时间和人为活动而暗淡了的原来的美丽。当代社会在历史文化名城规划和建设以及建筑遗产环境的修复中，要求具备意境。显然，意境不同于简单的物质载体的真实性要求，它既有对物质载体的要求，又有对该载体连同其环境所承载的文化积淀的审美要求，不仅要悦目，还要触动心灵，因此对于建筑遗产的环境整治而言，意境的维系和发掘是其延续的基本要求之一。

### （二）研究内容

本书分为七章。第一章是绪论，阐述延安红色建筑遗产的研究背景、意义、目标与内容；第二章是延安红色建筑遗产的保护及利用，分析建筑遗产保护及利用的相互关系，构建延安红色建筑遗产保护及利用的工作体系；第三章是延安红色建筑遗产的内容，梳理延安红色建筑遗产的历史文化环境，解析延安精神与延安红色建筑遗产的关联性，进行延安红色建筑遗产的分类及汇总；第四章为延安红色建筑遗产的特征，首先对延安历史文化名城的自然风貌符号、历史文化符号、空间格局符号进行总结，其次对延安历史文化名城的历史环境的时空特征及变迁特征进行总结，最后对延安红色建筑遗产的符号特征及演变特征进行总结；第五章是延安红色建筑遗产的价值评估，使用质性结合量化的科学评估方法，选取杨家岭革命旧址和枣园革命旧址进行延安红色建筑遗产评估体系的实证实践；第六章是延安红色建筑遗产的保护，对延安红色建筑遗产在规划层面进行保护探究，选取杨家岭革命旧址和枣园革命旧址进行延安红色建筑遗产保护的实证实践；第七章是延安红色建筑遗产的利用，对延安红色建筑遗产在展示性利用和功能性利用方面进行探究，选取王家坪革命旧址进行延安红色建筑遗产利用的实证实践。

本书的七个部分相互支撑、相互补充。延安红色建筑遗产的本体认知需要评价过程的不断深化，而价值评价是延安红色建筑遗产保护策略和实施工作的基础。由于延安红色建筑遗产具有不可再生性，因此延安红色建筑遗产的保护是其利用的前提和基础，延安红色建筑遗产利用应在保护的原则下，采用展示性利用和功能性利用的方式，推动延安红色建筑遗产的保护及利用工作，实现社会效益、经济效益、文化效益相统一。

# 第二章 延安红色建筑遗产的保护及利用

对遗产保护和利用来说，保护不是阻碍，利用不是破坏。在延安红色建筑遗产保护及利用的过程中，应促进遗产保护和利用工作的协调发展。延安红色建筑遗产保护及利用是相辅相成、相得益彰、相互促进、协调发展的。

## 第一节 建筑遗产保护及利用的概况

### 一、建筑遗产保护的概况

建筑遗产特别是纪念性建筑或构筑物的保护传承是一个古老的话题。在漫长的岁月中，建筑遗产会因遭受自然灾害与人为破坏而受损。为了满足文化传承、延续使用、宗教信仰和政治等方面的需求，这些建筑遗产需要进行保护和传承。世界各国和地区因自然地理与气候环境的差异，在修缮对象、修缮方法和修缮态度上存在差别，但在工业社会之前，世界各地的建筑遗产保护特别是古代西方社会的建筑遗产修缮反映了人类古代社会对待前人留存下来的建筑遗产采用了“自然”的态度，即在“自然”态度下对历史进程中的建筑遗产有意识而无特定法则的保护和干预。

西方社会对古迹的保护态度和修缮方法，在文艺复兴时期发生了质的转变。人文主义学者对古典建筑艺术进行了深入的调查和研究，揭示了其建筑技术、美学价值、教育价值、历史价值和艺术价值，教皇也颁布了许多关于古迹和教堂的训谕。法国大革命期间法国政府大力保护国家建筑遗产，除了国家登录与立法保护，还宣扬公民在建筑遗产保护方面的责任，欧洲国家对建筑遗产的保护方法对于其他国家的建筑遗产保护和管理具有深远的影响和指导意义。

#### （一）国外建筑遗产保护的研究

##### 1. 国外建筑遗产保护的理论研究

工业社会之后，随着西方国家文物古迹保护运动的发展，有关古迹、纪念物、建筑遗产的保护理论不断发展，出现了以下不同的保护理论。

(1) 风格式修复。19世纪中叶初期，“民族国家”社会理念在欧洲广泛兴起，历史建筑的保护修复活动随之展开，法国学者尤金·埃曼纽尔·维奥莱·勒·杜克(Eugène Emmanuel Viollet-le-Duc，1814—1879)和英国学者乔治·吉尔伯特·斯科特(George Gilbert Scott，1811—1878)是推动风格式修复的核心人物。维奥莱·勒·杜克强调修复必须细致严谨，他认为：“建筑形式是内在结构法则逻辑发展的结果……只有逻辑能构建起各个部分之间的联系，使每个部分不仅各归其位，并赋予建筑蕴含内在统一性的外形。”两位学者在对建筑使用需求的实践中打破原则，他们对建筑的历史真实性的大范围破坏引起反风格式修复者的批评。

(2) 反风格式修复。英国学者约翰·拉斯金(John Ruskin，1819—1900)强调史实性(historicity)的重要意义，他认为应绝对保持历史建筑的物质真实性，因而任何修复都意味着以新物质破坏原物质的真实性和独特性，拉斯金为了阐明自己的观点使用了绝对的表达方式。英国学者威廉·莫里斯(William Morris，1834—1896)认为以往修复往往定格在某一时期的某种风格，一味模仿历史风格会造成古迹真实性的丧失，主张对历史建筑进行日常维护(Maintenance)，从而避免"必需的修复"。拉斯金和莫里斯引领了建筑遗产的保护运动，他们的理念成为现代保护方针的重要基础。

(3) 里格尔遗产价值理论。奥地利学者阿洛依斯·里格尔(Alois Riegl，1858—1905)在1903年发表的《古迹的现代崇拜：其特征与起源》中明确区分了"有意的纪念物"(Gewollte Denkmal)和"无意的纪念物(古迹)"(Ungewollte Denkmal)，并展开了对古迹价值问题的论述。里格尔将古迹的价值分为纪念性价值和现世价值，纪念性价值包括岁月价值、历史价值和纪念价值，现世价值包括使用价值、艺术价值和相对艺术价值。里格尔关于古迹遗产价值的理论独到而精深，既对遗产各种价值间的复杂关系及矛盾进行了说明，又辩证地进行了各种价值判断间的协调，揭示了争论的核心是真实性问题，这对以后的遗产保护具有指导意义。

(4) 科学性修复理论。意大利学者卡米洛·博伊托(Camillo Boito，1836—1914)继承了语言文献式修复方式，即将古迹(Historic Monuments)视为承载某种历史信息的重要文献(document)，他主张对具有历史价值的建筑材料严加保护，不得篡改。博伊托发展出一种辩证的保护方法论，原则上将古迹视为不同历史时期成就的叠加，他认为所有后期的改变或添加都应像原始架构一样作为"历史文献"受到保护。意大利学者古斯塔沃·乔万诺尼(Gustavo Giovannoni，1873—1947)继承并进一步发展了博伊托的观点，他主张运用批判和科学的方法，将修复方法视为基于评估的问题判断，评估内容不仅是建筑本身，还包括历史文脉、环境和建筑功能等方面。

(5) 布兰迪的修复理论。意大利学者切萨雷·布兰迪(Cesare Brandi，1906—1988)将艺术作品及其创作的过程与人类意识和认知紧密关联，在外强调物质材料是艺术作品的美学载体，承载着从创作到当下所发生的历史变迁，在内则强调艺术作品的潜在一体性。对于古迹，布兰迪提出了关于其所处物理环境的特殊空间结构问题。一方面古迹与其所处的历史场所(Historic Places)有密不可分的关系，因而有保护古迹原址的必要性；另一方面原址保护还涉及本身不一定具有古迹特征的历史场所的保护问题。布兰迪的修复理论成果成为世界上许多专业学校和机构培训课程的基本方针。

(6) 宏观认识和保护实践紧密结合。古斯塔沃·乔万诺尼对建筑遗产保护贡献尤为突出，他不满足将理论在原则性的"保护"层面讨论，而以"修缮"取而代之，认为只有对建筑遗产进行科学的干预才能进入实质性的保护进程中。

综上所述，可以看出在建筑遗产保护方面所涉及的多个学术领域中存在三条主线：建筑历史和修缮理论；勘察、分析和诊断技术以及材料保护和营造技术；法律规范、社会经济、编目学领域等。因而建筑遗产的保护需要建立跨学科的协作联系。

### 2. 国外建筑遗产保护的历程

工业社会之前，西方社会对待前人留存下来的重要建筑持“自然态度”，从巴比伦对前代神坛的修补，到古希腊卫城在战后的修复和重建，到古罗马帝王对纪念性建筑、大型公共建筑的维护和维修，再到中世纪大教堂的持续性建造和修缮，以上体现了“自然态度”下对历史进程中的建筑遗产有意识而无特定法则的保护干预。

#### 1）欧洲国家在建筑遗产方面进行的尝试

（1）法国。法国在18世纪末到19世纪初摧毁君主专制统治，随之产生了以集体认同感为基础的“民族国家”(Nation State)理念。法国较早地进行了古迹保护，1790年古迹委员会(Commission des Monuments)受命准备清单，1791年成立的公共教育委员会(Pubic Education Committee)负责古迹保护，1793年古迹委员会废止，1793年艺术委员会(Commission des Art)成立，负责调查一切“属于国家的、有公众教育意义的”文物并整理清单，同时制订法令将博物馆列为可移动文物的庇护所。该法规将全国各地的历史古迹进行登录，并注明年代、位置、建筑和装饰类型、结构稳定性、需要的维护和建议用途。1837年法国成立历史性纪念物委员会，1840年法国政府出台《历史性建筑法案》，用法律的形式对文物建筑进行保护。1887年法国政府制定了建筑保护规则，规定了两类保护建筑，即建筑遗产清单上注册备案的建筑(ISMH)和列为建筑保护单位的建筑(CHM)，法国至今仍在使用此保护规则。1943年法国制定了《文物建筑周边环境法》，规定文物建筑周边环境设计必须由国家建筑师批准。1962年法国制定《马尔罗法》，并依据此法划定了建筑遗产保护区，开展历史区域和历史环境的保护。1975年法国文化部发起了对19至20世纪建筑遗产的系统化保护，工业建筑被认定为建筑遗产的一个类型。1983年法国实行建筑遗产保护新的方法，划分“建筑、城市和风景遗产保护区”(ZPPAUP)，增加了受保护的建筑遗产类型，如将城市空间、田园景观、城市景观划入保护范围。法国的建筑遗产保护方式对其他国家的建筑遗产保护和管理有着深远的影响和指导意义。

（2）英国。1877年英国在莫里斯的领导下成立了古建筑保护协会，并发表了古建筑保护协会宣言，其认为文物建筑保护最有效的方法是保持物质上的原真性，任何修缮或修复均不可使历史见证失真。1882年英国政府颁布了第一部关于文物建筑保护的政府法令《古迹保护条例》。1913年英国政府颁布了《古迹维护和修缮条例》。1967年英国制定了《城市环境适宜准则》，以法律形式明确规定了历史街区和建筑的具体保护措施。1971年英国专门设立了司职古迹保护的官员，这些官员受雇于地方规划部门，负责向政府和公众提出环境保护的专门建议，这一做法英国政府沿用至今。

（3）意大利。意大利既反对法国学派以原作者自居的主观修复，又反对英国学派反对修复的主张。1883年意大利保护学派摆脱了“风格修复”的影响，强调文物保护手段必须与文物建筑本体明确区分。1932年意大利政府颁布了《文物建筑修复标准》，对历史建筑修复中现代材料的应用做出了指导性规定。1975年意大利设立了文化遗产部，管理全国重要的遗址。2004年意大利颁布的《文化遗产与景观法典》，完善了意大利的文物保护法律体系。

#### 2）世界遗产保护运动的历程

20世纪之后，两次世界大战使许多历史城镇遭到破坏，大量的建筑遗产受损和毁坏。战后历史建筑的修复和城市的恢复是全世界共同面临的问题，这促进了国际交流与合作。

1920年国际联盟(League of Nations)诞生，其下设立了国际知识合作委员会(International Committee of Intellectual Cooperation)。1931年第一届历史纪念物建筑师及技术国际会议通过了《雅典宪章》。1945年联合国教科文组织(UNESCO)成立。1956年国际文化财产保护与修复研究中心(ICCROM)成立，为国际社会的建筑遗产保护工作进行协调与管理。1965年国际古迹遗址理事会(ICOMOS)成立。1972年联合国教科文组织通过了《保护世界文化和自然遗产公约》。1976年联合国教科文组织设立了世界遗产委员会(World Heritage Committee)，该委员会负责《保护世界文化和自然遗产公约》的实施。公约决定哪些遗产可以列入《世界遗产名录》并审议世界遗产基金的运用。这些国际组织对于建筑遗产保护的国际跨学科合作、专家培养、遗产认定和遗产基金监督起到了重要作用。

在国际组织的引导下，各国对世界遗产保护问题不断地进行探讨。1962年联合国教科文组织通过了《关于保护景观和遗址的风貌与特性的建议》。1964年从事历史文物建筑工作的建筑师和技术员国际会议第二次会议通过了《威尼斯宪章》，该宪章强调了建筑遗产保护中的"原真性原则"。1975年欧洲建筑遗产大会通过了《阿姆斯特丹宣言》以及《建筑遗产欧洲宪章》。1976年联合国教科文组织通过了《关于历史地区的保护及其当代作用的建议》(又称《内罗毕建议》)，强调每个历史地区及其周围环境都应该作为一个相关的整体来考虑，两者构成了一个不可替代的共同遗产。1979年国际古迹遗址理事会澳大利亚国家委员会参考《威尼斯宪章》，制定针对本国的《巴拉宪章》，其中引入场所(Place)的概念，认为具有文化重要性的场所即为文化遗产，强调文化遗产与人的联系以及人在保护中的重要性。1987年国际古迹遗址理事会通过《保护历史城镇与城区宪章》(又称《华盛顿宪章》)。1994年联合国教科文组织、国际文化财产保护与修复研究中心、国际古迹遗址理事会和世界遗产委员会(WHC)通过了《奈良真实性文件》，该文件为协调东西方文化冲突，围绕文化多样性和遗产多样性问题给出解答：关于遗产真实性问题强调了东方传统中信息来源的可信度和可靠性的重要，并指出形式与设计、材料与物质、用途与功能、传统与技术、地点与背景、精神与感情以及其他内在或外在因素，这些信息来源都是与物质同等重要的真实性批判要素。1999年国际古迹遗址理事会通过《国际文化旅游宪章》。随着世界遗产组织的日益完善，世界遗产运动的持续发展，建筑遗产保护也将持续更新。

在不断的国际交流中，遗产的概念和遗产保护指导原则不断加深、扩展，获得了世界各国的共性认识。在国际古遗址理事会的引导下，世界各国将文化遗产保护对象拓展到了更大的范围，从古迹、历史建筑、历史城镇、乡土建筑到文化景观、文化线路、军事遗产等，遗产的保护内容不断丰富，并对遗产保护措施提出了真实性、完整性、最小干预性、可识别性、可逆性等基本原则。这些遗产保护理念是数百年世界各国在遗产保护运动中思考的结果，也是文化遗产保护者在自己文化生活和精神生活背景下的思考。本书在采纳这些概念时，既考虑了世界各国对文化遗产保护的共同思考，也考虑了世界各国在不同文化语境下的不同诠释。对于中国文化背景下的延安红色建筑遗产保护的理论思考，这些概念具有一定的理论启发和应用价值。当然，随着世界遗产运动的继续发展，这些概念、原则也会持续更新。

### （二）国内建筑遗产保护的研究

在世界各国遗产保护理念和经验的基础上，中国建筑遗产的保护活动主要分为以下三个阶段。

第一阶段是鸦片战争以后至1949年。这一阶段大量文物古迹在战火和灾难中毁灭，针对此情况，很多有识之士投入保护文物古迹的活动，这是中国建筑遗产保护的初始阶段。1925年中华民国故宫博物院成立，“掌理故宫及所属各处之建筑物、古物、图书、档案之保管、开放及传布事宜”。1925年朱启钤与陶湘、孟锡钰倡议成立“营造学会”，1930年“营造学会”更名为“中国营造学社”，营造学社内设法式部、文献部二组，“法式部”负责古建筑实例的调查、测绘和研究，“文献部”负责古籍文献资料的搜集和整理工作，其工作成果为中国建筑史学研究与文化遗产保护实践奠定了基础。1928年国民政府设立了“中央古物保管委员会”，专门负责保护和管理文物。1930年国民政府颁布了《古物保存法》，确定在考古学、历史学、古生物学方面有价值的古物应受到国家的保护。1931年国民政府颁布了《古物保存法细则》。

第二阶段是1949年中华人民共和国成立后。这一阶段文化遗产保护进入发展阶段，有关文物的法规及文物保护单位名单的公布促进了中国文物保护的发展。自此，大规模的文化遗产保护被纳入国家性计划中。1950年5月中央人民政府政务院颁布了《古文化遗址及古墓葬之调查发掘暂行办法》(以下称“暂行办法”)，这是关于考古工作的第一个法令。同年7月中央人民政府政务院发布《中央人民政府政务院关于保护古文物建筑的指示》。1951年文化部与内务部颁布了《关于地方文物名胜古迹的管理办法》。1953年中央人民政府政务院发布了《关于在基本建设工程中保护历史及革命文物的指示》，提出了在预定工地先期进行勘察钻探、清理发掘等重要措施，确立了配合基本建设工程考古调查、发掘、保护保存文物的重要原则。1961年国务院《关于进一步加强文物保护和管理工作的指示》提出了“重点保护、重点发掘，既对基本建设有利，又对文物保护有利”的方针。这是配合基本建设工程开展考古发掘工作的指导方针。1961年3月4日国务院公布了《文物保护管理暂行条例》(以下称“条例”)，该条例是我国成立以来制定的第一部综合性文物行政法规，奠定了中华人民共和国文物法律法规建设的重要基础。同时，国务院还公布了第一批全国重点文物保护单位(180处)，首次对“文物保护单位”的内容进行界定，标志着我国对不可移动文物所实行的文物保护单位制度的确立。1964年文化部发布施行了《古遗址、古墓葬调查发掘暂行管理办法》(以下称“办法”)，这是根据1961年“条例”制定的专项考古法规，也是对1950年“暂行办法”的调整、补充、发展。1961年“条例”关于考古工作的规定和1964年“办法”的制定和颁发，标志着我国考古发掘法规制度已初步确立，为中国考古法律制度深入发展奠定了良好基础。

第三阶段是改革开放后。这一阶段中国遗产保护与世界各国接轨，进入活跃发展阶段。1974年国务院发布了《关于加强文物保护工作的通知》。1982年国务院批准了《关于保护我国历史文化名城的请示》，同年第五届全国人大常务委员会通过了《中华人民共和国文物保护法》，这是我国文化遗产领域第一部法律。之后国务院相继公布了第一批国家历史文化名城(24座)和第二批全国重点文物保护单位(62处)。至此我国历史文化名城制度和文物保护单位制度逐步完善。1986年文化部通过了《纪念建筑、古建筑、石窟寺等修缮工程管理办法》，确立了“不改变原状”的保护修缮原则。1988年建设部和文化部发布了《关于重点调查、保护优秀近代建筑物的通知》。1994年建设部发布了《历史文化名城保护规划编制要求》。2004年建设部公布了《关于加强对城市优秀近现代建筑规划保护的指导意见》。

2005年建设部制定了《历史文化名城保护规划规范》。同年国际古迹遗址理事会通过了《西安宣言——关于古建筑、古遗址和历史区域周边环境的保护》。2008年国务院公布了《历史文化名城名镇名村保护条例》，2018年中共中央办公厅、国务院办公厅印发了《关于实施革命文物保护利用工程（2018—2022年）的意见》，提出了建立革命文物大数据，推动革命文物资源信息开放共享。以上标志着我国建筑遗产保护工作的不断拓展。

国内学者对建筑遗产的保护理念偏重保存及修复。学者林源认为建筑遗产保护是指建筑遗产本体及其相关历史环境的保护，包括理论研究、技术干预、展示利用等方面内容，她认为建筑遗产保护应从建筑遗产本身的认知延伸到当代如何利用建筑遗产的问题。学者张松认为历史建筑的保护是指对历史建筑及其环境所进行的科学的调查、勘测、鉴定、登录、改善等活动，包括对历史建筑、传统民居等的修缮和维修，以及对历史街区、历史环境的改善和整治。学者常青认为建筑遗产保护分为狭义保护和广义保护。狭义保护仅指维持建筑不继续损坏的“保存”。广义保护包括：第一，对历史建筑的保存研究和价值判定；第二，干预程度较低的定期维护和修复；第三，干预程度较高的整修、翻新和复原；第四，在特殊情况下的扩建、加建和重建等。

本书倾向的建筑遗产保护包含建筑遗产保存、价值判定、建筑遗产本体及周围环境保护。

## 二、建筑遗产利用的概况

在市场经济条件下，关于文物的社会效益和经济效益之间的争论长期存在。在经济发展方面，“文化搭台、经济唱戏”反映了遗产的经济价值，遗产本身不仅有经济价值，它还被赋予了其他多元价值。在遗产的权属方面，建筑遗产作为不动产归属于国家、集体或个人，它需要传承遗产的价值，更需要进行合理使用和相关展示。

### （一）国外建筑遗产利用的研究

#### 1. 国外建筑遗产利用的理论研究

20世纪70年代前后，欧洲学者开始关注历史建筑再利用的研究。在遗产保护领域，遗产再利用的理论如下：

（1）适应性再利用（Adaptive Reuse）。适应性再利用指赋予遗产以相容性的用途，《威尼斯宪章》中曾涉及遗产的利用，并广泛应用于建筑学领域。比尔·普列佛（Bie Plevoets）和科恩拉德·范·克雷姆普特（Koenraad Van Cleempoel）提出历史建筑的适应性再利用应兼顾建筑学和遗产学两者的特点和优势。

（2）可持续性再利用（Sustainable Reuse）。针对适应性再利用的实践更多将遗产作为一个外壳对待，卡罗丽娜·迪·比亚斯（Carolina Di Biase）提出用可持续性再利用方式对待遗产，一方面需要考虑新功能与原始结构、空间和价值相融合，另一方面需要回应当今的社会需求。

（3）共同演变式再利用（Coevolutionary Reuse）。在前者的基础上，斯特法诺·戴拉·

托雷(Stefano Della Torre)提出了共同演变式再利用，他认为在共同演变的过程中，除了事物本身发生变化，环境也随之变化。随着世界经济模式、发展方式、遗产概念的变化，建筑遗产再利用的决策过程在共同演进的情况下变得越来越复杂，应从更长远的角度出发，对整个再利用过程中社会、文化和环境等因素进行考虑。

可以看出，建筑遗产的利用是以可持续为根本，以传承为目标，展示建筑遗产本体、博物馆式的利用方式，即“展示性利用”，也是除了展示之外延续原有功能或调整现有功能的利用方式，即“功能性利用”。以上两种方式是建筑遗产利用的不同方式。

#### 2. 国外建筑遗产利用的历程

(1) 展示探索阶段。展示探索阶段以法国学派、英国学派、意大利学派为代表，通过修复建筑遗产，将建筑遗产恢复到某一特定时期的面貌，把建筑遗产作为古董来保护利用。这一阶段存在追求建筑遗产的建筑艺术特色，而忽视建筑遗产的历史印迹的问题。

(2) 展示发展阶段。在展示发展阶段，建筑遗产的保护进入规范的国际化阶段。2008年ICOMOS通过的《文化遗产阐释与展示宪章》指出：“阐释与展示应是遗产保护过程不可缺少的组成部分，它能够增进公众对遗产地面临的特定保护问题的认识，并向公众更好地解释为保护遗产的完整性和真实性所作的努力。”

(3) 展示现代化阶段。在展示现代化阶段明确了建筑遗产展示的重要性，让建筑遗产与当代生活产生直接的联系，赋予建筑遗产时间上的当代性。该阶段在保护建筑遗产的基础上使其得到功能性再生，提供一个时空交错的场所，对建筑遗产的意义进行时代诠释。

在国际组织的引导下，世界各国不断讨论建筑遗产的利用问题。《巴拉宪章》提出：“延续性、调整性和修复性利用，是合理且理想的保护方式……应当提高公众对遗产地的认识和体验乐趣，同时，应具有合理的文化内涵。”2017年《实施〈世界遗产公约〉操作指南》(中文版)提出：“世界遗产存在多种现有和潜在的利用方式，其生态和文化可持续的利用可能提高所在社区的生活质量。”

综上，建筑遗产的不可再生性决定了保护是利用的前提和基础，而建筑遗产的利用就是在一定的保护原则下，通过不同的展示利用方式，发挥建筑遗产的社会效益及其他效益，从社会、经济、文化等角度综合权衡和整体把握，进行建筑遗产的可持续再生探索。

### (二) 国内建筑遗产利用的研究

1992年5月第一次全国文物工作会议在西安召开，提出了“保护为主，抢救第一”的方针。1995年9月第二次全国文物工作会议仍在西安召开，提出了“有效保护、合理利用、加强管理”的指导原则，其中“合理利用”是指在充分肯定文物所拥有的科学、艺术和历史价值的基础上，发挥其文化教育作用、借鉴作用和研究作用。2002年第九届全国人民代表大会常务委员会第三十次会议修订的《中华人民共和国文物保护法》写入“合理利用”。随着我国遗产保护工作的推进和遗产数量的增加，遗产的合理利用已成为研究的重要问题。2015年国际古迹遗址理事会中国国家委员会编制的《中国文物古迹保护准则》第40条规定合理利用：“应根据文物古迹的价值、特征、保存状况、环境条件，综合考虑研究、展示、延续原有功能和赋予文物古迹适宜的当代功能的各种利用方式。”合理利用是保持文物古迹在当代社会中的活力，促进保护文物古迹及其价值的重要方法。以上将展示归入文物合理利用，是一个重要的探索。2016 年国家文物局印发的《关于促进文物合理利用的若干意见》提出文物利用的基本原则：“坚持把社会效益放在首位。注重发挥文物的公共文化服务和社会教育功能，传承弘扬中华优秀文化，秉持科学精神、遵守社会公德。坚持依法合规。严格遵守文物保护等法律法规，注重规范要求，切实加强监管。坚持合理适度。文物利用必须以确保文物安全为前提，不得破坏文物、损害文物、影响文物环境风貌。文物利用必须控制在文物资源可承载的范围内，避免过度开发。”2017 年国家文物局印发的《文物建筑开放导则(试行)》提出：“文物建筑应采取不同形式对公众开放……文物建筑开放应遵循正面导向、注重公益、促进保护、服务公众的原则……文物建筑的使用功能应综合考虑文物价值、保存状况、重要性、敏感度、社会影响力以及使用状况等确定。”2018 年中共中央办公厅、国务院办公厅发布的《关于加强文物保护利用改革的若干意见》指出：“坚持创造性转化、创新性发展。加强文物价值的挖掘阐释和传播利用，让文物活起来，发挥文物资源独特优势，为推动实现中华民族伟大复兴中国梦提供精神力量。”从以上内容可以看出，保护是主线，保护利用是关键。建筑遗产利用是在建筑遗产保护的原则下，通过挖掘建筑遗产价值，强调对其合理利用，实现建筑遗产社会效益、经济效益、文化效益之间的协同发展，通过保护利用和展示文物古迹的价值，实现保护的目标与价值。因此，建筑遗产利用是其保护工作的重要环节。

世界各国建筑遗产保护及利用的制度存在差异。总体来看，有关建筑遗产保护的研究存在“重保护轻利用”“利用多停留在建议策略阶段”的问题，建筑遗产利用的研究存在创新性利用措施较少的问题，缺少对建筑遗产保护及利用的实践成果。建筑遗产利用是加强其保护的必要手段和过程，它是帮助人们深入了解建筑遗产多元价值的必要工作。因此，建筑遗产的利用需要以价值为导向，对现有功能延续、展示阐释、可持续再生方面进行研究。

国内学者对建筑遗产保护及利用也有不同的理念。学者林源认为建筑遗产利用是延续原有功能或赋予新功能的活动，展示是利用的一项重要内容；学者张朝枝认为活化利用是为建筑遗产找到合适的用途(即容纳新功能)，使得该场所的文化价值得以最大限度地传承和再现，同时对建筑结构改变降到最低限度；学者赵云指出活化利用是转变旧建筑的功能或对其进行改造，以适应新的使用需求，同时保持其历史特征；学者王妍认为活化利用为闲置或破败的历史建筑在适时保护前提下，对实体建筑进行改造和再利用；学者朱光亚认为建筑遗产利用分为展示性利用和功能性利用。

以上观点从使用者角度看，展示性利用是让人“看”，功能性利用是让人“用”。因此，建筑遗产活化利用的“活”字不在遗产的本体，而在于利用的人。所以建筑遗产利用必须全面考虑人的因素。

本书认为延安红色建筑遗产利用是在一定的保护原则和体系下，规划引导利用主体，通过展示性利用、功能性利用等方式，进行建筑遗产的社会效益和经济效益协同发展。

## 第二节 建筑遗产保护及利用的相互关系与可持续发展

### 一、建筑遗产保护及利用的相互关系

#### （一）理论框架

国内学界对建筑遗产保护及利用研究成果较多，这些成果从不同角度论证了保护与利用的发展模式。于海广、王巨山的《中国文化遗产保护概论》对物质文化遗产与非物质文化遗产的关联性和各自保护进行了讨论。周卫的《历史建筑保护与再利用》对历史建筑新旧空间之间的关联理论和模式进行了分析。张松的《历史城市保护学导论》对国内外历史城市保护历程和标准进行了总结。朱光亚等的《建筑遗产保护学》较完整地阐述了建筑遗产保护从理论到实践的发展阶段，构建了较为完整的建筑遗产保护理论框架，并用实践案例进行了说明。徐进亮的《整体思维下建筑遗产利用研究》对建筑遗产利用理论和实践进行了总结。

以上对建筑遗产保护利用的研究基于不同案例，各自分析、论证了建筑遗产保护及利用的发展模式，为解决延安红色建筑遗产保护及利用研究指明了方向。

#### （二）研究对象

建筑遗产包括物质对象和非物质对象。物质对象是指土地、建筑物、附着物和环境等具有固定形态和风貌的建筑本体及其周围环境，非物质对象是指物质对象所承载或蕴含的文化、价值和理念。二者相互依存，密不可分。建筑本体是非物质对象得以存在和延续的前提和保障，而非物质对象是建筑本体及其周围环境的内涵与实质。

建筑遗产的保护对象既包括物质对象的建筑本体，又包括物质载体承载的非物质元素。由于建筑本体在形成、发展和保存的过程中均需依附于社会文化环境，因此，在对建筑遗产本体进行保护时，也应重视对其周围环境的保护。概而言之，建筑遗产的保护对象是建筑遗产本体及其周围环境。建筑遗产利用对象包括展示性利用和功能性利用，展示性利用的对象偏重建筑遗产“特征信息与价值”，功能性利用的对象偏重建筑遗产“空间”。建筑遗产的保护及利用在发展过程中，由于对象不同而存在差异，因此需要进行实践。建筑遗产保护利用只有在实践过程中，不断地进行总结和改进，才能使其可持续发展。

建筑遗产保护及利用的规则尚不完善。建筑遗产所承载和蕴含的历史、社会、技术、艺术等信息及价值，向来为人们所关注，使建筑遗产与普通建筑能够得以区分。在城市化建设中，虽然政府一直鼓励新城建设，但是由于交通设施、教育医疗、历史习俗等缘故，人们仍习惯以旧城区为中心，如延安大部分红色建筑遗产位于旧城区，地理区位优越。在城市的发展和建设中，一些建筑遗产在城市改造中遭遇拆除；一些建筑遗产虽尚未拆除，但因年久失修而自然淘汰；一些建筑遗产被“拔苗助长”，因旅游开发而导致商业化严重、利用过度。可见，建筑遗产被破坏或过度利用，是当今建筑遗产面临的现实问题。由于建筑遗产蕴含的历史文化信息及价值与其所在地段的土地稀缺的经济价值相冲突，人们是有效地保护利用了建筑遗产，还是无效地浪费破坏了建筑遗产，最终取决于人们所追求的不同的价值目标，因此，建筑遗产的保护利用需要制定完善的规则。

2015年国际古迹遗址理事会中国国家委员会制定的《中国文物古迹保护准则》指出，在实践中长期存在利用方式相对单一或利用过度等问题。随着社会对文化遗产关注程度的不断提高，加大合理利用文物古迹，已成为中国文化遗产保护面临的重要挑战。2016年国家文物局印发的《关于促进文物合理利用的若干意见》指出，国内文物利用仍然存在着文物资源开放程度不高、利用手段不多、社会参与不够以及过度利用、不当利用等多个问题。2018年国务院印发的《关于加强文物保护利用改革的若干意见》指出，目前国内对文物合理利用不足、传播传承不够，因此让文物活起来的方法途径亟须创新。

我国的遗产保护利用研究存在一些问题，主要体现在以下三个方面：① 重视遗产的申报，轻视遗产的有效保护与管理；② 重视遗产的经济功能与旅游开发，对遗产本身的价值、完整性与环境质量重视不足；③ 重视遗产体制内的管理手段，轻视保护的社会参与。

造成上述问题的主要原因有：① 保护规划空泛，国内建筑遗产保护规划的编制工作多数从理论出发，过多关注保存，因此使保护利用规划与项目利用实施方案脱节，最终导致建筑遗产保护规划只能成为墙上的“挂图”；② 价值评估静态，以保存和修复为主的建筑遗产价值评估仅看重建筑遗产本体、环境和信息保存情况，对使用后评估或是可利用评价一带而过，使参与者与保护和利用的连接较少，不能为建筑遗产保护及利用的方案提供第一手的建设性参考依据；③ 缺少对人的研究，建筑遗产保护对象是遗产本体及其周围环境，它的利用对象也是建筑遗产，然而能否合理利用却取决于人。展示性利用关注于“看”的人，功能性利用关注于“用”的人，因此使用者(访客)的评价和感受是建筑遗产合理利用的核心点，人的定位和发展是建筑遗产合理利用的关键。

### （三）建筑遗产保护及利用的相互关系分析

关于建筑遗产保护及利用的关系在学术界有以下共识：一是建筑遗产的保护及利用并不矛盾，其静态保护与动态开发并重，完备的遗产保护工作是合理利用的基础，只有探明遗产功能、确定价值和保护过程中的问题才能更好利用；二是建筑遗产保护及利用需要整合，建立多元开放的保护平台才能实现多元主体的开发利用，创造新的资源整合机制，将遗产的科研、监督、保护和利用进行有机整合；三是保证建筑遗产的公益性质，从建筑遗产保护利用角度评价其利用的优劣，以可持续发展原则衡量建筑遗产利用的成败。

建筑遗产保护及利用是同一过程的两个方面，两者互相补充、不可分离。

第一，建筑遗产保护是利用实现的基础和目标。建筑遗产具备历史文化、科学、建筑、艺术等价值，对人类社会和城市发展具有重要意义。城市发展过程中每个历史时期都传承了城市文脉，并延续着城市的生活方式，建筑遗产作为城市的重要物质载体，记录了城市历史的创造过程，建筑遗产保护需要以保护建筑遗产的空间格局、物质环境以及延续城市生活为前提，如果城市的物质实体没有得到保护，就谈不上对建筑遗产的利用。建筑遗产的稀缺性与不可再生性决定了建筑遗产保护是其利用的基础。为了提升历史文化名城的经济效益，在建筑遗产得到良好维护的前提下，要合理利用建筑遗产，发挥文化资源的多元价值。建筑遗产作为文化遗产体系中的重要组成部分，延续活力才是对文化遗产最好的保护，即建筑遗产有所发展才能更好地保护。

第二，利用是保护的重要手段和途径。利用适当的建筑遗产保护方式，才能帮助人们了解遗产的价值和文化意义，使建筑遗产得到较好的诠释。建筑遗产的合理利用一方面能获得良好的社会效益和经济效益，另一方面也促进了历史城市的发展，为历史城市的保护提供经济基础。建筑遗产保护是对建筑本体及其环境的信息与内容的保护，利用是从发展的角度，从社会、经济、文化等多层次去综合整体把握，以探索建筑遗产的合理利用方式，使其获得可持续再生的活力。

综上，建筑遗产中"遗"是历史的文化遗存，需要保护，"产"是现实的文化产业，需要活化。保护是以支持利用为基础发展的，利用是强调以保护为基础的。缺乏利用的静态保护会让建筑遗产失去活力和发展动力，不考虑保护的发展会使遗产失去文化底蕴和地域特色。

本书认为延安红色建筑遗产的保护是其利用的基础与目标，而利用是延安红色建筑遗产红色文化传承的手段和途径，延安红色建筑遗产保护利用的最终目标是传承红色文化，并使建筑遗产实现可持续发展。

## 二、建筑遗产保护及利用的可持续发展

可持续发展是指既满足当代人需求，又不对后代人满足其需要的能力构成危害的发展，体现了国际公平原则，文化遗产也遵循可持续发展的原则。2017 年《实施〈世界遗产公约〉操作指南》(中文版)第 119 条规定："世界遗产存在多种现有和潜在的利用方式，其生态和文化可持续的利用可能提高所在社区的生活质量。""世界遗产的相关立法、政策和策略措施都应确保其突出普遍价值的保护，支持对更大范围的自然和文化遗产的保护、促进和鼓励所在社区公众和所有利益相关方的积极参与，作为遗产可持续保护、保存、管理、展示的必要条件。"

在建筑遗产领域结合其特性，可持续保护一方面要以拓展遗产的文化内涵为主，突出对建筑遗产所蕴含的历史、文化信息的保护，并对发展的可持续性和延续性进行关注；另一方面要在发挥建筑遗产资源经济价值的同时保护建筑遗产环境，改善当地居民生活质量，强调保护和发展的协调和延续，实现文化的延续性、经济发展的延续性和生态环境的延续性协调发展。

如何实现建筑遗产的可持续利用，学者乔梁认为在建筑遗产可持续发展的过程中，保护与发展可分为两个系统，系统一是物质形态系统，即建筑遗产构成的价值与物质环境的风貌保护，系统二是经济价值系统，在建筑遗产保护的同时合理利用其经济功能，满足现代生活的需要。两个系统有效结合就是保护与发展的有机结合，两者的协调发展为建筑遗产的历史文化注入了新的活力，让建筑遗产的保护与发展具备了可持续发展的内在生命力。

当前在建筑遗产旅游发展中，表面上旅游发展与保护之间存在着不可调和的矛盾，建筑遗产的稀缺性，决定了历史文化瑰宝应被原封不动地被保护起来。但实际上应在保护建筑遗产的前提下，尽量降低旅游开发利用产生的负面影响，寻求旅游开发和建筑遗产保护之间的协调发展。学者罗哲文指出，遗产保护不考虑经济效益是不行的，离开经济效益，保护工作难以完善。作为保护工作者，不应片面地反对经济效益，而是应该考虑正常的经济效益，在保护的前提下谈经济效益。

环境效益是衡量生产劳动过程中对生态平衡和生态环境造成的影响，把人的劳动耗费和耗费这些劳动对生态环境变化的影响进行比较。建筑遗产的环境效益指的是建筑遗产本体及其周围环境。社会效益是某一项人类活动满足公共需要的度量。广义的社会效益包括

政治效益、社会思想文化效益等。建筑遗产的社会效益指的是建筑遗产价值及其所产生的社会影响。经济效益是指以尽量少的劳动消耗获得尽量多的经营成果，或以同等的劳动消耗获得更多的经营成果。它是资金占用成本支出与有用生产成果之间的比较。建筑遗产的经济效益指的是对建筑遗产活化利用的程度。

本书认为，实现延安红色建筑遗产保护及利用的可持续发展应该以社会效益为根本，在保证社会效益、环境效益的前提下，实现经济效益的可持续发展，然后由经济效益反哺社会效益、环境效益，让三者得以相互依存、相互促进。

## 第三节　延安红色建筑遗产保护及利用的工作体系及其与区域经济发展的关系

### 一、延安红色建筑遗产保护及利用的工作体系

经过多年对建筑遗产的学术理论与实践工作的探索，建筑遗产的保护及利用体系仍然支离破碎。不同的目标与出发点，对建筑遗产保护及利用有着不同的解读和操作。本书基于整体的思维方式，提出延安红色建筑遗产保护及利用的工作体系是以保护为基本原则，将建筑遗产本体的信息特征作为保护利用的前提，将价值评估作为保护利用的依据，让保护规划成为实现保护的技术措施，让利用方式成为实现合理利用的手段，彼此相互配合、协调促进，规范引导保护利用的主体，最终实现延安红色建筑遗产保护及利用的可持续发展。

延安红色建筑遗产保护及利用的工作体系分析如图 2.1 所示。

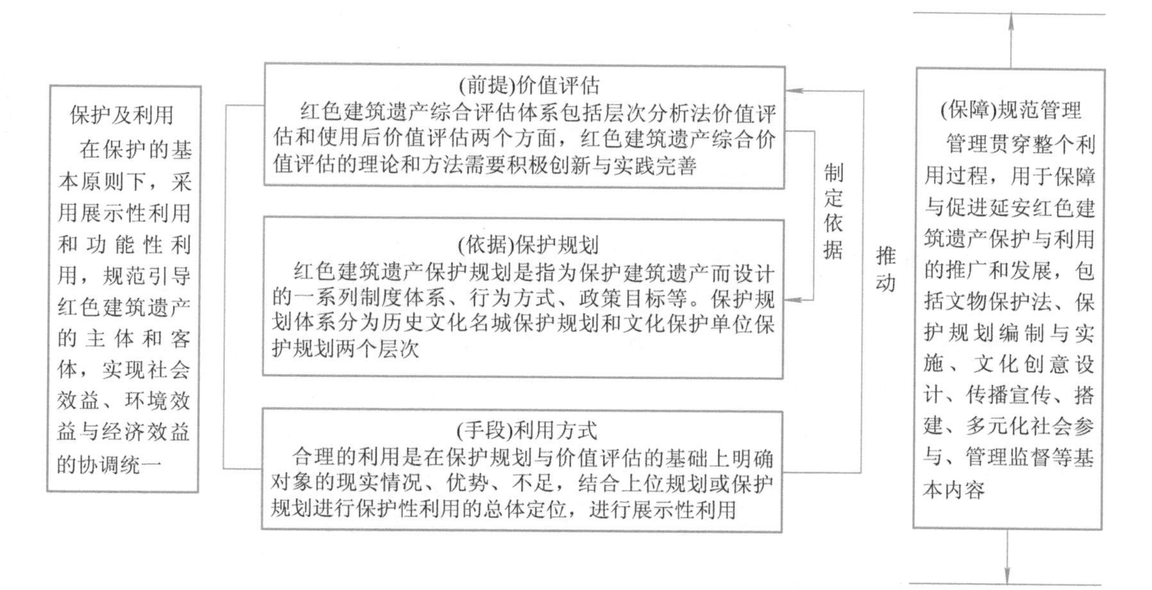


图 2.1　延安红色建筑遗产保护及利用的工作体系分析

### （一）延安红色建筑遗产的本体信息及特征

保护延安红色建筑遗产的目标在于保存历史悠久的物质遗存，并保护其所承载的相关历史信息。这是延安红色建筑遗产本体的信息认知部分，也是关于建筑遗产的信息识别及特征的部分，整理、储存和传递建筑遗产研究对象的相关信息，以此为延安红色建筑遗产保护提供基础资料。

### （二）延安红色建筑遗产的评估

延安红色建筑遗产的评估是指关于如何分析、比较、鉴定和判断建筑遗产的保护对象，包括对建筑遗产的价值认知、价值评估等，随着建筑遗产保护及利用研究的深入，对红色建筑遗产相关历史、文化、艺术等价值、保存状况和管理条件做出评价。建筑遗产的评估是保护利用的前提条件。

### （三）延安红色建筑遗产的保护规划

延安红色建筑遗产的保护规划是在遵循相关法规和专业技术规范的基础上，在把握和兼顾历史文化名城、文物保护单位的保护规划的层面上，开展个案研究，以此探索延安红色建筑遗产的保护。

### （四）延安红色建筑遗产的利用方式

延安红色建筑遗产的利用是对其保护的必要手段和过程，是帮助人们了解遗产价值和文化意义的活动，应采取恰当的利用方式，使建筑遗产资源得以展示，并成为人们体验红色文化的一种方式，获得建筑遗产的可持续再生活力，承担城市的部分功能并与城市发展有机结合。

## 二、延安红色建筑遗产保护及利用与区域经济发展的关系

延安红色建筑遗产保护及利用应该遵循保护与利用相协调的原则，正确处理历史文化名城保护与新时代建设的关系。保护是为了保证延安红色建筑遗产不受破坏，为延安红色革命时期提供有力的见证；利用则需要依靠延安红色文化资源的自身优势，适度发展相关产业，如红色旅游开发等经济活动，这不仅不会对建筑遗产造成破坏，而且会成为展示红色文化遗产风貌的新途径。

2021年3月30日，习近平总书记对革命文物工作作出了重要指示：“革命文物承载党和人民英勇奋斗的光荣历史，记载中国革命的伟大历程和感人事迹，是党和国家的宝贵财富，是弘扬革命传统和革命文化、加强社会主义精神文明建设、激发爱国热情、振奋民族精神的生动教材。加强革命文物保护利用，弘扬革命文化，传承红色基因，是全党全社会的共同责任。各级党委和政府要把革命文物保护利用工作列入重要议事日程，加大工作力度，切实把革命文物保护好、管理好、运用好，发挥好革命文物在党史学习教育、革命传统

教育、爱国文化教育等方面的重要作用，激发广大干部群众的精神力量，信心百倍为全面建设社会主义现代化国家、实现中华民族伟大复兴中国梦而奋斗。”

遗产专家罗哲文指出，离开经济社会效益，遗产很难保护好。保护工作越来越受到重视，就是因为国家对于历史文化名城的保护及利用产生了效益(有的是经济效益，有的是社会效益，最好是两者都具备)。当前人们越来越意识到保护不是包袱，而是财富，旅游是一个重要的桥梁，旅游本身就是一个文化产业，因此应处理好保护工作和旅游发展的关系。

(1) 延安红色建筑遗产的保护及利用有利于当地经济的发展。

延安作为陕甘宁红色革命文化遗产群的中心地带，未来红色旅游和经济发展在该区域内具有不可替代的优势。延安红色建筑遗产作为一种特殊的文化资源，除了本身的历史、社会、艺术价值外，还可以产生旅游经济效益，红色旅游会成为当地的经济增长点。建筑遗产本体的信息及其所蕴含的文化、历史价值内涵是无价的，保护建筑遗产就是保护无价的历史，是保护民族和地区的文化之根，也是保护人们生存发展的人文环境。因此，建筑遗产从来都不是地方社会经济发展建设的附属品，它们之间应是共生互动的关系，建筑遗产的保护和地区经济发展两者是相辅相成的。

延安红色建筑遗产有着悠久的红色文化底蕴，具有广泛的社会影响力和较高的可利用价值。因此，应在保护延安红色建筑遗产的基本前提下，梳理延安红色建筑遗产的特征，挖掘延安红色建筑遗产的内涵价值，合理发挥延安红色建筑遗产的社会效应，整合延安红色革命圣地的红色资源优势，以带动红色旅游主题产业的配套发展，拓展红色文化创意产业，产生更大的经济效益和社会效益，从而使得延安红色建筑遗产的保护工作和经济发展最终实现双赢。

(2) 当地经济发展促进延安红色建筑遗产的保护及利用。

经济收益是保护建筑遗产的物质基础。纵观世界各国，曾经对建筑遗产保护投入较大的地区，如今都获得了良好的社会效益和经济效益。建筑遗产的固有属性决定了它与其他类型旅游资源存在着差异，体现在建筑遗产的稀缺性、不可再生性和不可替代性，这些属性赋予了建筑遗产在经济发展中的优先地位。因此在延安红色建筑遗产的保护中，正是建筑遗产的特殊性，需要加大技术创新和资本投入，当地经济的发展能为遗产的保护提供多方面、多渠道的资金来源，这有利于保护和修复建筑遗产本身，也为其所传承的历史价值提供较好的发展条件。这是一种良性循环，当地经济的发展更能促进建筑遗产的保护和发展，并增加具备遗产保护管理资质的专业人才数量，使建筑遗产的保护和发展更加规范。

从 1935 年 10 月 19 日党中央率领中央红军到达陕北的吴起镇算起，到 1948 年毛泽东率领中共中央机关和部队离开延安为止，延安这座城市在中华民族的历史长卷上画下了浓墨重彩的一笔。近 13 年的时间里，中国共产党为了实现国家独立和民族解放，带领广大军民在延安开展了艰苦卓绝的斗争，特别是全民族抗日战争进入相持阶段后，国民党的经济封锁、军事挑衅，日军的疯狂扫荡等行为，使陕甘宁边区陷入极其困难的局面。为了克服困难，坚持全民族抗战，中国共产党发扬自力更生、艰苦奋斗的延安精神。延安这座城市见证了全民族抗日战争、解放战争等一系列影响近代中国人民命运的重大事件，在艰难困苦的黄土高原环境中，中国共产党领导人民群众建造和改造了一批红色建筑遗产，创造了辉煌的红色建筑成就。

延安作为陕甘宁边区的首府，是国人心目中的一片净土。中国共产党带领陕甘宁边区人民在此进行政治、经济、文化、社会及城市等建设，将当时贫瘠的延安地区变为人民民主建设的“试验田”，廉洁勤俭政治的模范区，营建了一批特殊的红色建筑，如陕甘宁边区参议会旧址、陕甘宁边区银行旧址等建筑，为延安精神的形成提供了特殊的物质环境。中共中央在延安近13年的转败为胜、扭转乾坤、创造辉煌、成就伟业的红色革命历史，不仅遗留了一批独具特色的红色建筑遗产，同时也培育了延安精神。由困难生态环境“倒逼”出来的延安精神，一经形成，就成为中国共产党人的巨大精神财富，激励着中国共产党人不断砥砺前行。与此同时，他们建设和改造了一批具备红色文化特征的红色建筑遗产。

延安是中国红色文化的摇篮，遗留着大量的红色文化建筑，这是中国共产党红色革命斗争的“集体记忆”，极大地丰富了中华民族的文化内容。延安红色建筑遗产是不可再生的，认识建筑遗产的特征是进行建筑遗产保护及利用的前提，因此，需要总结延安红色建筑遗产的特征。首先，要理解延安红色建筑遗产的特征，就必须了解延安历史文化名城的特征，从宏观层面对其历史环境和文化基因进行剖析；其次，从中观层面对延安红色建筑遗产的时空特征进行剖析；最后，从微观层面对延安红色建筑遗产的特征进行总结。

# 第三章 延安红色建筑遗产的内容

《孙子兵法》云："知己知彼，百战不殆。"建筑遗产的本体调研是延安红色建筑遗产保护工作的第一步，也是最基础的一步。

延安革命历史悠久，延安是中国近代革命的摇篮，遗留着丰富的红色建筑遗产，延安红色建筑遗产的调查研究是延安红色建筑遗产保护利用的基础资料。本章所指的调查是广义调查，即人们发现问题、寻求解释或解答问题的科学研究过程，它有助于人们在世界存在的繁杂现象中找出事物的发展规律，进而按照事物的客观规律组织人类社会秩序，指导人类活动，使人类理想变为现实。本章包括延安历史文化环境、延安精神及延安红色建筑遗产的调查。通过学习本章，可获得对延安红色建筑遗产全方位的认识，了解红色建筑遗产的丰富性，认识红色建筑遗产区别于其他建筑遗产的特殊性，为梳理和解析延安红色建筑遗产的特征和价值评估工作提供基础，更为延安红色建筑遗产保护利用提供依据。

## 第一节 延安历史文化环境

延安位于陕西北部，距陕西省省会西安 371 千米，属于黄河中游地区，东隔黄河与山西吕梁地区相望，西以子午岭为界，与甘肃庆阳地区接壤，北与榆林毗邻，南接陕西咸阳、渭南和铜川。延安古称肤施、延州，是中华民族的发祥地之一，也是著名的红色革命圣地，1982 年被国务院批准为第一批历史文化名城。延安市下辖宝塔区、安塞区、吴起县、志丹县、子长市、延川县、延长县、甘泉县、富县、洛川县、宜川县、黄龙县、黄陵县 13 个县区，截至 2021 年末延安市常住人口 226.93 万人。

延安是中华民族的圣地和中国革命的摇篮，遗留了大量的历史文化遗产。据统计，截至 2020 年年底，延安市共有文物点 8545 处，其中古文化遗址 4900 处，古墓葬 960 处，古建筑 769 处，石窟寺及石刻 335 处，近现代重要史迹 497 处，有全国重点文物保护单位 40 处，省级文物保护单位 213 处，市县级文物保护单位 364 处。可见，延安历史文化遗产种类较多，时间跨越大，这些遗产蕴含着延安灿烂辉煌的地域文化和红色文化。

### 一、延安地域文化

#### （一）延安地域文化的分类

地域文化是专门研究人类文化空间组合的地理人文学科，也称区域文化。延安地域文化是在历史发展过程中地理环境、经济基础和民族演化多种因素综合作用的结果。延安地域文化通过延安区域内的自然生态、建筑景观、乡土风俗、地方饮食、民间艺术等来表现。延安地域文化经历了长时间的发展和积累，凝聚着深厚的人文历史沉淀。延安地域文化可分为物质文化和非物质文化，物质文化主要为黄土高原的自然景观、窑洞建筑以及红色建筑等，非物质文化主要为乡土风俗、地方饮食、民间艺术等。

#### 1. 物质文化

黄土高原的地貌特征赋予了延安独特的地域景观。延安位于黄土高原的中南部地区，由于黄土高原表面被大量黄土覆盖，常年的风力和流水侵蚀使得黄土高原表面形成了沟壑纵横、起伏不平的自然地貌，因此呈现出千沟万壑的地域景观。延安境内的河流属于黄河水系，流经此地的有洛河、延河、清涧河、仕望河、汾川河等多条黄河支流，河流顺应地势由西北往东南注入黄河。由于河流季节性强，因此年流量变化大，雨季有洪水的可能，旱季支流也可能出现断流。黄河在延安宜川地区有著名的壶口瀑布，形成了“千里黄河一壶收”的壮观景象，大禹治水始于壶口的传说也广为流传，因此“黄河”成为延安人的情感寄托。沟壑纵横的黄土高原和汹涌奔腾的黄河，这些独特的自然地貌构建出沧桑和厚重的空间，凸显了黄土高原上的延安人与恶劣生存环境斗争的顽强刚勇。

窑洞作为延安古老的建筑之一，它是历史的产物，也是建筑文化的一个分支，它承载着时代变迁的痕迹，也蕴含着丰富的文化内涵。窑洞对自然环境破坏小且就地取材，能够节约自然资源和能源。窑洞的布局有靠崖式、下沉式及独立式三种类型。窑洞从外形看呈拱形，这种建筑形式体现的是“天圆地方”的宇宙观，以求最大程度上与自然贴合。延安窑洞的形成依托当地自然条件，体现了人与自然和谐相处的生态观以及传统的审美观。

#### 2. 非物质文化

延安留存了许多珍贵的乡土风俗、地方饮食、民间艺术等。延安是农耕与游牧交错结合的地带，交通不便，相对闭塞，自古除了战争、戍边、移民外，外界人很少进入这一区域，因此其保留着原始的质朴粗犷的乡土风俗。延安的农业耕作方式为靠天吃饭，当地人们充满了对天、地、鬼、神的敬畏和信仰，村落都有自己的寺庙，村民会定期举行祭祀活动，如清明黄帝陵祭典、元宵灯会、年节庙会、婚丧嫁娶等，这些民俗活动都反映了历史悠久的农耕文化的质朴特征。由于延安是农耕与游牧结合的区域，因此延安人民的饮食以杂粮、羊肉、洋芋为主，以糜子酒、黄米馍馍为辅，而大口吃肉、大碗喝酒又反映出游牧文化的粗犷特征。

延安民间艺术有安塞腰鼓、剪纸、陕北说书、陕北民歌、秧歌、泥塑等。例如，民间舞蹈中的鼓有着战斗的影子，这种脱胎于战争时期的军鼓，以震撼的气势压倒敌人，具有豪迈奔放的特色。又如，民间音乐中的陕北民歌旋律优美，歌词热辣真情，具有淳朴高亢的特色。

### （二）延安地域文化的特征

延安作为一座历史悠久的古城，具有数千年的历史文化底蕴。它特殊的自然地理环境使其自古就成为诸多民族和政治势力竞争的军事地区，同时也为民族融合提供了漩涡地带。在漫长的融合过程中，各民族固有的风俗相互影响，形成了开放包容的延安地域文化。

延安地域文化具有以下特征：一是开放性。从远古至明清，延安是中原农耕文明和北方草原文明的分界线。秦汉以来，华夏民族与各少数民族不断相互融合，厚重的黄土宽容地接纳每一个生活在此的民族，养育着每一个建立于此的政权，特殊的地理位置使得延安文化从初始就具有极大的开放性。二是军事文化色彩。特殊的地理位置使得延安成为兵家必争之地，直道、堡寨、驿站等军事遗存留有征战的历史记忆，因而造就了延安人骁勇善战、不畏苦难的精神品质。三是多元性。延安自秦汉至近代，历史悠久，文化积淀深厚，融合了农耕文化、游牧文化及军事文化，如剪纸艺术中动植物的吉祥寓意、民间舞蹈中腰鼓的粗犷豪迈、城市景观中城墙的防御功能，都充分体现了延安文化的多元性。

## 二、延安红色文化

文化是一个国家、一个民族的灵魂。习近平总书记指出，文化的力量，总是“润物细无声”地融入经济力量、政治力量、社会力量之中，成为经济发展的“助推器”、政治文明的“导航灯”、社会和谐的“黏合剂”。可见，对人类社会来说，经济是基础，文化是灵魂，文化的匮乏必然导致国民价值观的混乱，进而导致道德伦理的涣散，文化不兴，国将不国。一个没有文化的国家是没有灵魂的，也是难以强盛的。红色文化分为广义和狭义两种。从广义看，红色文化是在世界社会主义运动的历史过程中所形成的具有一定价值的物质和精神文化；从狭义看，红色文化是在中国共产党领导中国各族人民为民族独立和人民解放而进行的革命斗争历史过程中所形成的具有积极意义的物质和精神文化。延安红色文化是中国共产党领导广大人民群众，在延安艰难困苦的战争岁月和局部执政的情况下积淀形成的文化，它是独具特色的红色文化。延安红色文化分为物质文化和非物质文化两种。物质文化主要为遗留下来的延安红色建筑遗产，包括革命文物和红色历史建筑，其中革命文物包括了革命旧址、革命遗址和革命文物保护单位；非物质文化包括伟人的理论著作及诗词、红色会议、红色文化艺术等。

首先，延安红色文化具有民族性。延安红色文化根植于延安，体现了中华民族永不屈服、自力更生、独立自主的坚定信仰，反映出中国人民五千多年的优秀传统文化和民族抗争中的爱国主义精神。其次，延安红色文化具有革命性。在马克思主义的指引下，中国共产党在延安时期对政治、经济、文化、教育等方面的实践探索，都是中华人民共和国成立后进行社会主义建设的重要历史借鉴和启示，这一时期形成的优良作风及延安精神至今仍广为传颂。再次，延安红色文化具有政治性。延安红色文化是一种具有中国特色的政治文化，是中国共产党领导人民在艰苦革命过程中形成的宝贵精神财富。延安红色文化体现了中国共产党在延安时坚定的革命信念、积极的价值取向、崇高的思想品德、务实的工作作风，反映了中国共产党人的红色政党文化。最后，延安红色文化具有先进性。延安红色文化是中国共产党领导下的革命历史产物，形成于新民主主义革命时期，发展于社会主义建设时期和改革开放时期，不同的历史时期赋予其不同的历史内涵。因此，延安红色文化是一种与时俱进、充满活力的先进文化，它在传承和发展自身优良传统、优秀品质和精神实质的同时，不断地吸收和兼容其他先进文化，以提升自身的品质。

## （一）物质文化

延安历史文化名城共有革命文物保护单位396处，其中全国重点文物保护单位28处，省级文物保护单位143处，市县级文物保护单位94处，一般不可移动文物131处。延安共有13个区县，分别是宝塔区、安塞区、延川县、宜川县、吴起县、甘泉县、富县、志丹县、延长县、子长市、黄龙县、洛川县及黄陵县。延安革命文物包括全国重点文物保护单位、省级文物保护单位、市县级文物保护单位，以及未核定公布为文物保护单位的不可移动文物（以下简称“一般不可移动文物”）。统计结果显示，革命文物保护单位集中分布于延安城区，其次为子长市、吴起县、甘泉县、延川县等；革命文物保护单位等级的统计数据显示，宝塔区、安塞区是延安全国重点文物保护单位和省级文物保护单位的集聚地。可见，延安的文物保护单位多集中在延安城区（见表3.1）。

表3.1 延安革命文物保护单位数据汇总表

| 区域 | 文物单位级别 | 名　称 | 数量 |
| --- | --- | --- | --- |
| 宝塔区 | 全国重点文物保护单位 | 杨家岭革命旧址、陕甘宁边区政府旧址、枣园革命旧址、凤凰山革命旧址、延安王家坪革命旧址、陕甘宁边区参议会旧址、岭山寺塔（延安宝塔）、中国共产党六届六中全会旧址、南泥湾革命旧址、清凉山新闻出版部门旧址、中共中央党校旧址、陕甘宁边区银行旧址、中共中央西北局旧址、白求恩国际和平医院旧址、金盆湾八路军三五九旅旅部旧址、陕甘宁边区高等法院旧址、延安陕甘宁晋绥联防军司令部旧址、美军驻延安观察组驻地旧址 | 18 |
|  | 省级文物保护单位 | 中央军委通信局（三局）旧址、中国女子大学旧址、日本工农学校旧址、冯庄团支部旧址、中国医科大学旧址、青化砭战役遗址、蟠龙战役遗址、中央军委无线电通信学校旧址、延安抗日军人家属子弟小学旧址、延安马列学院旧址、陕甘宁边区民族学院旧址、延安县南区合作社总社旧址、陕甘宁边区政府保安处旧址、延安中央医院旧址、陕甘宁边区战时儿童保育院旧址、吴家枣园毛岸英旧居、西北财经办事处旧址、枣园中共中央社会部旧址、凤凰山史沫特莱旧居、水草湾革命旧址、凤凰山李家石窑毛泽东旧居、陕甘宁边区政府交际处旧址、自然科学院旧址、石村八路军三五九旅旧址、延安保卫战金盘湾卧牛山战斗遗址、王皮湾新华广播电台播音室旧址、延安“四八”烈士纪念堂旧址、延安县委县政府旧址、常屯延安县苏维埃政府旧址、蟠龙战役战地医院旧址、蟠龙马明方旧居、蟠龙抗大一大队旧址、青化砭延安县东区政府旧址、朝鲜革命军政学校旧址、龙寺肤甘县苏维埃政府旧址、太福河陕甘省政府旧址、陕甘宁边区农具厂旧址、陕甘宁边区政府供给总店旧址、石疙瘩陕甘宁边区被服厂旧址、张崖中共陕甘宁边区中央局旧址、石疙瘩陕甘宁边区丰足火柴厂旧址、俄文学校旧址、白坪陕甘宁边区医院旧址、新文字干部学校旧址、延安县蟠龙供销社旧址、延安吊儿沟革命旧址、石家畔杨步浩故居、延安飞机场航站楼旧址 | 48 |

**续表一**

| 区域 | 文物单位级别 | 名　　称 | 数量 |
|---|---|---|---|
| 宝塔区 | 市县级文物保护单位 | 市级文物保护单位：十八集团军兵站少陵寺旧址、三五九旅七一七团三营党德旧址、延安平剧研究院旧址、八路军后方留守兵团旧址、中国工合延安办事处旧址、中央警备团旧址、八路军通信材料厂旧址、泽东青年干部学校旧址、延安文抗旧址、抗大二大队旧址、陕甘宁边区民众剧团旧址、朝鲜义勇军旧址、川口林伯渠旧居、陕甘宁边区行政学院旧址、延安大学旧址、榆树峁毛泽东旧居、新华陶瓷厂旧址 | 22 |
| | | 县级文物保护单位：西北野战军军部左庄旧址、陕甘宁边区税务总局旧址、延安县北二区苏维埃政府旧址、肤甘县委吴嘴旧址、陕甘宁边区延安县蟠龙供销社主任孙鸿鸣旧居 | |
| | 一般不可移动文物 | 光华农场旧址、八路军制药厂旧址、八路军野战医院、白求恩诊室、光华制药厂旧址、边区艺术干部学校旧址、陕甘宁边区农业学校旧址、部队艺术学校旧址、西北医药专门学校旧址、徐向前旧居、陕甘宁边区交际处农场旧址、凤凰山中共中央组织部旧址、解放日报社大门旧址、三五九旅烈士纪念园(九龙泉烈士纪念碑)、陕甘宁边区荣誉军人学校旧址、王皮湾新华广播电台机房一动力间旧址、蟠龙粮站旧址、枣园三烈士纪念碑、三五九旅七一九团团部旧址、莫家湾新华广播电台旧址、中共中央西北局农场旧址、中国人民抗日军政大学旧址、金盆湾三五九旅粮库旧址、凤凰山麓陈云旧居、马坊烈士纪念碑、西北公学旧址、延安四八烈士陵园、延安县革命委员会成立旧址、陕甘宁边区高等法院监狱农场旧址 | 29 |
| 安塞区 | 全国重点文物保护单位 | 张思德牺牲纪念地 | 1 |
| | 省级文物保护单位 | 王家湾革命旧址、陕甘宁边区医院旧址、中央军委二局旧址、纸坊沟八路军印刷厂旧址、侯沟门军委航空学校旧址、梁坪陕北省苏维埃政府旧址、白坪陕甘宁边区儿童保育院小学部旧址、李家沟陕甘宁边区高等法院旧址、茶坊陕甘宁边区机器厂旧址、西征红军医院院部旧址、真武洞毛泽东旧居、高沟口毛泽东旧居、王窑毛泽东旧居 | 13 |
| | 市县级文物保护单位 | 市级文物保护单位：毛泽东边墙旧居、毛泽东堞子沟旧居、毛泽东高桥旧址、陕甘宁边区纸坊沟化工厂旧址 | 4 |
| | | 县级文物保护单位：无 | |
| | 一般不可移动文物 | 兴华制革厂、陕甘宁边区振华造纸厂、八路军制药厂遗址、陕甘宁边区党校旧址、陕甘宁边区第二次党代表大会遗址、陕甘宁边区青年救国会遗址、西北野战军司令部遗址、陕甘宁边区难民纺织厂遗址、陕甘宁边区第二儿童保育院旧址、陕甘宁边区第二机器厂旧址、王窑土地革命委员会旧址、东湾渡槽 | 12 |

续表二

| 区域 | 文物单位级别 | 名　称 | 数量 |
|---|---|---|---|
| 黄龙县 | 全国重点文物保护单位 | 无 | 0 |
| | 省级文物保护单位 | 宜瓦战役遗址、第二战区战备道柏峪段遗址 | 2 |
| | 市县级文物保护单位 | 市级文物保护单位：壶梯山战役（澄合战役）指挥所、彭德怀石堡旧居、上高头刘志丹旧居、渭北地区成立大会旧址、将军庙起义旧址 | 5 |
| | | 县级文物保护单位：无 | |
| | 一般不可移动文物 | 砖庙梁烈士陵园、瓦子街烈士陵园 | 2 |
| 黄陵县 | 全国重点文物保护单位 | 无 | 0 |
| | 省级文物保护单位 | 七丰村八路军办事处旧址、上畛子革命旧址 | 2 |
| | 市县级文物保护单位 | 市级文物保护单位：林湾革命旧址 | 2 |
| | | 县级文物保护单位：刘含初故居 | |
| | 一般不可移动文物 | 刘含初烈士墓、安子头全歼战遗址、第二战区西北制造厂中部分厂翟庄军鞋厂旧址、警一旅一警三旅旧址 | 4 |
| 宜川县 | 全国重点文物保护单位 | 无 | 0 |
| | 省级文物保护单位 | 二战区长官部旧址、圪背岭宜瓦战役指挥所旧址、宜瓦战役宜川遗址、宜川第二战区抗战旧址群 | 4 |
| | 市县级文物保护单位 | 市级文物保护单位：无 | 0 |
| | | 县级文物保护单位：无 | |
| | 一般不可移动文物 | 宜川烈士陵园、朝鲜医院旧址、薄一波旧居、桑柏民族革命小学旧址、山西省立第二联合中学旧址、山西省立第一师范孔崖旧址、杨开德故居、柳树村民族革命大学旧址、邹均礼故居、邓景亭故居、付东华故居、赵方故居、八路军驻二战区办事处上侯旧址 | 13 |
| 洛川县 | 全国重点文物保护单位 | 洛川会议旧址 | 1 |
| | 省级文物保护单位 | 黄连河王世泰故居、后子头八路军随营学校旧址、洛川东北军第六十七军军部旧址 | 3 |
| | 市县级文物保护单位 | 市级文物保护单位：无 | 0 |
| | | 县级文物保护单位：无 | |
| | 一般不可移动文物 | 洛川县革命烈士陵园、东南乡党支部 | 2 |

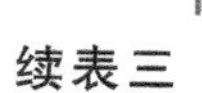

续表三

| 区域 | 文物单位级别 | 名　　称 | 数量 |
|---|---|---|---|
| 富县 | 全国重点文物保护单位 | 无 | 0 |
| | 省级文物保护单位 | 东村会议旧址、王家角八路军三五八旅旅部旧址、榆林桥战役遗址、直罗镇战役遗址、党家湾毛泽东旧居 | 5 |
| | 市县级文物保护单位 | 市级文物保护单位：无 | 0 |
| | | 县级文物保护单位：无 | |
| | 一般不可移动文物 | 富县革命烈士陵园，直罗烈士陵园，中央军委会议旧址，前桃园中共宜鄜洛县政府旧址，富县陕甘省委，省政府旧址 | 5 |
| 甘泉县 | 全国重点文物保护单位 | 无 | 0 |
| | 省级文物保护单位 | 下寺湾毛泽东旧居、陕甘边苏维埃政府旧址、登山峪肤甘革命委员会旧址、道镇红十五军团军团部旧址、阎家沟列宁小学旧址、阎家沟荣誉军人学校旧址、红一军团与红十五军军团会师地遗址、周恩来湫沿山遇险处、屈沟坪陕甘边区革命军事委员会旧址、劳山战役遗址、乔庄毛泽东旧居、王坪西北保卫局旧址、高哨陕甘省委省政府旧址、店子坪陕甘边物资站旧址、桥镇陕甘边苏维埃政府经济部旧址 | 15 |
| | 市县级文物保护单位 | 市级文物保护单位：史家湾毛泽东旧居、八路军教导一旅旅部旧址、象鼻子湾毛泽东旧居、陕甘苏区政府阎家湾旧址、红军医院乔庄旧址 | 5 |
| | | 县级文物保护单位：无 | |
| | 一般不可移动文物 | 振华造纸总厂石畔分厂旧址、劳山战役烈士陵园、八路军炼铁厂寺沟旧址、陕甘边特委王家湾旧址、甘泉县八路军教导一旅炮兵连旧址 | 5 |
| 吴起县 | 全国重点文物保护单位 | 吴起革命旧址 | 1 |
| | 省级文物保护单位 | 中共陕甘宁省委旧址，塔儿湾赤安县苏维埃政府旧址，“切尾巴”战斗遗址，白沟洼彭德怀旧居、叶剑英旧居，刘河湾红军兵工厂旧址，李洼子吴旗县二区政府旧址，张湾子毛泽东旧居，黑影沟吴旗县三区政府旧址 | 8 |
| | 市县级文物保护单位 | 市级文物保护单位：刘志丹张沟口旧居、城子毛泽民旧居、赵老沟小学旧址、西征红军被服厂旧址、吴庄中央红军西征粮食转运站旧址、张涧村列宁小学旧址、西征红军后方医院吊庄村分院旧址、定边县革命委员会凤寺旧址、李湾子赤安县赤卫军中队旧址、蔡砭村一区区政府旧址、水泛台三区区政府旧址、白豹共青团特别支部旧址 | 13 |
| | | 县级文物保护单位：志丹革命烈士纪念碑 | |

续表四

<table>
<tr><th>区域</th><th>文物单位级别</th><th>名　　称</th><th>数量</th></tr>
<tr><td>吴起县</td><td>一般不可移动文物</td><td>田百户兵站后方医院旧址，西北野战军后方医院旧址，西征红军后方医院铁炉沟旧址，王畔子、窨茆子阻击战遗址，阳塔洼村蔡丰故居，西征红军后方医院张涧村分院旧址，刘坪红军医疗所旧址，韩台村赤安县赤卫军中队成立旧址，走马台村六区一乡党支部旧址，梁台村三边军分区兵站医院旧址，蔺砭子村西北野战军医院旧址，拐沟中央红军宿营地旧址，吴起邓小平、林伯渠旧居</td><td>13</td></tr>
<tr><td rowspan="5">志丹县</td><td>全国重点文物保护单位</td><td>保安革命旧址</td><td>1</td></tr>
<tr><td>省级文物保护单位</td><td>刘志丹故居、永宁山寨寨址及摩崖石刻（永宁山党支部成立地旧址）、马海旺旧居及墓园、刘坪村中共中央党校旧址、保安中央政治局会议室旧址、小沟村中央红军医院旧址、三台山红军西征联络站旧址</td><td>7</td></tr>
<tr><td rowspan="2">市县级文物保护单位</td><td>市级文物保护单位：赤安县政府朱沟旧址、赤安县政府王家峁旧址、马锡五故居、毛泽东寺儿台旧居、毛泽东榆树沟旧居、毛泽东石畔旧居</td><td rowspan="2">7</td></tr>
<tr><td>县级文物保护单位：永宁镇老崖窑崖居（列宁小学旧址）</td></tr>
<tr><td>一般不可移动文物</td><td>曹力如故居、旦八烈士陵园、刘宝堂墓、刘志丹将军烈士陵园、义正镇彭德怀旧居、刘志丹策划“太白夺枪”旧址、李家崖窑旧址</td><td>7</td></tr>
<tr><td rowspan="2">子长市</td><td>全国重点文物保护单位</td><td>中山街毛泽东旧居、西北革命军事委员会旧址、瓦窑堡会议旧址、二道街毛泽东旧居、中国人民抗日红军大学旧址</td><td>5</td></tr>
<tr><td>省级文物保护单位</td><td>谢子长故居及墓地，羊马河战役遗址，景武塌战斗遗址，西北革命根据地子长旧址群，冯家岔中央印刷厂旧址，张李则沟红军医院旧址，刘家坪毛泽东旧居，凉水湾毛泽东旧居，前滴哨毛泽东旧居，十里铺兵工厂旧址，石家湾毛泽东旧居，瓦窑堡保育院旧址，魏家岔中央印刷厂旧址，瓦窑堡中华苏维埃政府西北办事处及部委机关旧址，瓦窑堡中共中央工作会议旧址，灯盏湾谢子长旧居，瓦窑堡西北政治保卫局旧址，瓦窑堡中共中央组织部少共中央局旧址，瓦窑堡中共中央宣传部旧址，任家山毛泽东旧居，玉家湾西北工委军委联席会议旧址，柳树沟秀延县苏维埃政府旧址，贺家湾贺晋年、贺吉祥、贺毅故居，三十里铺战斗遗址，营盘山战斗遗址，后滴哨安定县第三区公所旧址，子长县政府保安科旧址，任家砭革命旧址</td><td>28</td></tr>
</table>

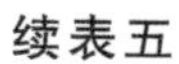

**续表五**

| 区域 | 文物单位级别 | 名　　称 | 数量 |
| --- | --- | --- | --- |
| 子长市 | 市县级文物保护单位 | 市级文物保护单位：好坪沟新华电台旧址，贺家沟徐特立旧居，刘胡家沟中央电台旧址，凉水湾周恩来旧居，栾家坪村红军兵工厂旧址，桑台毛主席旧居，瓦窑堡抗大三、四大队旧址，王家沟刘少奇旧居，王家沟周恩来旧址，王家沟朱德旧居，王家坪毛岸英旧居，谢子长阳道峁旧居，下冯家庄老学校，下冯家庄警备团团部旧址，李家沟警备团旧址 | 20 |
| | | 县级文物保护单位：陕北游击队总指挥部成立旧址、吴岱峰故居、吴习智将军故居、陈克功将军故居、习仲勋旧居 | |
| | 一般不可移动文物 | 中华苏维埃西北办事处—国民经济部旧址、刘家坪革命烈士陵园、中华苏维埃西北办事处财经印刷厂、中国国民经济部吴家坪造纸厂旧址、中华全国总工会西北执行局旧址、中华苏维埃西北邮政局旧址、子长县革命烈士公墓、好坪沟兵工厂旧址、瓦窑堡驻军团支部旧址、闫红彦将军故居、齐家湾谢子长陵园、李子厚故居、路文昌故居、小草湾兵工厂旧址、高维嵩将军故居、雷恩均故居、吴志渊故居、魏敬德故居、黄立德旧居、焦维炽故居和纪念碑、瓦窑堡市苏维埃政府旧址、晋西游击队改编旧址、中共陕北特委阳岸旧址 | 23 |
| 延川县 | 全国重点文物保护单位 | 无 | 0 |
| | 省级文物保护单位 | 太相寺会议旧址、高家湾八路军医院旧址、永坪革命旧址、乾坤湾毛泽东旧居、杨家圪台革命旧址、冯家坪革命旧址 | 6 |
| | 市县级文物保护单位 | 市级文物保护单位：毛泽东刘家渠村旧居、毛泽东王家圪凸旧居、毛泽东贺土坪旧居 | 13 |
| | | 县级文物保护单位：延川县革命烈士陵园、杨琪烈士故居、中国工农红军陕北游击队第九支队旧址、中共工农红军五号联络站、清水关毛泽东征回归渡口、高朗亭故居、马定邦故居、马万里故居、段思英故居、陕北省苏维埃政府旧址 | |
| | 一般不可移动文物 | 永坪革命烈士陵园、陕北省工农民主政府兵工厂旧址、贺光华旧居、李丹生旧居、中国工农红军陕北游击队第九支队指挥部旧址 | 5 |
| 延长县 | 全国重点文物保护单位 | 延一井旧址 | 1 |
| | 省级文物保护单位 | 东征会议旧址、凉水岸河防战斗遗址 | 2 |

续表六

| 区域 | 文物单位级别 | 名　　称 | 数量 |
| --- | --- | --- | --- |
| 延长县 | 市县级文物保护单位 | 市级文物保护单位：彭德怀旧居、固临县政府旧址、后段家河毛泽东旧居 | 3 |
| | | 县级文物保护单位：无 | |
| | 一般不可移动文物 | 安家渠彭德怀旧居、固临县政府保安科旧址、固临县完全小学旧址、西河列宁学校旧址、巨林红军纺织厂旧址、延长油矿苏联专家招待所旧址、延长油矿七一井旧址、延长油矿七三井旧址、延长油矿七里村采油厂釜式常压蒸馏装置炼油厂旧址、延长油矿七里村采油厂管式炉常压热裂化蒸馏装置炼油厂旧址、延长油矿延深探一井旧址 | 11 |

从表3.1中可以看出，延安革命文物数量较多，分布较广，规格较高。自1935年至1947年，中共中央进驻延安后，伴随着陕甘宁边区政府的成立，建设了一批用于行政办公、文教医疗、工业、金融及商业、名人居住的建筑，其中凤凰山革命旧址、杨家岭革命旧址、枣园革命旧址、王家坪革命旧址是中共中央领导人的工作居住地，陕甘宁边区政府是当时中共中央政府所在地，桥儿沟是中国共产党六届六中全会的旧址，南泥湾是大生产运动的基地，中共中央党校、陕北公学、鲁迅艺术文学院、中国人民抗日军政大学、中国女子大学等是中国共产党在延安建造的高等教育学校，这些都是延安红色文化的典型物质代表。

## （二）非物质文化

### 1. 伟人的理论著作及诗词

伟人的理论著作是指中国共产党的重要领导人毛泽东、朱德、周恩来、刘少奇、任弼时、陈云、王稼祥、张闻天等在延安创作的大量作品及形成的理论著作。1991年版《毛泽东选集》共收入文章159篇，其中在延安完成的有112篇，占比超过了70%，代表作有《整顿党的作风》《实践论》《矛盾论》《论持久战》《新民主主义论》等。在延安，朱德撰写了《论解放区战场》《革命军队管理的原则》等，周恩来撰写了《论统一战线》《关于党的“六大”的研究》等，刘少奇撰写了《论党》《论共产党员的修养》等，任弼时撰写了《共产党员应当善于向群众学习》《关于增强党性问题的报告大纲》等，陈云撰写了《怎样做一个共产党员》《论干部政策》等，王稼祥撰写了《中国共产党与中国民族解放的道路》等，张闻天撰写了《论待人接物问题》等。这些著作中蕴含新民主主义理论成果，是马克思主义中国化过程中的重要理论成果，也是中国红色文化的重要理论成果。

伟人诗词是指重要领导人毛泽东、朱德、周恩来等在延安创作的诗词。毛泽东诗词有《四言诗·祭黄帝陵》《四言诗·妇女解放》《沁园春·雪》《七律·忆重庆谈判》等，其中《四言诗·祭黄帝陵》是中国共产党及其军队奔赴全民族抗日前线的“出师表”；《四言诗·妇女解放》鼓舞了中国妇女投身于自我解放运动及全民族抗日救国运动；《沁园春·雪》利用了自然景观借物言志，用艺术形象来反映中国政治形势，抒发中国共产党人东征全民族抗日

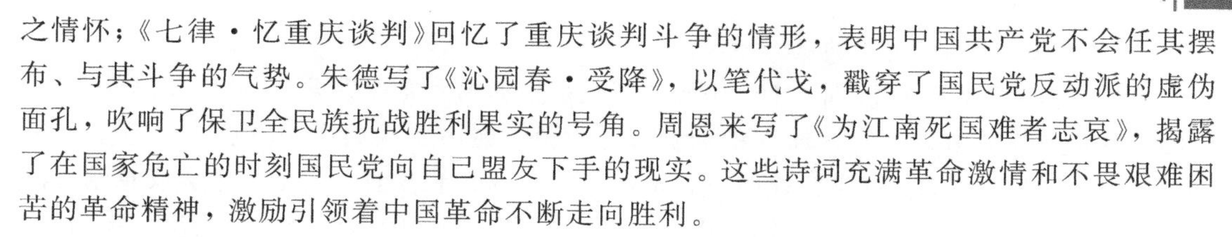

之情怀；《七律·忆重庆谈判》回忆了重庆谈判斗争的情形，表明中国共产党不会任其摆布、与其斗争的气势。朱德写了《沁园春·受降》，以笔代戈，戳穿了国民党反动派的虚伪面孔，吹响了保卫全民族抗战胜利果实的号角。周恩来写了《为江南死国难者志哀》，揭露了在国家危亡的时刻国民党向自己盟友下手的现实。这些诗词充满革命激情和不畏艰难困苦的革命精神，激励引领着中国革命不断走向胜利。

### 2. 红色会议

#### 1）瓦窑堡会议

1935 年 12 月 17 日至 25 日，中共中央在延安安定县（今子长市）瓦窑堡会议旧址召开了政治局扩大会议（即瓦窑堡会议）。会议着重讨论全国政治形势和党的策略路线、军事战略，确立了建立全民族抗日统一战线的新策略，并相应地调整了各项具体政策。会议上张闻天作了关于政治形势和策略问题的报告，张浩作了关于共产国际七大精神的传达报告。12 月 25 日，会议通过由张闻天起草的《中央关于目前政治形势与党的任务决议》后结束，12 月 27 日毛泽东根据会议精神，在党的活动分子会议上作了《论反对日本帝国主义的策略》的报告，瓦窑堡会议决议及毛泽东的报告，解决了党的政治路线问题。瓦窑堡会议是从第五次反“围剿”失败到全民族抗战兴起过程中召开的一次重要会议。它表明中国共产党已经克服“左”倾冒险主义和关门主义，制定出全民族抗日统一战线的新策略，使中国共产党在新的历史时期将要到来时掌握了政治上的主动权；表明中国共产党在继遵义会议着重解决军事路线问题和组织问题之后，开始努力解决政治路线问题；表明中国共产党在总结经验教训的基础上，正在从中国的实际情况出发，创造性地开展工作。

#### 2）延安会议

1937 年 3 月 23 日至 31 日中共中央政治局在延安凤凰山下（今凤凰小学）召开了政治局扩大会议。会议共有两项议程：一是从 3 月 23 日至 26 日，讨论西安事变和国民党三中全会后，全民族抗日统一战线的新形势及中国共产党的新任务；二是从 3 月 27 日至 31 日，讨论张国焘的错误，3 月 31 日会议通过了《中共中央政治局关于张国焘同志错误的决定》，指出了张国焘错误的性质和主要内容。延安会议是全民族抗日战争爆发前夜中国共产党召开的一次重要会议。会议为第二次国共合作和全民族对日抗战作了重要准备。同时，会议清算了张国焘的错误，增强了党内团结。

#### 3）洛川会议

1937 年 8 月 22 日至 25 日，中共中央在延安洛川会议旧址召开政治局扩大会议（即洛川会议）。会议讨论制定动员全国军民开展民族解放战争，实行全面持久抗战的方针，进一步确定中国共产党在全民族抗日战争时期的任务及各项政策。会议由张闻天主持，毛泽东作了军事问题和国共两党关系问题的报告。会议讨论了国共关系、战略方针和出兵等问题，会议通过了《中共中央关于目前形势与党的任务的决定》《中国共产党抗日救国十大纲领》和毛泽东起草的宣传鼓动提纲《为动员一切力量争取抗战胜利而斗争》。会议讨论并制订了中国共产党在全民族抗日战争时期的基本行动路线和工作方针。会议决定成立中共中央革命军事委员会（简称中央军委）。洛川会议是在全民族抗战刚刚爆发的历史转折关头召开的一次重要会议。会议通过的十大纲领和决定，标志着中国共产党的全民族抗战路线的正式形成。

4）中国共产党扩大的六届六中全会

1938 年 9 月 29 日至 11 月 6 日，中国共产党扩大的第六届中央委员会第六次全体会议在延安桥儿沟的中国共产党六届六中全会旧址召开。在中共六届六中全会上，毛泽东作《论新阶段》的政治报告，这是会议的中心议题。11 月 5 日和 6 日，毛泽东作会议总结，着重讲了统一战线问题及战争和战略问题。全会通过《中共扩大的六中全会政治决议案》，批准了以毛泽东为核心的中央政治局的路线。全会重申中国共产党应把主要工作放在战区和敌后，独立自主地放手组织人民抗日武装斗争的方针。全会确定，要不断巩固和扩大抗日民族统一战线，用长期合作来支持长期战争；同时要坚持统一战线中的独立自主原则。关于国共关系问题，全会提出，为完成中华民族的当前紧急任务，顺利进行持久的全民族抗战，必须坚持国共两党的长期合作。全会强调学习的重要性，号召中国共产党全党必须努力学习马克思列宁主义理论，善于把马克思列宁主义的一般原理和国际经验应用于中国的具体环境，反对教条主义，废止洋八股，提倡新鲜活泼的、为中国老百姓所喜闻乐见的中国作风和中国气派。中国共产党扩大的六届六中全会是一次具有重大历史意义的会议。会议正确地分析了全民族抗日战争的形势，规定了中国共产党在全民族抗战新阶段的任务，为实现中国共产党对全民族抗日战争的领导进行了全面的战略规划。会议基本上纠正了王明的右倾错误，进一步确定了毛泽东在中国共产党全党的领导地位，统一了中国共产党全党的思想和步调，推动了各项工作的迅速发展。

5）陕甘宁边区参议会

陕甘宁边区第一届参议会。1939 年 1 月 17 日至 2 月 4 日，陕甘宁边区第一届参议会在延安小沟坪的陕北公学礼堂旧址召开。会议通过了林伯渠所作的边区政府工作报告，通过了《陕甘宁边区抗战时期施政纲领》，以及边区政府组织条例、选举条例、边区各级参议会组织条例、边区高等法院组织条例、土地条例等文件。4 月 4 日，公布了《陕甘宁边区抗战时期施政纲领》。文件明确规定了陕甘宁边区和其他抗日民主根据地的性质、特点和基本政治、经济政策，表明中国共产党在抗日民主根据地所实行的是真正的民主主义制度。根据陕甘宁边区的经验和“三三制”的原则，华北、华中各根据地加强政权建设，相继召开参议会，制定施政纲领，并颁布各种法规和条例。如各级参议会组织条例、各级政府组织条例、选举条例、减租减息条例、改善工人生活条例，婚姻条例、保障人权财权条例、惩治贪污条例等。这些法规和条例的制定，使抗日根据地的法制建设初具规模。

陕甘宁边区第二届参议会第一次会议。1941 年 11 月 6 日至 21 日，陕甘宁边区第二届参议会第一次会议在陕甘宁边区参议会旧址召开。高岗主持了会议，毛泽东在开幕典礼上作了重要讲话，说明参议会的目的是团结各阶层人民来打倒日本帝国主义，强调要同党外人士民主合作。会议审议了林伯渠代表陕甘宁边区政府所作的工作报告及参议会常驻会的工作报告，通过了《陕甘宁边区保障人权财权条例》《陕甘宁边区施政纲领》，并作出了《通过施政纲领决议》和九个单项条例；审议了陕甘宁边区政府的财政概算；通过了包括李鼎铭等 11 名参议员提出的“精兵简政”等 400 件提案。会议按“三三制”的原则，以无记名投票方式选举高岗为陕甘宁边区参议会议长，林伯渠、李鼎铭为陕甘宁边区政府正副主席以及 9 名常驻议员、18 名政府委员。

陕甘宁边区第二届参议会第二次会议。1944 年 12 月 4 日至 19 日，陕甘宁边区第二届参议会第二次大会在延安陕甘宁边区参议会旧址礼堂召开。12 月 5 日林伯渠作了题为《边区民主政治的新阶段》的工作报告，总结了三年来陕甘宁边区民主建设的巨大成就，深刻指出陕甘宁边区发展的根本原因是由于民主政治在军事、经济、文化各方面发挥了巨大作用，不仅发动了广大工农兵群众的积极性，也发动了富有者的积极性。12 月 6 日陕甘宁边区政府副主席李鼎铭作了《关于文教工作的方向》的工作报告，12 月 15 日毛泽东作了《一九四五年的任务》的重要演讲，周恩来、董必武、陈云、彭德怀、萧劲光、南汉宸在大会上分别作了《关于时局和国共两党谈判问题》《大后方近况》《关于财经问题》《华北敌后军民英勇抗战》《关于边区军事建设》《关于边区财政状况》的发言，大会通过了《陕甘宁边区各级参议会选举条例》《陕甘宁边区地权条例》《陕甘宁边区土地租佃条例》。会议为协调全民族抗日阶级、阶层之间的关系，进一步增强团结，促进陕甘宁边区的民主政治建设进程，推动大后方人民民主运动发挥了重要作用。

陕甘宁边区第三届参议会。1946 年 4 月 2 日，陕甘宁边区第三届参议会在延安陕甘宁边区参议会旧址礼堂召开。谢觉哉致开幕词。会议听取并讨论通过了林伯渠的政府工作报告，李鼎铭关于选举工作的报告，以及一些厅长关于各厅工作的报告。会议审查了边区政府以及部分议员向大会提交的《陕甘宁边区宪法原则》《陕甘宁边区婚姻条例》等 159 件议案。其中绝大部分被通过。会议选举了高岗为参议会议长，谢觉哉、安文钦为副议长，习仲勋等 12 人为常驻议员，林伯渠为边区政府主席，李鼎铭、刘景范为副主席，贺连城等 19 人为政府委员。

#### 6）延安文艺座谈会

1942 年 5 月，中共中央在延安杨家岭革命旧址中共中央大礼堂召开延安文艺座谈会。毛泽东在会上发表讲话，全面总结五四运动以来中国革命文艺运动的历史经验，深刻阐明和发展了马克思主义的文艺理论，为中国革命文艺的发展指明了正确方向。讲话系统地回答了文艺运动中许多有争论的问题，强调中国共产党的文艺工作者必须从根本上解决立场、态度问题。延安文艺座谈会后，广大文艺工作者纷纷奔向全民族抗战前线，深入农村、部队、工厂接触群众，体验生活，创作了《兄妹开荒》《逼上梁山》《三打祝家庄》《白毛女》等一大批反映当时现实生活的优秀作品。

#### 7）中共中央西北局高级干部会议

1942 年 10 月 19 日至 1943 年 1 月 14 日，中共中央西北局在延安中共中央西北局旧址召开了陕甘宁边区高级干部会议。毛泽东在会上作了《经济问题与财政问题》的书面报告和《关于党的布尔塞维克化的十二条》的讲演。会议讨论了中共中央到陕北前陕甘宁边区中国共产党的历史经验，清算了“左”倾错误对西北革命根据地造成的危害，检查了全民族抗战以来陕甘宁边区党内在思想、组织和实际工作中的某些偏向。会议确定生产和教育是陕甘宁边区建设的两大任务，以生产为第一。这次会议有力地推动了陕甘宁边区整风运动和大生产运动的深入发展。

#### 8）中国共产党扩大的六届七中全会

1944 年 5 月 21 日至 1945 年 4 月 20 日，中共中央在延安杨家岭革命旧址举行扩大的六届七中全会，为中共七大的召开做了进一步的准备。全会讨论了中共七大的各项准备工作，通过了中共七大的议事日程和报告负责人，决定除毛泽东的政治报告由主席团和全会讨论外，其他如军事报告、修改党章的报告、党的历史问题报告、统一战线报告等，分别成立委员会起草。全会后期，讨论通过了准备提交中共七大的政治报告、军事报告和党章草案、七大主席团名单草案、代表资格审查委员会候选人名单和会场规则草案等。全会还讨论通过了毛泽东起草的《中共中央关于城市工作的指示》等文件。中共六届七中全会的主要内容和最重要的成果，是1945年4月20日原则通过了《关于若干历史问题的决议》。其总结建党以来，特别是六届四中全会至遵义会议前这段中国共产党的历史及其基本经验教训，高度评价了毛泽东运用马克思列宁主义基本原理解决中国革命问题的杰出贡献，肯定了确立毛泽东在全党的领导地位的重大意义。同时全面详尽地阐述了历次“左”倾错误在政治、军事、组织、思想方面的表现和造成的严重危害，并着重分析了产生错误的社会根源和思想根源。在总结开展中国共产党党内思想斗争的经验，强调要坚持“惩前毖后，治病救人”“既要弄清思想，又要团结同志的方针”。中共六届七中全会的召开和《关于若干历史问题的决议》的通过，增强了全党在毛泽东思想基础上的团结，为中共七大的胜利召开创造了充分的思想条件。

9）中国共产党第七次全国代表大会

1945年4月23日至6月11日，中国共产党第七次全国代表大会在延安杨家岭革命旧址中共中央大礼堂举行。毛泽东在大会上致开幕词和闭幕词，并作了《论联合政府》的政治报告，朱德作了《论解放区战场》的军事报告，刘少奇作了《关于修改党章的报告》，周恩来作了《论统一战线》的发言。中共七大提出党的政治路线是：“放手发动群众，壮大人民力量，在我党的领导下，打败日本侵略者，解放全国人民，建立一个新民主主义的中国。”大会制定了新民主主义国家在政治、经济、文化方面的纲领，提出了实现中国工业化的宏伟任务，并在党的文件上首次明确提出要以生产力标准来评判一个政党的历史作用。中共七大把党在长期奋斗中形成的优良作风概括为三大作风，即理论和实践相结合的作风，和人民群众紧密联系在一起的作风，批评与自我批评的作风，这是中国共产党区别于其他政党的显著标志。中共七大强调，党的群众路线是党的根本的政治路线和组织路线。党员必须全心全意为中国人民服务，反对脱离群众的命令主义、官僚主义和军阀主义的错误倾向。中共七大通过了新的党章，七大选举产生了新的中央委员会。

中共七大是中国共产党在新民主主义革命时期召开的一次极其重要的全国代表大会。中共七大为建立新民主主义的新中国制定了正确路线方针政策，使全党在思想上政治上组织上达到空前统一和团结。把毛泽东思想确立为党的指导思想并写入党章，是中共七大的历史性贡献，是近代中国历史和人民革命斗争发展的必然选择。中共七大之后，全党同志在毛泽东思想的指引下，团结一致，为夺取全民族抗日战争的最后胜利和新民主主义革命在全国的胜利英勇奋斗。

### 3. 红色文化艺术

1）红色旗帜设计

中国共产党党旗是中国共产党的重要标志，代表红色革命的信仰和力量。党旗由镰刀和锤头的图案组合而成，镰刀和锤头是中国共产党工农联盟的符号，包括农民和工人的联盟。镰刀和锤头是中国共产党在经历革命磨难的过程中发展而成的充满强烈感情象征的政治符号。红色旗帜加上镰刀和锤头的党徽，构成党旗。1942年4月28日中共中央召开会议，对中国共产党的党旗样式进行了规定：“中共党旗样式，长阔为三与二之比，左上角有斧头镰刀，无五角星，并委托中央办公厅制一批标准党旗，分发各主要机关。”中国第一批标准党旗在延安诞生，中共七大召开之前收到了230余幅党旗图样，这些图样洋溢着鲜明的民族特色和战斗精神[见图3.1(a)]。中共七大的党旗最终图样[见图3.1(b)]，党旗图案的左上角是镰刀和锤头。

(a) 中共七大征集的党旗图样

(b) 中共七大的党旗

图3.1 党旗

旗帜飘扬——党旗国旗军旗诞生珍贵史料展掠影[J]. 军事史林，2022(03).

中国传统图案以意造型，讲究具象与抽象的巧妙融合。中国国旗的图案设计继承了这一原则，中国国旗的典型草案设计图如下：草案一，大五角星置于旗面的左上方，旗面的下半部用一条线条代表孕育生命的黄河[见图3.2(a)]；草案二，大五角星置于旗面的左上方，旗面的下半部用两条线条代表黄河和长江[见图3.2(b)]；草案三，大五角星置于旗面的左上方，旗面的下半部用三条线条代表黄河、长江、珠江[见图3.2(c)]；草案四，旗面的左边为四颗小星星追随一颗大五角星的图案 [见图3.2(d)]；草案五，旗面的左边为四颗小星星围绕一颗大五角星，大五角星内有镰刀和锤头的图案[见图3.2(e)]；草案四和草案五是曾联松设计的两版草图，在他的草案五中将原方案中的大五角星中的镰刀和锤头去掉，最终呈现出如今的五星红旗的图案[见图3.2(f)]。

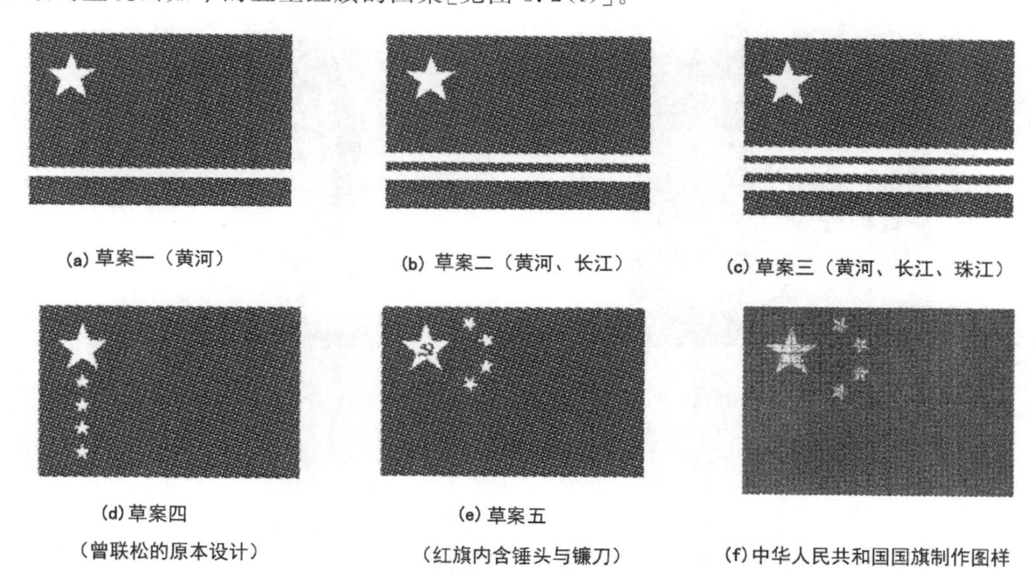

(a) 草案一（黄河）

(b) 草案二（黄河、长江）

(c) 草案三（黄河、长江、珠江）

(d) 草案四

（曾联松的原本设计）

(e) 草案五

（红旗内含锤头与镰刀）

(f) 中华人民共和国国旗制作图样

图3.2 国旗的典型草案设计图

胡国胜. 红色符号[M]. 广州：广东人民出版社，2011.

中华人民共和国国旗，旗面红色，长方形，其长和高为三与二之比。左上方缀五颗五角星。一星较大，居左；四星较小，环拱于大星之右，并各有一角尖正对大星的中心点，表达亿万人民心向伟大的中国共产党，如众星拱北辰。国旗中的五角星不仅仅是一个革命战斗符号，同时也是一个国家符号。国旗运用五角星的设计图案，表达了中国革命是在中国共产党的领导下，以工农联盟为基础，团结了小资产阶级、民族资产阶级共同斗争取胜的，这是中国革命的历史事实，反映了中国革命的实际，表现了革命时期人民的大团结[见图 3.2(f)]。

2）红色的人物画像

红色的人物画像作品较直观地揭示了人民精神，人民精神也是一种红色文化精神，凝聚着人民力量，构成了凝心聚力的兴国之魂、强国之魂(见图 3.3)。

(a) 王式廓 《毛主席像》

(b) 彦涵 《彭德怀将军在前线》

(c) 林军 《老红军》

(d) 安明阳 《英雄刘胡兰》

图 3.3 红色的人物画像

陈履生. 革命的时代：延安以来的主题创作研究[M]. 北京：人民美术出版社，2009.

《毛主席像》由王式廓创作。这是他 1945 年创作的毛主席油画像，画面中的毛主席目光深邃锐利而坚毅，既展现了全民族抗日战争胜利之际毛泽东的高瞻远瞩和深思远虑，又刻画出了毛主席的沉着、英明。

《彭德怀将军在前线》由彦涵创作。1941 年彦涵随鲁艺木刻工作团深入太行山敌后根据地，他创作了彭德怀将军亲临前线指挥作战的木刻作品。画面中的彭德怀将军背倚壕壁，手持望远镜，全神贯注地观察敌情，反映了全民族抗战时期八路军将领身先士卒、不畏牺牲、亲临战斗第一现场的伟大形象。

《老红军》由林军创作，展示了老红军形象。作品为黑白版画，他利用黑白色彩和线条疏密的对比，突出人像的主体。林军在人物面部的塑造上采用概括性的线条进行勾勒，用线很少且尽量留白，以柔和纤细的刀法刻画出了老红军的刚毅形象。

《英雄刘胡兰》由安明阳创作。这幅作品以黑白配色为主，利用黑白线条进行对比，大面积的黑发与人物面部的白色产生鲜明对比，突出人物目光的坚毅有力，展示了英雄儿女的坚贞不屈。

3）红色宣传画

红色宣传画是中国共产党进行政治宣传工作的重要方式，也是中国共产党传播红色革命文化的重要方式。延安时期创作的一批具有全民族抗战特征的宣传画，是一种特殊的红色艺术。

《保卫家乡》是彦涵于1940年创作的套色木刻年画，表现了根据地的军民拿起武器保卫家乡的场面。年画汲取了民间年画的艳丽色彩和热闹画面因素，运用了写实手法，表现了崭新的革命内容，作品展现了军民们特有的战斗精神，配以保卫家乡的字样，形象地进行了全民族抗战的宣传（见图3.4）。

(a) 套色木刻年画1

(b) 套色木刻年画2

图3.4　彦涵《保卫家乡》

中国国家博物馆. 抗日战争时期宣传画[M]. 上海：上海人民出版社，2015.

《拥护咱们老百姓自己的军队》是古元于1943年创作的木刻作品。作品采用分层式构图方式，每一层的图像既相对独立，又互有连续，表达了百姓拥军的场景。画面最上方是“拥护咱们老百姓自己的军队”的标题文字，标题以下分成四个面积不等的画幅，四幅画面围绕着同一主题叙述了四个独立不同的故事。第一幅画中，右边是一位穿戴整齐的长者伸出双手紧握一名士兵的手，另一名士兵则双手捧合、欠身致意。长者身后跟随的是一支举着旗帜、扭着花鼓舞、赶着羊群骡马的欢快的队伍。第二幅画中，左边是一位肩扛长矛的民兵正在组织担架队运送伤兵，他抬起的手中拿着一封信，中间是一名给战士送茶水的妇女，画面的右边是一位手握长矛，腰间别着手榴弹的民兵，身后有一个帐篷表明他正在站岗放哨。第三幅画中，右侧是身着军装的青年，正回过头向身后的送行人群挥手道别，头上扎着的布巾和肩上的行李表明他还尚未入伍，只是预备去前线参军。第四幅画中，中间是窑洞，左右对称进行构图，一名年轻女性正在窑洞前纺纱，门上有一副对联，横批写有“光荣抗属”，表明一户“抗属”家庭正在生产劳作。作品采用民间年画和窗花剪纸融合的形式，画面既有民间艺术气息，又赋予新时代的生活气息(见图 3.5)。

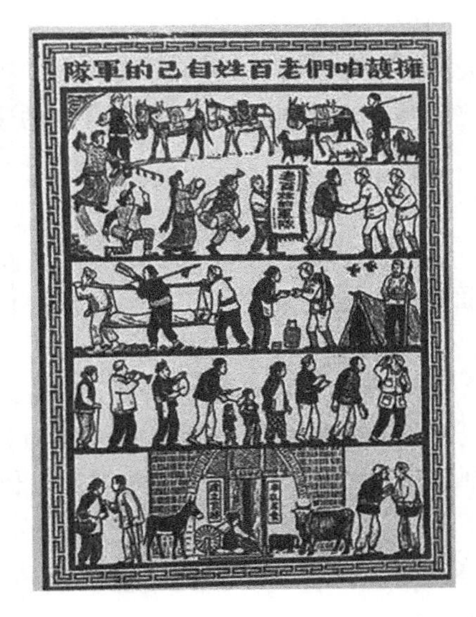


图 3.5　古元《拥护咱们老百姓自己的军队》

陈履生. 革命的时代：延安以来的主题创作研究[M]. 北京：人民美术出版社，2009.

《新四军帮老百姓插秧》由吴耘于 1944 年创作。画面展示了军民一家的鱼水之情；画面用简洁的线条勾勒出晴朗的天空、植物和人物，用留白的方式展现了稻田水面；画面上的人物形态动作各异，表现出人们插秧时的忙碌景象；画面的黑白线条间隔分明，节奏感强；作品反映出延安军民和谐相处的生活气息(见图 3.6)。

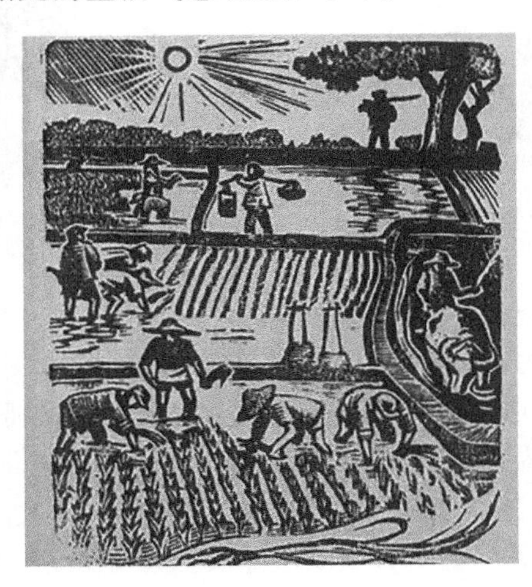

图 3.6　吴耘《新四军帮老百姓插秧》

陈履生. 革命的时代：延安以来的主题创作研究[M]. 北京：人民美术出版社，2009.

4）红色建筑画

延安时期的艺术家们自觉地走向农村，广泛而深刻地与大众生活相结合。延安文艺座谈会之后，“画家下乡”与陕甘宁边区的农村生活相结合，这成为推进美术创作的明确且崭新的路径，延安的红色建筑成为艺术创作的主题(见图 3.7)。

(a) 力群　《延安鲁艺校景》

(b) 古元　《延安风景》

(c) 林军　《我们亲手盖的大礼堂》

图 3.7　红色建筑画

陈履生. 革命的时代：延安以来的主题创作研究[M]. 北京：人民美术出版社，2009.

《延安鲁艺校景》是力群于 1941 年创作的木刻画。这幅木刻画与以往木刻画采用的技法不同，虽然使用的仍是三角刀，但部分地方采用了手左右颤动的技法，生动地雕刻出了黄土高原的树木与晴朗天空之间的空气流动感，画面中持枪而立的岗哨、车往人来的街景表现出了鲁艺学校在延安黄土高原的独特的西方建筑风格。

《延安风景》是古元于 1943 年创作的木刻画。作品真实地展现了当时延安的地域景观，高耸的宝塔，湛蓝的天空，黄色的群山，滚滚的延河及河边的马拉车，构成了一幅苍劲有力的延安画卷。古元大胆运用黄色和蓝色进行套色创作，表现了艺术家对新艺术的探索以及对延安的独特情怀。

《我们亲手盖的大礼堂》是林军于 1945 年创作的木刻画。作品展示了延安大礼堂建筑散发出的朝气蓬勃的精神风貌，黄土高坡之上的宝塔矗立，太阳和白云悬挂于天空，黄土高坡的用线流畅且纹理清晰，大礼堂建筑的用线苍劲有力，黑白明暗对比强烈，描绘出了人群络绎不绝朝大礼堂走去的画面。画面中的大礼堂建筑风格独特且宏伟壮观，充分体现了延安当时新时代的建筑风貌。

5）红色文艺作品

在中共中央的引导下，以延安文艺座谈会为标志，深入群众，结合实际生活，采用革命现实主义创作方法留下了大量文学作品。当时代表性的文学作品有赵树理的《小二黑结婚》《李有才板话》《李家庄的变迁》，丁玲的《我在霞村的时候》《在医院中》《太阳照在桑干河上》，茅盾的《风景谈》《白杨礼赞》，贺敬之的《跃进》《小兰姑娘》《红灯笼》等。

音乐方面是以群众平时的生活场景和生产情况为主题，采用广大群众喜闻乐见的表现形式，达到激发民族情绪、鼓励抗战热情、维持团结统一的作用。当时代表性的音乐作品有《南泥湾》《东方红》《中国人民解放军进行曲》《延安颂》等，这些音乐除了带给大众艺术上的享受，更多地体现出革命激情，表达了民族团结的自豪和革命必胜的信心。

戏剧方面是在继承发展中国传统戏剧的基础上，采用话剧、新歌剧、传统戏剧等表现形式，创作出了经典的红色戏剧。当时的代表作有《兄妹开荒》《逼上梁山》《三打祝家庄》《白毛女》等，这些戏剧创作不仅引导了新民主主义的文化建设方向，还推动了我国传统戏剧向现代化的探索。

舞蹈一方面继承了传统的民族舞蹈，另一方面表现了延安时期人民的现实生活。延安新秧歌运动，采用秧歌的形式进行新的艺术创造，促进了延安秧歌、腰鼓和秧歌剧的发展及推广，确定了文艺必须反映中国现实，必须为广大人民服务，走民族化、大众化道路的方针路线，为之后的中国文艺政策奠定了良好的基础。

地域文化是延安历史文化的基底，不仅造就了延安人民质朴粗犷的性格特征和豪迈奔放的民俗风情，也塑造了延安独具地域特色的窑洞和红色建筑。红色文化是革命基因和民族复兴的精神坐标，延安红色文化见证了中国革命和中华民族复兴的艰辛历程，承载着毛泽东思想和延安精神，遗留了许多红色文化艺术创作和红色建筑遗产。这些红色文化遗产是延安人民生产的真实写照，也是延安红色记忆的载体，更是延安精神的体现。

## 第二节 延安精神

习近平总书记指出："人无精神则不立，国无精神则不强。唯有精神上站得住、站得稳，一个民族才能在历史洪流中屹立不倒、挺立潮头。"延安精神的产生条件分为自然社会实践条件和思想文化理论条件。首先，延安精神根植于地处黄土高原的延安，特殊的自然地理锻造出浓厚的中华民族文化。其次，马克思主义在延安发芽和生长，产生了马克思主义中国化的第一个理论成果——毛泽东思想。最后，全民族抗日战争和国内战争的经验积累，推进了马克思主义中国化的历史形成。以上因素共同作用形成了延安精神。

### 一、延安精神的历史描述

1935 年至 1947 年，一批西方记者远赴延安实地采访，并对延安当时的自然风光、日常生活、社会环境、社会制度等情况进行了报道。

(1) 在延安的自然风貌中描述了河谷中祥和平静的景象。斯诺在《西行漫记》中叙述："这是一个美丽的夜晚，晴朗的夜空闪耀着北方的繁星，在我下面的一个小瀑布流水淙淙，使人感到和平与宁静。"斯坦因在《跨进延安的大门——红色中国的挑战之二》中叙述："在边区所过的愉快的第一夜和冷水岸窑洞中那青草混合着泥土的气味，将要在我的脑海里留下永恒的记忆。"

(2) 在延安的日常生活中描写出悠远平和的场景。斯坦因在《跨进延安的大门——红色中国的挑战之二》中叙述："山谷里和山坡上，有许多绵羊、山羊、牛和马在吃草。农夫们戴着阔边的草帽，在他们心爱的田地上耕作。有许多穿着黑布和白布农服的人蹲在浅河的石头上洗衣服，或者替小孩和自己洗澡。满载着货物的驴子、骡子和马，响着叮当叮当的铃声，摇摆着红色的流苏，在黄泥路上，挨过那穿着褪色的竹布服装，态度开放的公务员、学生和士兵身边，一步一步地向前移动。铁匠在茅棚里打着农具。工人在路旁造砖头。商人忙着照顾摊头和小店铺。小孩子们在学校的广场里逛。"斯诺在《西行漫记》中叙述："我们吃的有炖鸡、不发酵的保麸馒头、白菜、小米和我放量大吃的马铃薯。"

(3) 在延安的社会环境中反映出平等和谐的社会氛围。卡尔逊在《中国的双星》中叙述："普通的和善，没有拘束，诚实和坦白是这里一般人的特点。每一个人向你正视，没有骄慢的态度，也没有畏怯的神情。生活是很简单的，但都是一律平等的，他们都很快乐和知足。"斯特朗在《中国人征服中国》中写道："一周主要的社交活动，就是星期六晚上的舞会，许多党的领导人都参加。"

(4) 在延安的社会制度上体现出物必平分和人人平等的分配制度。威尔斯在《续西行漫记》中写道："个人的私产几乎不存在，物质需要缩减到了最低限度。粮食、衣服和棉被一律由国家发给。"斯诺在《西行漫记》中写道："从高级指挥员到普通士兵，吃的穿的都一样，指挥员和士兵的住处，差别很少，他们自由地往来，不拘形式。"

以上内容反映了西方记者对延安的认知和感受，具有浓烈的乌托邦色彩，他们叙述延安生活中的苦中作乐、社会制度中的平等和谐，具备"斯巴达共和国"式的民族苦行主义风格，也集中反映了中国共产党人艰苦奋斗的精神风貌、积极乐观的生活态度和清正廉明的工作作风。

### (一) 延安精神形成的文化环境

延安精神的形成与中华民族精神紧密联系。源远流长的中华民族具备着爱国主义的民族精神，中华民族几千年的优秀品质和群体性格为孕育延安精神提供了文化基因。中华民族自黄河流域发源起，就具备抵御外侵、热爱和平的爱国传统，自强不息、勇于斗争的方刚志气，胸怀天下、大义凛然的浩然正气，团结一致、自强不息的奋斗热情。延安精神集中体现了这些民族精神的内涵。抗日战争全面爆发后，以延安为大本营，志士仁人奔赴延安，主动请缨捐躯赴国难，奔赴抗日和国内解放战争的第一线；中国共产党人以天下为己任，团结一切可以团结的力量挽救民族危亡，抵御外来侵略，延续中华民族的历史文脉，增强中华民族自尊心和自豪感。延安时期中国共产党人把中国传统文化中的爱国主义民族精神与马克思主义理论相结合，由此培育形成了延安精神。

### （二）延安精神形成的空间环境

延安精神的形成与独特的空间环境紧密联系。从地理空间环境看，延安地处黄土高原，土地贫瘠，气候恶劣，环境艰苦，独特的自然地理环境为中国共产党早期活动提供了生存空间。1934 年 10 月第五次反"围剿"失利后，陕甘革命根据地作为土地战争后期全国仅存的革命根据地，为党中央和红军长征提供了落脚点，为全民族抗日战争爆发后由红军改编的八路军主力奔赴抗日前线提供了出发点。自然环境的恶劣促使中国共产党人磨炼意志，锻炼品格，因此延安特殊的丘陵起伏、沟壑纵横的地貌环境，为延安精神提供了发展空间。

### （三）延安精神形成的社会心理

延安精神的形成与延安崇尚个性自由的社会风尚相关。延安地处黄土高原沟壑地区，自然地貌激发了延安人的豪情壮志，赋予了延安人民乐观和豪迈的个性特征，这使得延安人民的思想境界和革命积极性极高。自中共中央进入延安后，当地民众对中国共产党表示了热烈欢迎，他们把中国共产党人当成自家人，拉家常，一起参加文艺活动，一起劳作，形成军民团结一家亲的良好风气。在国共合作期间，延安人民从大局出发，服从中共中央的部署安排，张灯结彩、夹道欢迎国民党考察团。这种良好的社会风尚为延安精神的形成提供了心灵净化、平等自由的社会环境。

## 二、延安精神的原生形态

延安精神是中国共产党在延安这块神奇的土地上克服千难万苦、创造辉煌的过程中培育和形成的。抗大精神、整风精神、张思德精神、白求恩精神、南泥湾精神、延安县同志们的精神、劳模精神等是延安精神的原生形态。

### （一）抗大精神

抗大的全称是中国人民抗日军事政治大学，抗大是中国共产党为培养抗日干部而设立的学校，其前身为红军大学。抗大培育出的抗大精神是一种时代精神，是抗大青年在中国共产党领导下为实现中国革命走出山沟走向全国胜利这段历史的时代产物。

抗大强调理论联系实际的教学方法，教育内容上注重以思想政治教育为特色，培养抗日干部。学校开办期间，共培养十多万名抗日干部。首先，抗大的教育方针是"坚定正确的政治方向、艰苦奋斗的工作作风、灵活机动的战略战术"，抗大的校训是"团结、紧张、严肃、活泼"，抗大积累了战时的办学经验，孕育了抗大精神。抗大的中心环节是政治理论教育，必修课设置有马列主义概论、中国革命问题、共产主义和共产党、政治经济学等，大力开展思想政治工作，教育引导学员将自己的爱国热情上升为实现民族解放、社会解放，乃至共产主义的坚定理想和信念。其次，抗大的办学体现了中国共产党人艰苦奋斗的精神。抗大是在既无外援又无基础的情况下创建的，抗大没有校舍，学员就自己动手开挖窑洞；没有桌凳，学员席地而坐或以石块为凳；没有纸张，就以桦树皮做纸张；没有笔墨，就用树枝和烟灰自制。在困难时期，学员没饭吃没衣穿，就自己动手开荒种地和织布缝衣。抗大采用教育与劳动相结合的教学方式，不仅磨炼了学员的意志，培养了他们适应艰苦环境的能力，还锻造了其不畏艰难、艰苦奋斗的抗大精神。

抗大作为当时中国一所最革命、最进步的新型学校，曾在国内外产生过重要影响。抗大在近十年里，先后培养了众多的干部，为我党我军的发展壮大，夺取全民族抗日战争和解放战争的伟大胜利，作出了历史性贡献。抗大培育的抗大精神，曾使中国共产党所领导的革命队伍成功地经受了战争环境的严峻考验，是延安精神的重要组成部分。

### （二）整风精神

20 世纪 40 年代前期，中国共产党以延安为中心，在全党范围内开展了整风运动。整风运动分为两个层次进行，一是党的高级干部的整风，二是一般干部和广大党员的整风。整风运动是一次深刻的马克思主义思想教育运动，收到巨大的成效。

1941 年 5 月，毛泽东在延安高级干部会议上作《改造我们的学习》的报告，9 月 10 日至 10 月 22 日，中共中央在延安召开政治局扩大会议（即九月会议），党的高级干部开始学习和研究党的历史，总结党的历史经验，以求从政治路线上分清是非，达到基本一致的认识，为全党普遍整风做准备。1942 年 2 月，毛泽东先后作《整顿党的作风》和《反对党八股》的讲演，整风运动在全党普遍展开。1942 年 5 月召开延安文艺座谈会，全面总结五四运动以来中国革命文艺运动的历史经验，深刻阐明和发展了马克思主义的文艺理论，为中国革命文艺的发展指明了正确方向。

全党普遍整风的内容是反对主观主义、宗派主义、党八股以树立马克思主义的作风。反对主观主义以整顿学风，是整风运动最主要的任务。要克服主观主义，必须以科学态度对待马克思主义，发扬理论联系实际的马克思主义的学风，一切从实际出发，实事求是。调查研究是把理论和实际结合起来的不可或缺的中间环节，毛泽东强调，加强调查研究是转变党的作风的基础一环。反对宗派主义以整顿党风，是整风运动的一个重要任务。反对党八股以整顿文风，是整风运动又一个重要任务。整风运动的方法是开展批评与自我批评，特别强调自我批评。整风运动贯彻“惩前毖后，治病救人”的方针，借以达到既要弄清思想又要团结同志的目的。1944 年 5 月 21 日至 1945 年 4 月 20 日，中共中央在延安召开扩大的六届七中全会，会议通过《关于若干历史问题的决议》，对若干重大历史问题作出结论，使全党对中国革命基本问题的认识达到一致。至此，整风运动胜利结束。整风运动在全党特别是高级干部中，形成了理论联系实际、实事求是，批评与自我批评、坚持真理为内涵的整风精神，是延安精神的精髓部分。

### （三）张思德精神

为人民服务是毛泽东对张思德精神品质的概括。全民族抗日战争进入战略相持阶段，面对日本侵略者的疯狂“扫荡”和国民党反动派的反共高潮，中国共产党开展大生产运动，以战胜军事封锁和经济困难。

张思德，四川省仪陇县人，经过长征来到陕北延安，1937 年加入中国共产党，1940 年任中央军委警卫营通信班长，之后被选派到中央警卫团工作。大生产运动中他主动报名参加烧炭工作，1944 年 9 月 5 日，他在炭窑工作时不幸遇难。张思德牺牲后，毛泽东亲笔题写了“向为人民利益而牺牲的张思德同志致敬”的挽词，并发表题为《为人民服务》的演讲，对张思德精神作了概括：“我们的共产党和共产党所领导的八路军、新四军，是革命的队伍。我们这个队伍完全是为着解放人民的，是彻底地为人民的利益工作的。张思德同志就是我们这个队伍中的一个同志。”他同时指出：“张思德同志是为人民利益而死的，他的死是比泰山还要重的。”张思德精神代表了大公无私的共产主义，是延安精神的生动体现。

### （四）白求恩精神

白求恩同志代表了一切为了人民的共产主义精神。1937 年 7 月中国的全民族抗日战争爆发，白求恩作为一名加拿大的胸外科医生，1938 年初到中国，1938 年三月底到达延安，不久赴晋察冀边区工作。他曾在山西雁北和冀中前线进行过战地救治，4 个月里，行程 750 千米，做手术 300 余次，救治大批伤员。1939 年 10 月，在涞源县摩天岭战斗中抢救伤员时手指被手术刀割破感染，1939 年 11 月 12 日因败血症医治无效，在河北省唐县黄石口村逝世。他献出了年仅 49 岁的生命。

1939 年毛泽东在《纪念白求恩》中指出：“白求恩同志毫不利己专门利人的精神，表现在他对工作的极端的负责任，对同志对人民的极端的热忱。每个共产党员都要学习他。我们大家要学习他毫无自私自利之心的精神。一个人能力有大小，但只要有这点精神，就是一个高尚的人，一个纯粹的人，一个有道德的人，一个脱离了低级趣味的人，一个有益于人民的人。”白求恩精神体现了毫不利己专门利人的共产主义精神。

### （五）南泥湾精神

在全民族抗日战争极端困难的情况下，中国共产党带领延安军民开垦南泥湾，开创了以自力更生、艰苦奋斗的创业精神，敢于征服困难的革命英雄主义和革命乐观主义精神为主的南泥湾精神，是延安精神的标志之一。

全民族抗日战争进入相持阶段后，陕甘宁边区面临严峻挑战，财政经济尤为困难。为了克服困难，毛泽东发出“自己动手、丰衣足食”的号召。全民族抗日根据地军民相继掀起大生产运动，边生产、边打仗，谱写了革命战争史上自力更生、艰苦奋斗的壮丽篇章。1941 年春，八路军三五九旅进驻南泥湾，在旅长王震的带领下，一边练兵备战，一边垦荒屯田，在南泥湾开始了大生产运动。他们一把镢头一把枪，把南泥湾变成了陕北“好江南”，孕育出了以自力更生、艰苦奋斗为核心的南泥湾精神。

### （六）延安县同志们的精神

延安县同志们在各个领域中取得了优异的成果，特别是在开荒生产、组织劳动生产、安置移民和教育改造“二流子”等方面。延安县同志们的精神品质可以概括为克服困难、实事求是、联系群众。

1942 年，毛泽东在陕甘宁边区高级干部会议上作的《经济问题与财政问题》的报告中指出：“延安县同志们的精神完全是布尔什维克的精神，他们的态度是积极的，在他们的思想中、行动中，没有丝毫消极态度。延安同志们对于工作是怎样充满了负责精神的，在这种精神下，延安同志们没有一件事不是实事求是的。我们希望全边区的同志们都有延安同志这样的精神，这样的工作态度，这样的和群众打成一片，这样的调查研究工作，因而也学会领导群众克服困难的马克思主义的艺术，使我们的工作无往而不胜利。边区各县同志中像延安同志这样或差不多这样的人是不少的，我们希望这些同志的模范经验，能够很快

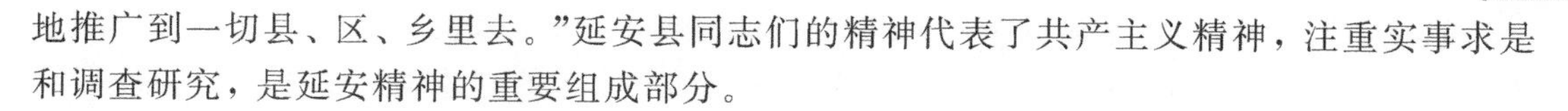

地推广到一切县、区、乡里去。”延安县同志们的精神代表了共产主义精神，注重实事求是和调查研究，是延安精神的重要组成部分。

### （七）劳模精神

全民族抗日战争时期，中国共产党在陕甘宁边区广泛开展的劳动英雄和模范工作者运动，是陕甘宁边区发展生产和各项建设工作的一种新的组织形式和工作方法，劳动英雄及模范工作者不仅创造出光辉的业绩，还闪耀着劳模精神，用自己的行动和精神起了带头作用、骨干作用和桥梁作用。

1945 年 1 月 13 日陕甘宁边区政府刘景范厅长在陕甘宁边区劳动英雄和模范工作者代表大会上的《更加推广劳动英雄和模范工作者的运动》中总结：“劳动英雄主要是生产运动的产物，是推行减租，奖励生产，组织起来，公私兼顾及其他经济政策实行的结果。而模范工作者，则主要的是整风运动的产物，是整顿三风和改造思想作风的结果。”他同时总结：“劳动英雄和模范工作者运动就是改进工作，培养干部和联系群众的运动，是边区生产和各项工作发展的重要力量，是典型示范，推动群众，突破一点影响全局，把一般号召与具体领导相结合，把领导骨干与广大群众相结合的最好方法。”可见，埋头苦干，大公无私是劳动英雄和模范工作者共同的特征，他们以身作则、模范带头的精神是陕甘宁边区人民战胜困难，坚持全民族抗日战争的精神动力，是延安精神的重要组成部分。

### （八）愚公移山精神

“愚公移山”是中国的一个寓言故事，毛泽东 1938 年在抗大，就多次引用这个故事，教育大家，要永远坚持革命，绝不中途妥协。

1945 年 6 月，在中共七大的闭幕词中，毛泽东以《愚公移山》为题指出：“我们宣传大会的路线，就是要使全党和全国人民建立起一个信心，即革命一定要胜利。首先要使先锋队觉悟，下定决心，不怕牺牲，排除万难，去争取胜利。但这还不够，还必须使全国广大人民群众觉悟，甘心情愿和我们一起奋斗，去争取胜利。要使全国人民有这样的信心：中国是中国人民的，不是反对派的。中国古代有个寓言，叫作‘愚公移山’。现在也有两座压在中国人民头上的大山，一座叫作帝国主义，一座叫作封建主义。中国共产党就下了决心，要挖掉这两座山。”愚公移山精神作为延安精神的重要组成部分，体现了不怕牺牲、排除万难、敢于斗争、争取胜利的革命精神。

## 三、延安精神与延安红色建筑遗产

1935 年 10 月中共中央长征到达陕北的吴起镇（今吴起县），到 1947 年 3 月中共中央离开延安，在将近 13 年的时间里，陕甘宁边区政府在经济极其困难的情况下，中国共产党带领广大军民发扬自力更生、艰苦奋斗的延安精神，建设了一批行政办公、教育、文化、医疗、工业、金融及商业、纪念性以及居住型建筑，这些红色建筑不仅是遮风避雨的构筑物，更是延安精神的象征。

首先，中国共产党在延安战斗和生活的近 13 年里，《毛泽东选集》四卷共 159 篇中的 112 篇、《毛泽东文集》八卷共 802 篇中的 385 篇、《毛泽东军事文集》六卷共 1628 篇中的 938 篇文章都是在延安建造的红色建筑中完成的。在延安窑洞昏暗的油灯下，毛泽东撰写了大量的经典著作，构建了中国革命的理论体系，推进了马克思主义的中国化，延安红色建筑为延安精神的培育提供了物质基础。其次，中国共产党的党建工程是在延安巩固完成的。中国共产党在党建过程中，延安的红色建筑也获得了前所未有的改造和建设，如中共中央党校旧址、中国共产党六届六中全会旧址、中国共产党六届七中全会旧址、杨家岭革命旧址中共中央办公厅、杨家岭革命旧址中共中央大礼堂等。中国共产党对红色建筑的建设为延安精神的不断完善提供了精神和物质基础。最后，延安是陕甘宁边区的首府驻地，是新中国的试验田，在陕甘宁边区政治、经济、文化、社会的背景下，在延安精神的激励下，建设了一批由陕甘宁边区政府改造和新建的红色建筑，如陕甘宁边区参议会旧址、陕甘宁边区银行旧址、陕甘宁边区高等法院旧址、陕甘宁边区民族学院旧址、陕甘宁边区儿童保育院旧址等，这些红色建筑完善了陕甘宁边区的公共基础设施建设，为延安带来了新气象。

中共中央在延安的近 13 年，延安精神的原生形态包括抗大精神、整风精神、张思德精神、白求恩精神、南泥湾精神、延安县同志们的精神、劳模精神、愚公移山精神等，抗大精神中的不畏艰难、艰苦奋斗的工作作风；整风精神中的理论联系实际、实事求是、批评与自我批评的马克思主义的思想作风；张思德精神中的为人民服务、大公无私的共产主义精神；白求恩精神中的一切为了人民的共产主义精神；南泥湾精神中的自力更生、艰苦奋斗的创业精神；延安县同志们的精神中的克服困难、实事求是、联系群众的共产主义精神；劳模精神中的以身作则的模范带头精神；愚公精神中的排除万难、坚忍不拔的革命精神。中国共产党在延安创立了毛泽东思想的科学体系，实现了马克思主义同中国实际相结合的历史性飞跃，实施了中国共产党的建设这一伟大工程，培育了延安精神，建立了以延安为中心的陕甘宁边区政府，开辟了全民族敌后抗日根据地，打开了中国革命事业的新局面。中共中央不仅孕育和形成了延安精神，同时建造了一批独具特色的红色建筑，这批建筑既是宝贵的红色文化资源，也是体现延安精神的物质载体。

### （一）抗大精神与红色建筑遗产

抗大的前身是 1931 年 11 月创建于江西瑞金的中国红军学校，1933 年扩建为中国工农红军大学。1936 年 6 月 1 日，中国人民抗日红军大学在瓦窑堡举行开学典礼。1937 年 1 月 20 日校址随中共中央机关迁至延安，更名为中国人民抗日军事政治大学，简称抗大。抗大在近 10 年的办学过程中，除了总校以外创办了 14 所分校、5 所陆军中学和 1 所附属中学，其中两所分校还设立了分校。抗大不仅积累了丰富的办学经验，还培育了抗大精神，更遗留了许多教育类型的红色建筑。

抗大办学期间，面临物资匮乏、生活艰苦等困难。抗大师生自己动手修建了窑洞，一切靠自力更生来解决，他们操起了泥瓦刀，搬砖运瓦，修屋砌墙，建造教室和宿舍。例如，抗大开设第三期时学员数目陡增，学校决定在凤凰山的山坡开辟新校舍，师生们自己动手扩建校舍(见图 3.8)，半个月共建成窑洞 175 孔，修筑盘山公路 3000 米，解决了 1000 多人的住宿问题，抗大被称为独一无二的“窑洞大学”。抗大坚持“坚定正确的政治方向，艰苦奋斗的工作作风，灵活机动的战略战术”的教育方针，培养了一批具有崇高的革命理想，坚韧不拔的意志的优秀人才，为全民族抗日战争和解放战争的胜利打下了坚实的基础。

图 3.8　抗大第三期学员修建校舍

武继忠，贺秦华，刘桂香. 延安抗大[M]. 北京：文物出版社，1985.

本书作者通过地方史志、中国革命史及中国共产党党史等资料的查阅，整理出了抗大在延安遗留至今的红色建筑遗产的数量和位置(见表 3.2)。

表 3.2　抗大精神与红色建筑分布

| 红色建筑名称 | 年份 | 地　　址 |
| --- | --- | --- |
| 中国人民抗日军政大学旧址 | 1936—1939 | 延安市宝塔区二道街西侧 |
| 蟠龙抗大一大队旧址 | 1937—1939 | 延安市宝塔区蟠龙镇窑坪村 |
| 抗大二大队旧址 | 1938—1939 | 延安市宝塔区柳林镇龙寺村 |
| 中国人民抗日红军大学旧址 | 1936 | 延安市子长市瓦窑堡街道米凉山阎家大院 |
| 瓦窑堡抗大三、四大队旧址 | 1935—1936 | 延安市子长市瓦窑堡街道办事处<br>瓦窑堡村内南门马号院 |

从以上内容可以看出，抗大师生在没有任何经济外援的艰苦条件下，自己动手，克服困难，建设了一批用于学习、居住的窑洞。这些在战时环境下建设的窑洞建筑，具有防御性、快速建设的特色，同时兼具延安乡土地域特色。

## (二) 整风精神与红色建筑遗产

中国共产党以延安为中心，在全党范围内开展了整风运动。1941 年 5 月，毛泽东在延安北关小沟坪的中共中央党校旧址召开的延安高级干部会议上作了《改造我们的学习》的报告。9 月 10 日至 10 月 22 日，中共中央在延安凤凰山下(今凤凰小学)召开政治局扩大会议(即九月会议)，党的高级干部开始学习和研究党的历史，为全党普遍整风运动作准备。

1942年2月，毛泽东在中共中央党校旧址先后作《整顿党的作风》和《反对党八股》的讲演。1942年5月在杨家岭革命旧址中共中央大礼堂召开了延安文艺座谈会，毛泽东在会上发表讲话，为中国革命文艺的发展指明了正确方向。1944年4月，毛泽东在高级干部会议上作了《学习和时局》的讲演，对党的历史中涉及的一些重要问题作了结论。1944年5月21日至1945年4月20日，中共中央在延安杨家岭革命旧址召开中共扩大的六届七中全会，至此，整风运动胜利结束。在延安整风精神的指引下，出现了一批教育、行政办公、居住等建筑类型的红色建筑(见表3.3)。

表3.3　整风精神与红色建筑分布

| 红色建筑名称 | 年份 | 地　　址 |
| --- | --- | --- |
| 中共中央党校旧址 | 1940 | 延安市城北小沟坪 |
| 杨家岭革命旧址 | 1938—1947 | 延安市宝塔区桥沟镇杨家岭村 |
| 枣园革命旧址 | 1941—1947 | 延安市宝塔区枣园镇枣园村 |

以上红色建筑主要分布在中共中央党校旧址、杨家岭革命旧址、枣园革命旧址，其是中共中央在延安的重要驻地，这些红色建筑在建筑功能布局、建筑结构、建筑风格等方面进行多方面的探索。一是在功能布局上注重多功能的空间布局设计，以满足不同建筑类型的不同功能需求。如中共中央党校旧址礼堂的空间布局上采用了“T”形空间；杨家岭革命旧址中共中央大礼堂采用了复合型空间；杨家岭革命旧址中共中央办公厅采用了长方形空间；枣园革命旧址中共中央书记处礼堂采用了“凸”形空间。二是在建筑结构中注重对大跨度结构、多层建筑结构的适应性设计，以满足不同建筑类型对不同建筑结构的需求。如中共中央党校旧址的礼堂采用了传统砖木结构；杨家岭革命旧址中共中央大礼堂采用了大拱券支撑结构；杨家岭革命旧址中共中央办公厅采用了多层砖木石混合结构；枣园革命旧址中共中央书记处礼堂采用了砖木结构。三是在建筑风格中注重对地域传统风格和中西融合风格的多样性设计，以满足不同类型对不同建筑风格的需求。如中共中央党校旧址礼堂采用了三段式布局，礼堂立面正中雕刻“实事求是”题字，其上有圆形的毛泽东像，且用砖砌筑成“凹槽”，光影效果强烈，建筑立面具有立体且简洁的现代建筑风格；杨家岭革命旧址中共中央大礼堂采用了中西融合建筑风格，入口两侧采用了西式巨柱式，立面开有联排的长窄圆券窑窗，建筑立面具有中西融合的建筑风格；杨家岭革命旧址中共中央办公厅采用了窄长窗和圆券窑窗，敦厚且富有变化，建筑立面具有坚固且简洁的现代建筑风格；枣园革命旧址中共中央书记处礼堂采用了传统的泥水抹面及圆券式长窗，建筑立面具有浓郁地域乡土建筑风格。以上延安红色建筑在建筑空间布局、建筑结构、建筑风格所体现的营建理念和方法，承载了中国共产党在整风运动中实事求是的工作作风。

### (三)张思德精神与红色建筑遗产

1944年9月8日，中央直属机关在延安枣园后沟西山脚下举行了张思德追悼会。毛泽东亲自参加，亲笔题写“向为人民利益而牺牲的张思德同志致敬!”的挽词，并发表题为《为人民服务》的演讲。张思德用自己的实际行动诠释了全心全意为人民服务的根本宗旨。延安遗留了张思德牺牲纪念地、《为人民服务》讲话台、延安四八烈士陵园等纪念性类型的红色建筑(见表3.4)。

表 3.4　张思德精神与红色建筑分布

| 红色建筑名称 | 年份 | 地　　址 |
| --- | --- | --- |
| 张思德牺牲纪念地 | 1944 | 延安市安塞区高桥镇洛平川对面的沟庙梁山下 |
| 《为人民服务》讲话台 | 1944 | 延安市宝塔区枣园镇枣园村枣园后沟口 |
| 延安四八烈士陵园 | 1946 | 延安市河庄坪镇李家垭村 |

纪念张思德烈士的红色建筑中有张思德牺牲纪念地、《为人民服务》讲话台、延安四八烈士陵园。张思德牺牲纪念地为 1944 年张思德烈士牺牲之地，1967 年在此立碑纪念。《为人民服务》讲话台是长为 6 米、宽为 5 米、高为 1 米的夯土台，现已被划入枣园革命旧址保护范围内予以保护。延安四八烈士陵园为三层石墓台的陵园，1969 年延安四八烈士陵园由王家坪迁移到延安城北的李家垭村。这些纪念性红色建筑传递了战时情况下对革命烈士的缅怀之情。

### （四）白求恩精神与红色建筑遗产

白求恩精神是国际共产主义精神。首先，白求恩为中国革命的甘于奉献体现了国际主义精神和共产主义精神，白求恩逝世后，中国共产党提炼的白求恩精神，是对援华共产主义信仰者的高度认可。其次，白求恩作为专业医务人员表现出救死扶伤的职业道德，他对医务工作的热爱以及对病人的呵护，都表现出大爱无疆的职业道德，是白求恩爱岗敬业的奉献精神。再次，白求恩作为道德楷模表现出毫不利己、专门利人的高尚品格，他成为中国人民学习的楷模。白求恩精神突破了国家的限制，是推进人类和平事业的光辉旗帜，是最纯粹最伟大的精神品质。这是白求恩精神的内涵，闪耀着延安时期的价值意蕴，在白求恩精神影响下，延安建造了一批医疗建筑类型的红色建筑(见表 3.5)。

表 3.5　白求恩精神与红色建筑分布

| 红色建筑名称 | 年份 | 地　　址 |
| --- | --- | --- |
| 西征红军医院院部旧址 | 1936 | 延安市安塞区招安镇庄科行政村雷咀河组 |
| 陕甘宁边区医院旧址 | 1937—1942 | 延安市安塞区真武洞镇黄瓜塌村 |
| 延安中央医院旧址 | 1939—1947 | 延安市宝塔区河庄坪镇李家垭村 |
| 八路军野战医院旧址 | 1939—1940 | 延安市宝塔区李渠镇村 |
| 白求恩国际和平医院旧址 | 1939—1947 | 延安市宝塔区桥沟镇刘万家沟村 |
| 中国医科大学旧址 | 1940—1945 | 延安市宝塔区桥沟镇柳树店村 |
| 白坪陕甘宁边区医院旧址 | 1942—1946 | 延安市宝塔区南市办凉水井社区 |
| 蟠龙战役战地医院旧址 | 1947 | 延安市宝塔区蟠龙镇榆树峁村 |

以上这些红色医疗类建筑在建筑空间布局、建筑结构、建筑设备方面符合医疗类建筑的基本需求，如医院手术室空间布局采用了“凸”形平面，专门设置了缓冲间，使用物理隔绝手法，以满足医院手术室对环境卫生的功能要求；医院手术室的建筑结构采用砖木结构，以满足医院快速建造的实用性要求；医院的建筑设备采用双层玻璃，双层玻璃既能保暖隔热又能隔音，以满足医院对声音环境的要求。这些红色医疗建筑在满足医疗建筑基本需求的基础上，承载了丰富的红色记忆，传承了毫不利己、专门利人的白求恩精神，为中

国革命胜利做出了巨大贡献。

### （五）南泥湾精神与红色建筑遗产

1941年3月至1944年底，八路军三五九旅官兵在南泥湾军垦屯田。南泥湾精神的核心是自力更生、艰苦奋斗。1941年3月，三五九旅的指战员们在“一把镢头一把枪，生产自救保卫党中央”的口号下，进驻南泥湾。他们在条件艰苦的情况下一边练兵，一边屯田垦荒，解决吃饭、居住、生产、学习等问题，在开荒的过程中，形成了自力更生、艰苦奋斗的革命精神。三五九旅开创了中国共产党军垦民屯的先例，将士们同甘共苦发挥创造精神，同心同德战胜困难，他们利用南泥湾的特殊地理环境在川地种植水稻，发展畜牧和简单的工业生产，体现出了勇于创造、团结奋斗的进取精神。三五九旅在非常艰难的情况下进行了南泥湾的生产和建设，在南泥湾精神的鼓舞下，南泥湾出现了一批教育、行政办公、居住等建筑类型的红色建筑（见表3.6）。

表3.6　南泥湾精神与红色建筑分布

| 红色建筑名称 | 年份 | 地　　址 |
| --- | --- | --- |
| 南泥湾革命旧址 | 1940—1945 | 延安市宝塔区南泥湾镇 |
| 金盆湾八路军三五九旅旅部旧址 | 1941—1944 | 延安市宝塔区金盆湾村 |
| 石村八路军三五九旅旧址 | 1941—1945 | 延安市宝塔区临镇石村 |
| 马坊烈士纪念碑 | 1944 | 延安市宝塔区南泥湾镇马坊村 |
| 三五九旅烈士纪念园（九龙泉烈士纪念碑） | 1945 | 延安市宝塔区南泥湾镇前九龙泉村 |
| 延安保卫战金盆湾卧牛山战斗遗址 | 1947 | 延安市宝塔区麻洞川乡金盆湾村 |

以上红色建筑主要分布在南泥湾，是八路军三五九旅进驻南泥湾实行屯垦的驻地，这些红色建筑在建筑空间布局上采用了复合空间，以满足多功能的需求；在建筑结构上采用了大跨度木构屋架，以满足对大空间的需求；在建筑形式上采用窑上房，既满足对建筑多层空间的需求，又满足与地域传统建筑风格协调的需求；在纪念性建筑风格上，建筑体量高大，以满足人们对历史纪念的精神需求。

### （六）延安县同志们的精神与红色建筑遗产

1937年，延安县委和县政府成立，同年9月，陕甘宁边区政府成立后，延安县归边区政府领导。1942年西北局高干会议对延安县委县政府予以团体奖励，延安县委县政府开展的经济建设对当时情况进行了调查研究，坚持从实际出发，实事求是地制订生产计划，保障了群众的生活，改善了民生，体现出实事求是的务实态度。延安县委县政府在推动各项工作中，敢于负责，不怕困难，重视领导干部和党员的模范带头作用，在难民安置、开荒生产的建设中和群众打成一片，坚持把群众利益放在第一位，体现出为人民服务的工作宗旨。毛泽东曾在大会报告中说“延安县同志们的精神完全是布尔什维克的精神”，称赞其在群众工作中“积极负责”“和群众打成一片”及“实事求是”、注重“调查研究”等，并提出要把这种精神和模范经验很快推广到陕甘宁边区的一切县区乡里去。受此精神的影响，在党中央的直接领导下，陕甘宁边区党组织和陕甘宁边区政府全面开展了经济发展和社会建设工作，并建造了一批文化、行政办公及工业类型的红色建筑(见表3.7)。

表3.7 延安县同志们的精神与红色建筑分布

| 红色建筑名称 | 年份 | 地　址 |
| --- | --- | --- |
| 延安县委县政府旧址 | 1937—1943 | 延安市宝塔区川口乡川口村 |
| 陕甘宁边区政府旧址 | 1937—1950 | 延安市宝塔区南关街 |
| 陕甘宁边区政府保安处旧址 | 1937—1949 | 延安市宝塔区凤凰山街道办事处棉土沟 |
| 青花砭延安县东区政府旧址 | 1937 | 延安市宝塔区青化砭镇曹咀村 |
| 常屯延安县苏维埃政府旧址 | 1937 | 延安市宝塔区青化砭镇常屯村 |
| 白坪陕甘宁边区儿童保育院小学部旧址 | 1938—1940 | 延安市安塞区白坪街道办 |
| 陕甘宁边区政府交际处旧址 | 1938—1947 | 延安市宝塔区南市办原交际宾馆院内 |
| 李家沟陕甘宁边区高等法院旧址 | 1938—1941 | 延安市安塞区白坪街道办李家沟村 |
| 茶坊陕甘宁边区机器厂旧址 | 1938—1947 | 延安市安塞区沿河湾镇茶坊村 |
| 陕甘宁边区被服厂遗址 | 1938—1947 | 延安市宝塔区南市办事处七里铺烟筒沟 |
| 陕甘宁边区民众剧团旧址 | 1938—1943 | 延安市宝塔区桥沟镇文化沟村后沟 |
| 陕甘宁边区农业学校旧址 | 1939—1942 | 延安市宝塔区柳林镇三十里铺村 |
| 陕甘宁边区农具厂旧址 | 1939—1946 | 延安市宝塔区枣园镇温家沟村 |
| 陕甘宁边区政府供给总店旧址 | 1939—1947 | 延安市宝塔区南市办市场沟 |
| 陕甘宁边区行政学院旧址 | 1940—1944 | 延安市宝塔区南桥 |
| 陕甘宁边区战时儿童保育院旧址 | 1940—1947 | 延安市宝塔区河庄坪镇白家沟村 |
| 张崖中共陕甘宁边区中央局旧址 | 1940—1941 | 延安市宝塔区枣园镇张崖村 |
| 陕甘宁边区民族学院旧址 | 1941—1943 | 延安市宝塔区桥儿沟镇文化沟一村 |
| 陕甘宁边区参议会旧址 | 1941—1947 | 延安市宝塔区南关街 |
| 陕甘宁边区难民纺织厂遗址 | 1941—1947 | 延安市安塞区砖窑湾镇砖窑湾村 |
| 陕甘宁边区银行旧址 | 1941—1947 | 延安市宝塔区南关市场沟 |
| 陕甘宁边区高等法院旧址 | 1941—1949 | 延安市宝塔区南市办事处新民村 |
| 延安陕甘宁晋绥联防军司令部旧址 | 1942—1947 | 延安市宝塔区北关街延安中学院内 |
| 石疙瘩陕甘宁边区丰足火柴厂旧址 | 1945—1947 | 延安市宝塔区河庄坪镇石疙瘩村 |
| 石疙瘩陕甘宁边区被服厂旧址 | 1945—1947 | 延安市宝塔区河庄坪镇石疙瘩村 |
| 杨家湾民办小学旧址 | 1944—1947 | 延安市宝塔区杨家湾村 |

以上这些红色建筑有行政办公建筑、商业建筑、教育建筑、工业建筑、文化建筑等，红色建筑类型多样，反映了在延安县同志们的精神下，陕甘宁边区积极开展各项生产建设，体现了延安县同志们不怕困难、实事求是、斗志高昂的模范县带头作用，促进了陕甘宁边区经济和社会的全面建设。

### （七）劳模精神与红色建筑遗产

劳动英雄和模范工作者是在陕甘宁边区发展生产和各项建设工作中，涌现出的一批具有崇高理想和时代特征的劳动英雄和模范工作者。

1945年1月陕甘宁边区政府刘景范厅长在陕甘宁边区劳动英雄和模范工作者代表大会上作了《更加推广劳动英雄和模范工作者的运动》的报告。他指出：1942年生产发展中，工厂中发现了赵占魁，农村中发现了吴满有，军队中发现了李位，机关中发现了黄立德，合作社中发现了刘建章。他们作了典型，在群众里宣传推广，组织群众生产劳动。这些劳动英雄和模范工作者闪耀着劳模精神，用自己的行为和精神号召群众不断前进，遗留了代表劳模精神的红色建筑，如工厂劳模赵占魁工作的莫家湾难民纺织厂，农村劳模居住的吴满有旧居，南区合作社劳模居住的刘建章旧居等(见表3.8)。

表3.8　劳模精神与红色建筑分布

| 红色建筑名称 | 年份 | 地　　址 |
|---|---|---|
| 莫家湾难民纺织厂遗址 | 1943—1947 | 延安市宝塔区枣园镇莫家湾村 |
| 吴家枣园毛岸英旧居吴满有旧居 | 1946 | 延安市宝塔区柳林镇吴家枣园村 |
| 刘建章旧居 | 1938—1947 | 延安市宝塔区柳林镇柳林村 |

以上这些红色建筑多为劳动英雄和模范工作者的工作和居住的地方，有莫家湾难民纺织厂遗址、吴家枣园毛岸英旧居的吴满有旧居、南区合作社总社旧址的刘建章旧居等。这些红色建筑多为土窑洞，反映了劳动英雄和模范工作者在艰苦的办公和生活环境里，体现出以身作则、模范带头的精神。

### （八）愚公移山精神与红色建筑遗产

1938年4月30日，毛泽东在抗大第三期第二大队毕业典礼上讲话时指出，要学习愚公挖山的精神，把帝国主义、封建主义和资本主义三座大山统统移掉。1945年6月11日，历时五十天的中共七大在延安杨家岭革命旧址中共中央大礼堂胜利闭幕，毛泽东作了《愚公移山》的闭幕词。他要求代表回到各自的工作岗位去宣传大会的路线，带领全党同志以“愚公移山”的精神，下定决心，不怕牺牲，排除万难，去争取胜利。毛泽东不止一次地谈到愚公移山精神，并用“愚公移山”的故事说明了中国革命的长期性、艰巨性。中国共产党必须极大地动员和组织广大人民群众，依靠广大人民群众，共同投入反帝反封建的革命斗争，坚持不懈，才能取得革命的胜利。在以上革命精神的鼓舞下，抗大二大队、杨家岭革命旧址中共中央大礼堂都遗留了学习愚公移山精神的红色记忆(见表3.9)。

表 3.9 愚公移山精神与红色建筑分布

| 红色建筑名称 | 年份 | 地址 |
| --- | --- | --- |
| 抗大二大队旧址 | 1938—1939 | 延安市宝塔区柳林镇龙寺村 |
| 杨家岭革命旧址中共中央大礼堂 | 1938—1949 | 延安市宝塔区桥沟镇杨家岭村 |

以上这些红色建筑是学习愚公移山精神的重要场所，在延安战时艰苦的环境中，引领大家在愚公移山精神下，在各项工作和生活建设中，排除万难、争取胜利，创造辉煌。

中共中央在延安的近 13 年中，中国共产党经历了转败为胜、扭转乾坤、创造辉煌、成就伟业的革命历程。延安地处西北边陲，自然条件恶劣，但有着深刻的民族精神和民族传统，深厚的历史文化底蕴和独特的地理环境相结合，形成这里崇武尚勇、兼收并蓄、开放包容、吃苦耐劳的地域精神文化特征，这为延安精神的培育提供了沃土。以延安为中心的陕甘宁边区是中共中央所在地，是中国人民全民族抗日战争的政治指导中心和中国人民解放斗争的总后方。中共中央在延安制定了一系列的指导路线、方针和政策，进行了整风运动和大生产运动，迎来了抗日战争的胜利。中共中央在延安培养和造就了中国革命和建设的领导骨干，延安是中国新民主主义的模范实验区。在以上各种因素的共同作用下，培育形成了延安精神，并辐射和影响其他地区。

1935 年至 1947 年，延安受当时地域特征、时代语境、文化精神和政治理想等因素的影响，形成了一批具有红色文化特征的延安红色建筑。这些红色建筑在传统建筑风格基础上承续黄土高原的乡土地域建筑风格。在时代语境中融合西方建筑风格，在文化精神中发扬自力更生的建造技术，在政治理想中塑造平等自由的建筑空间，延安红色建筑是中国共产党所创造的物质财富，更是中国革命所创造的精神财富。

## 第三节 延安红色建筑遗产的调查

### 一、延安红色建筑的发展历程

延安红色建筑是自 1935 年至 1947 年中国共产党驻扎在延安，为满足革命斗争与生产发展而建设的一批具有红色文化时代背景、反映延安精神的建筑。延安红色建筑的发展历程分为以下三个发展阶段。

#### （一）发展前期(1935—1940)

自中共中央 1935 年 10 月到达陕北的吴起镇，随着陕甘宁政府的成立，这一时期建造了一批行政办公、居住、工业和商业等类型的红色建筑。行政办公建筑有常屯延安县苏维埃政府旧址、龙寺肤甘县苏维埃政府旧址、陕甘宁边区政府旧址、陕甘宁边区政府交际处旧址、延安县委县政府旧址等；居住建筑有延安王家坪革命旧址、凤凰山革命旧址等；工业建筑有清凉山中央印刷厂旧址、陕甘宁边区被服厂遗址、莫家湾难民纺织厂遗址、八路军通信材料厂旧址、莫家湾延园造纸厂遗址、光华制药厂旧址等；商业建筑有延安县南区合作社总社旧址、光华商店旧址等。这一阶段属于延安红色建筑的发展前期。

### （二）发展中期（1940—1943）

1940 年至 1943 年，陕甘宁边区政府加强了政权建设，大力发展经济、文化教育和卫生事业。随着延安革命根据地经济的迅速发展，延安红色建筑的建设量增大，红色建筑类型也增多，建筑技术和艺术水平趋于成熟。这一时期的红色建筑主要是行政办公建筑、学校建筑、文化建筑、医疗建筑、金融及商业等类型的建筑。这一阶段属于延安红色建筑的发展中期，代表了延安红色建筑的最高水平。

延安红色建筑发展中期的行政办公建筑主要有杨家岭革命旧址、陕甘宁边区高等法院旧址、枣园革命旧址、南泥湾革命旧址、中共中央西北局旧址、延安县委县政府旧址、水草湾革命旧址；学校建筑主要有中国女子大学旧址、陕甘宁边区民族学院旧址、陕甘宁边区战时儿童保育院旧址等；文化建筑主要有自然科学院旧址、清凉山解放军日报社旧址等；医疗建筑主要有白求恩国际和平医院旧址、延安中央医院旧址等；金融及商业建筑主要有陕甘宁边区银行旧址、延安县蟠龙供销社旧址等；名人旧居建筑主要有枣园毛泽东旧居、周恩来—张闻天旧居、刘少奇—彭德怀旧居、朱德旧居等，王家坪的毛泽东旧居、朱德旧居，杨家岭的周恩来旧居等。这一阶段的延安红色建筑受战时环境的影响，军民一起建设的红色建筑遗产在保留本地建筑特色的同时，进行了平面布局、建筑立面、建筑结构等方面风格上的尝试。

### （三）发展后期（1943—1947）

1943 年中共中央打退了第三次反共高潮，随着 1945 年 8 月全民族抗日战争的胜利，陕甘宁边区政府得到进一步巩固，陕甘宁边区明确了以生产和教育为中心，开展大规模的生产运动和识字运动。因此延安红色建筑建设的数量骤减，主要以纪念性建筑为主。这一阶段属于延安红色建筑的发展后期，红色纪念性建筑有青化砭战役遗址、羊马河战役遗址、蟠龙战役遗址、真武洞祝捷大会遗址、宜瓦战役遗址、马坊烈士纪念碑、三五九旅烈士纪念园（九龙泉烈士纪念碑）、四八烈士陵园等。

## 二、延安红色建筑遗产的类型

延安红色建筑遗产是中国红色文化的物质载体，是革命记忆的宝贵资源，是延安精神的符号体现。延安红色建筑类型丰富，有行政办公建筑、教育建筑、文化建筑、医疗建筑、工业建筑、金融及商业建筑、纪念性建筑、名人旧居建筑等建筑类型。

### （一）行政办公建筑

1935 年中共中央到达陕北吴起镇，1947 年离开延安，中共中央在延安的近 13 年中主要停留在延安宝塔区的杨家岭、枣园、王家坪及凤凰山等地。随着陕甘宁边区政府的成立，中国共产党党政军办公建筑得到了迅速发展。延安行政办公建筑按照质量可以分为三类：第一类是质量较好的建筑，如杨家岭革命旧址中共中央大礼堂、杨家岭革命旧址中共中央办公厅、王家坪革命旧址中共中央军委会议室等；第二类是旧建筑的改造，如中共陕甘宁省委旧址、中共中央西北局旧址等；第三类是短期使用的建筑，多为土窑或砖窑，造价低且施工快，如八路军后方留守兵团旧址的百余孔土窑。本书作者通过查阅相关资料及现场调研，对延安红色建筑中的行政办公类型进行了整理，从而为延安红色建筑遗产的保护及利用提供基础资料。

### 1. 杨家岭革命旧址

#### 1）建筑基本情况

杨家岭革命旧址的建筑基本情况见表 3.10。

表 3.10　杨家岭革命旧址的建筑基本情况

<table>
<tr><td>地　　址</td><td>延安市宝塔区桥沟镇杨家岭村</td></tr>
<tr><td>行政办公建筑类型</td><td>中共中央大礼堂旧址、中共中央办公厅旧址、中共中央统战部旧址、中共中央宣传部旧址、中共中央机要局旧址、中共中央机关事务管理局旧址、中共中央组织部旧址等</td></tr>
<tr><td>保护等级</td><td>全国重点文物保护单位</td></tr>
<tr><td colspan="2">典型建筑遗产介绍：<br>杨家岭革命旧址中行政办公类型的典型建筑遗产有中共中央大礼堂旧址、中共中央办公厅旧址、中共中央统战部旧址(见图 3.9)。<br>中共中央大礼堂旧址建成于 1942 年，由杨作材、张协和等负责设计。大礼堂分大厅、舞厅和休息室三部分。中共中央大礼堂是一座两层的建筑，采用大拱券支撑结构，建筑主入口采用西式巨柱式入口形式，次入口为西式爱奥尼柱式雨廊，建筑立面为联排的长窄窗，室内开阔而明亮，屋顶采用平屋顶与坡屋顶结合的形式，具有中西合璧的建筑风格。大礼堂建筑平面为不对称布置，礼堂内部使用窑洞的拱形结构，采用不对称的小拱券解决侧推力，使得礼堂内部空间宽敞，可以容纳千人。礼堂开有大面积的长窄窗，因而室内空间开阔明亮。礼堂两侧墙壁插有 24 面红色党旗，标志着建造礼堂的时间是中国共产党成立 24 年。<br>中共中央办公厅旧址于 1941 年修建而成，由杨作材设计。办公厅是一座三层的木砖石混合建筑，因形状似飞机，又称“飞机楼”。办公厅主体采用砖石结构，屋顶为木构坡屋顶。建筑平面布局对称，内部设置楼梯，建筑外部设有木天桥，以方便二层、三层疏散。建筑外立面用当地石材砌墙，开有窄长窗和圆券窗，建筑立面敦厚且富有变化，具有坚固而简洁的现代建筑风格。办公厅室内空间平面为对称布局，办公厅主入口在南向中心位置，楼梯设置在入口的东北向。办公厅一层西侧为会议室，设门用于疏散，东侧为作战室，空间较大；二层为李富春、杨尚昆、王首道等人的办公室，中间由走廊连接，走廊两侧设门且有木天桥，以方便出入；三层为会议室，设门且有木天桥直通室外，以方便出入。<br>中共中央统战部旧址为 6 孔石窑，窑洞立面为木质门联窗，全民族抗战时期，在中共中央统战部旁边的石崖开凿有防空洞</td></tr>
</table>

续表一

(a) 中共中央大礼堂旧址南入口

(b) 中共中央大礼堂旧址北入口

(c) 中共中央大礼堂旧址室内东端

(d) 中共中央大礼堂旧址室内西端

(e) 中共中央办公厅旧址主入口

(f) 中共中央办公厅会议室旧址

续表二

(g) 中共中央办公厅旧址室外天桥

(h) 中共中央统战部旧址

图 3.9　杨家岭革命旧址

2) 杨家岭革命旧址概况

杨家岭革命旧址位于延安市宝塔区桥沟镇杨家岭村。1938 年 11 月 20 日，日本侵略者用飞机轰炸延安城，中共中央机关由城内的凤凰山麓迁驻杨家陵，改陵为岭，即现在的杨家岭，当时有 4 孔石窑和 10 多孔土窑。1939 年后，中共中央机关先后打土窑百余孔，建房百余间，并就地取石，修建了 14 孔石窑、一座办公楼和大礼堂。当时设在这里的机构有中央书记处、办公厅、组织部、宣传部、统战部等。1943 年 10 月毛泽东及中央书记处由杨家岭迁往枣园。中央其他部门仍留驻在这里，直到 1947 年 3 月撤离延安。

毛泽东在杨家岭期间写了《〈共产党人〉发刊词》《纪念白求恩》《中国革命和中国共产党》《新民主主义论》《抗日根据地的政权问题》《目前抗日统一战线中的策略问题》《〈农村调查〉的序言和跋》《改造我们的学习》《整顿党的作风》《反对党八股》《经济问题与财政问题》等著作。杨家岭是毛泽东等领导人在延安居住时间最长的驻地，这里发生了不少影响历史的事件。例如，1946 年 8 月毛泽东在杨家岭窑洞前的小石桌旁，会见了美国记者安娜·路易斯·斯特朗，针对当时流行的“恐美病”，毛泽东提出了“一切反动派都是纸老虎”的著名论断。

1961 年 3 月，该旧址被国务院公布为全国重点文物保护单位。

2. 陕甘宁边区政府旧址

1) 建筑基本情况

陕甘宁边区政府旧址的建筑基本情况见表 3.11。

表 3.11 陕甘宁边区政府旧址的建筑基本情况

| 地　址 | 延安市宝塔区南关街 |
| --- | --- |
| 行政办公建筑类型 | 陕甘宁边区参议会礼堂旧址、陕甘宁边区政府办公厅旧址 |
| 保护等级 | 全国重点文物保护单位 |
| 典型建筑遗产介绍：<br>陕甘宁边区政府旧址中行政办公类型的典型建筑遗产有陕甘宁边区参议会礼堂旧址和陕甘宁边区政府办公厅旧址(见图 3.10)。<br>陕甘宁边区参议会礼堂旧址建于 1941 年 2 月，同年 10 月竣工，由毛之江设计，杨作材审定，丁仲文和李付缙施工，钟敬之进行室内装修设计。大礼堂是一座二层的砖木石混合结构，主体采用砖石结构，屋顶采用木构架坡屋顶。建筑主入口为拱券式的门廊，柱式简洁，柱头采用中式砖雕装饰，礼堂山墙两侧为对称的封火山墙，开有三个并列的拱券式长窗，建筑外立面采用石材砌墙。建筑平面为对称的“工字形”，平面长 43 米，宽 24 米，两端为小会议室及附属用房，入口设置楼梯，可达二层阁楼。<br>陕甘宁边区政府办公厅旧址为一层的砖石窑洞，窑洞立面为门联窗形式 | |
| <br>(a) 陕甘宁边区参议会礼堂旧址<br><br>(b) 陕甘宁边区政府办公厅旧址<br>图 3.10 陕甘宁边区政府旧址 | |

2) 陕甘宁边区政府旧址概况

陕甘宁边区政府旧址位于延安市宝塔区南关街。陕甘宁边区是在陕甘革命根据地的基础上扩大形成的，陕甘革命根据地是土地革命战争后期全国硕果仅存的完整革命根据地，为党中央和各路红军长征提供了落脚点，为全民族抗日战争爆发后由红军改编的八路军主力奔赴抗日前线提供了出发点。1936 年 2 月至 7 月，红一方面军先后进行了东征和西征，将陕甘根据地扩大为陕甘宁根据地。卢沟桥事变后，中国共产党根据同国民党谈判达成的口头协议，按照团结抗日的原则，进行更名改制的筹备工作。1937 年 9 月 6 日，原陕甘宁革命根据地的苏维埃政府(中华苏维埃共和国临时中央政府西北办事处)，正式改称为陕甘宁边区政府(1937 年 11 月至 1938 年 1 月改称为陕甘宁特区政府)，林伯渠任主席，张国焘任副主席。陕甘宁边区是中共中央所在地，是全民族抗战的政治指导中心，是八路军、新四军和其他人民抗日武装的战略总后方。实行民主政治是陕甘宁边区建设的一项重要内容。陕甘宁边区在建立抗日民主政权的基础上，实行了一系列民主改革。陕甘宁边区政府根据当地的实际情况，大力发展经济、文化教育和卫生事业。1947 年 3 月由甘肃省政府主席兼第八战区司令长官朱绍良策划，经国民政府主席蒋介石同意并授权，国民党军胡宗南部队进犯陕甘宁边区。1947 年 3 月 18 日毛泽东率领中共中央机关和部队撤离延安。1948 年 3 月 23 日毛泽东率中共中央东渡黄河，前往河北省平山县西柏坡村。4 月 22 日延安光复，5 月 11 日陕甘宁边区政府迁回延安。1949 年 6 月 14 日陕甘宁边区政府正式在西安新城办公。1949 年 10 月 1 日中华人民共和国成立，1950 年 1 月 19 日陕甘宁边区的建制撤销。

1947 年 3 月，国民党军队进犯延安后，陕甘宁边区参议会旧址礼堂遭到严重破坏，正门上方由谢觉哉题字的“陕甘宁边区参议会大礼堂”石匾被砸毁。中华人民共和国成立以后，人民政府对礼堂进行过维修。1956 年 5 月 15 日原边区参议会副议长谢觉哉重访延安，另题写了“延安大礼堂”五字，刻于正门额上方，并撰文刊石，立于门侧。

1961 年 3 月，该旧址被国务院公布为全国重点文物保护单位。

### 3. 陕甘宁边区高等法院旧址

#### 1）建筑基本情况

陕甘宁边区高等法院旧址的建筑基本情况见表 3.12。

表 3.12　陕甘宁边区高等法院旧址的建筑基本情况

| 地　址 | 延安市宝塔区南市办事处新民村 |
| --- | --- |
| 行政办公建筑类型 | 陕甘宁边区高等法院旧址 |
| 保护等级 | 全国重点文物保护单位 |
| 建筑遗产介绍：<br>陕甘宁边区高等法院旧址占地 3.5 亩，划分为 5 个区，分别是一区警备区、二区监狱区、三区审判大厅、四区审判人员办公区和五区院长办公区(见图 3.11) | |

(a) 陕甘宁边区高等法院旧址入口

(b) 陕甘宁边区高等法院旧址内部

图 3.11　陕甘宁边区高等法院旧址

#### 2）陕甘宁边区高等法院旧址概况

陕甘宁边区高等法院旧址位于延安市宝塔区南市办事处新民村。1937 年 7 月 12 日陕甘宁边区高等法院在延安成立，法院最初在延安城内凤凰山石成祥家宅院内，1941 年迁至现址。高等法院在中共中央的重视和支持下，先后推行了三级三审制度、上诉制度、人民陪审员制度、狱政制度，并独创了“马锡五审判方式”，为陕甘宁边区的政权建设和法制建设奠定了牢固的基础。陕甘宁边区高等法院于 1949 年 3 月 8 日更名为陕甘宁边区人民法院，同年 6 月进驻西安，1950 年 1 月 19 日随边区政府建制的撤销而终止，2 月又改称中央人民政府最高法院西北法院。

2009 年 5 月 15 日陕甘宁边区高等法院旧址被延安市人民政府公布为延安市文物保护单位，2019 年 10 月该旧址被国务院公布为全国重点文物保护单位。

### 4. 枣园革命旧址

#### 1）建筑基本情况

枣园革命旧址的建筑基本情况见表 3.13。

表 3.13 枣园革命旧址的建筑基本情况

| 地 址 | 延安市宝塔区枣园镇枣园村 | |
|---|---|---|
| 行政办公建筑类型 | 中共中央书记处(小)礼堂旧址、中共中央办公厅行政办公室旧址、中央军委总参作战部作战室旧址、中央机要室旧址、中共中央社会部一室旧址、中共中央社会部二室旧址、幸福渠旧址等 | 中央军委通信局（三局）旧址 |
| 保护等级 | 全国重点文物保护单位 | 省级文物保护单位 |

典型建筑遗产介绍：

枣园革命旧址中行政办公类型的典型建筑遗产有中共中央书记处(小)礼堂旧址、中共中央办公厅行政办公室旧址、中央军委总参作战部作战室旧址、中央机要室旧址、幸福渠旧址、中央军委通信局(三局)旧址等(见图 3.12)。

中共中央书记处(小)礼堂旧址建于 1943 年。小礼堂坐南朝北，采用砖木结构，屋身是砖结构，屋顶采用木构歇山顶，立面采用传统的泥水抹面及圆券式长窗。建筑平面呈“凸”字形，分为中厅和侧厅两部分：中厅长 14.3 米，宽 10.3 米；侧厅长 6.3 米，宽 6 米。主入口设在南向，次入口设在中厅的东侧。

中共中央办公厅行政办公室旧址是一层土木砖混合结构。建筑屋身采用土坯包砖，中间主体屋顶是坡屋顶，南北两端采用攒尖顶，建筑南北两侧外墙处理为半圆弧形状。建筑主入口采用具有地域特色的拱券式门联窗，窗采用木格窗，外面包砖。建筑平面为“凹”字形，坐东朝西，建筑正中为中厅，中厅长 12.4 米，宽 8 米，南北方向对称布局，南北长 6 米，宽 9.8 米。

中央军委总参作战部作战室旧址坐北朝南，建筑是一层砖木结构，屋身采用砖结构，屋顶是木构架。建筑主入口前设置门廊，廊上设有拱形的门洞。作战室的平面呈“L”形，入口门廊位于南侧。

中央机要室旧址是一层的土木砖混合结构，建筑屋身是土坯墙，四边的屋角采用砖包土坯墙，屋顶为歇山顶。建筑入口设置门廊，廊上开有拱形门洞，门廊与建筑实体形成虚实对比。

幸福渠是一条由西向东从枣园院子横穿而过的水渠，水渠深、宽各为 0.6 米。幸福渠西起裴庄村，引西川河水，流经庙嘴、莫家湾、枣园等地，直达杨崖村，全长 6 千米。

中央军委通信局(三局)旧址为窑洞三合院，正房窑洞为上下两层，屋顶为坡屋顶，两侧为一层的 3 孔窑洞

(a) 中共中央书记处(小)礼堂旧址主入口

(b) 中共中央办公厅行政办公室旧址入口

续表

(c) 中央军委总参作战部作战室旧址

(d) 中央机要室旧址

(e) 幸福渠旧址

(f) 中央军委通信局(三局)旧址

图 3.12 枣园革命旧址

2) 枣园革命旧址概况

枣园革命旧址位于延安市宝塔区枣园镇枣园村，这里是中共中央社会部驻地，又名为“延园”。从 1941 年起，中共中央机关开始在这里修建办公建筑，陆续修建窑洞、平房和小礼堂。1943 年 10 月中共中央书记处由杨家岭迁至枣园，社会部搬往后沟。中共中央书记处在此，继续领导中国共产党的整风运动和解放区的大生产运动，筹备了中共七大，领导全国军民取得了全民族抗日战争的最终胜利，同国民党顽固派进行了针锋相对的斗争，为粉碎国民党反动派的全面内战作了充分准备。

毛泽东在枣园居住期间，写了《开展根据地的减租、生产和拥政爱民运动》《评国民党十一中全会和三届三次国民参政会》《组织起来》《两三年内完成学习经济工作》《学习和时局》《评蒋介石在双十节的演说》《文化工作中的统一战线》《论联合政府》《抗日战争胜利后的时局和我们的方针》《对日寇的最后一战》《关于重庆谈判》《建立巩固的东北根据地》等指导中国革命的重要文章。毛泽东在枣园居住期间发生过很多重大事件。1944 年 9 月 8 日，毛泽东在枣园后沟的西山脚下参加张思德烈士追悼大会，亲笔题挽词“向为人民利益而牺牲的张思德同志致敬”并发表了《为人民服务》的重要讲话。1944 年 11 月，毛泽东等接见了美国总统罗斯福的私人代表赫尔利(后任美国驻华大使)，并签署了关于成立联合政府中共给国民政府的五点建议。1944 年 12 月，毛泽东会见美国观察组组长包瑞德，对国民党的三点建议给予了有力批驳。1945 年 8 月，毛泽东、周恩来赴重庆谈判，由刘少奇代理中共中央主席职务，主持中央工作。

1947 年中共中央撤离延安后，国民党军队对延安进行了毁灭性破坏，枣园也遭到严重损坏。1953 年后，人民政府开始陆续依照原貌维修。1961 年 3 月，枣园革命旧址被国务院公布为全国重点文物保护单位，中央军委通信局(三局)旧址也属于枣园革命旧址的组成部分，该旧址于 2008 年 9 月被陕西省人民政府公布为省级文物保护单位。

### 5. 王家坪革命旧址

#### 1) 建筑基本情况

王家坪革命旧址的建筑基本情况见表 3.14。

表 3.14　王家坪革命旧址的建筑基本情况

| 地　址 | 延安市宝塔区桥沟镇王家坪村 |
|---|---|
| 行政办公建筑类型 | 中共中央军委礼堂旧址、中共中央军委会议室旧址、中共中央军委总政治部组织部旧址、中共中央军委总政治部会议室旧址、延安华侨救国联合会旧址、防空洞旧址 |
| 保护等级 | 全国重点文物保护单位 |
| 典型建筑遗产介绍：<br>王家坪革命旧址中行政办公类型的典型建筑遗产有中共中央军委礼堂旧址、中共中央军委会议室旧址、中共中央军委总政治部组织部旧址、中共中央军委总政治部会议室旧址、延安华侨救国联合会旧址、防空洞旧址(见图 3.13)。<br>中共中央军委礼堂旧址由三五九旅的木工伍积禅设计，中央军委和八路军总部的工作人员动手建造。礼堂为土木砖混合结构，坐东朝西，采用传统的五架梁，两侧各 6 排木柱支撑屋顶，屋顶为歇山顶。立面开设圆券形状的窄长窗，满足了采光要求。建筑平面为长方形，长 28 米，宽 15 米，高 8.3 米，共有三个入口，主入口位于南侧山墙，两个次入口分别位于东西两侧，便于人员疏散。<br>中共中央军委总政治部组织部旧址为土木砖结构，外墙部分为砖包土坯墙，屋顶是木构坡屋顶。建筑平面为长方形，长 6 米，宽 5 米，高 7 米，立面开有 2 门 2 窗，入口采用木柱外廊。<br>中共中央军委总政治部会议室旧址也是毛泽东的会客室，坐北朝南，建筑为土木结构，外墙是土坯墙，屋顶采用木构坡屋顶。建筑平面为长方形，长 8 米，宽 6 米，立面开有 1 门 2 窗。<br>延安华侨救国联合会旧址为土木结构，外墙是土坯墙，屋顶采用木构坡屋顶。建筑平面为长方形，长 13.5 米，宽 4 米，立面开有 4 个双开圆券门，1 个圆券长窗。<br>防空洞旧址是中共中央军委、八路军和解放军总部的工作人员连续多年开凿而成的。洞长 50 米，宽 1.2 米，高 1.8 米，内部设有 10 平方米的方形空间，防空时可用来办公，防空洞的洞顶设有两个瞭望台 | |

续表

(a) 中共中央军委礼堂旧址立面

(b) 中共中央军委会议室旧址

(c) 中共中央军委总政治部组织部旧址

(d) 中共中央军委总政治部会议室旧址

(e) 延安华侨救国联合会旧址

(f) 防空洞旧址

图 3.13 王家坪革命旧址

### 2) 王家坪革命旧址概况

王家坪革命旧址位于延安市宝塔区桥沟镇王家坪村。1937 年 1 月至 1947 年 3 月中国人民革命军事委员会、八路军总司令部(后改为中国人民解放军总司令部)在此驻扎，旧址以沟为界，沟西是总参谋大院，沟东是总政治部大院。中共军委和八路军总部在这里领导八路军和新四军坚持全民族抗战，取得了全民族抗日战争的最后胜利，并领导中国人民解放军粉碎了国民党军队对解放区的全面进攻。1946 年 1 月中央军委主席毛泽东为便于指导军委和总部的工作，从枣园搬到王家坪居住。1947 年 3 月毛泽东在此接见了新四旅的部分同志，谈了保卫延安的问题。

1961 年 3 月，该旧址被国务院公布为全国重点文物保护单位。

### 6. 凤凰山革命旧址

#### 1）建筑基本情况

凤凰山革命旧址的建筑基本情况见表 3.15。

表 3.15　凤凰山革命旧址的建筑基本情况

| 地　址 | 延安市宝塔区凤凰山麓 |
|---|---|
| 行政办公建筑类型 | 中共中央机要科旧址、防空洞 |
| 保护等级 | 全国重点文物保护单位 |
| 典型建筑遗产介绍：<br>凤凰山革命旧址中行政办公类型的典型建筑遗产有中共中央机要科旧址、防空洞(见图 3.14)。<br>中共中央机要科旧址是一个四合院，建筑是砖瓦房。屋顶为木构坡屋顶，开有木门木窗，窗为直棱格窗。<br>防空洞原为佛教石窟，洞进深 6.8 米，宽 6.5 米，高 2.6 米，防空时可用来办公 | |

(a) 中共中央机要科旧址

(b) 防空洞旧址入口

图 3.14　凤凰山革命旧址

#### 2）凤凰山革命旧址概况

凤凰山革命旧址位于延安市宝塔区凤凰山麓。1937 年 1 月至 1938 年 11 月，毛泽东、周恩来、朱德等中央领导人在此居住，凤凰山麓是中共中央机关到延安后的第一个驻地。这一时期是土地革命战争向全民族抗日战争的战略转变时期，中共中央在此度过了全民族抗日战争的第一个阶段——战略防御阶段。为了迎接全民族抗日战争和贯彻全民族抗战路线，中共中央先后召开了重要会议，如洛川会议和中共扩大的六届六中全会等，推动了各项工作的迅速发展。在此居住期间，毛泽东写下了《实践论》《矛盾论》《论持久战》《反对自由主义》等著作。1938 年 11 月 20 日，日本侵略军飞机轰炸延安，延安旧城受到严重毁坏，中共中央及毛泽东等领导同志随即迁往延安城西北的杨家岭。

1961 年 3 月，该旧址被国务院公布为全国重点文物保护单位。

### 7. 南泥湾革命旧址

#### 1）建筑基本情况

南泥湾革命旧址的建筑基本情况见表 3.16。

**表 3.16　南泥湾革命旧址的建筑基本情况**

| 地　址 | 延安市宝塔区南泥湾镇麻洞川乡金盆湾村和南泥湾 |
| --- | --- |
| 行政办公建筑类型 | 中央管理局干部休养所旧址、八路军三五九旅旅部旧址、八路军炮兵学校旧址等 |
| 保护等级 | 全国重点文物保护单位 |

典型建筑遗产介绍：

南泥湾革命旧址中行政办公类型的典型建筑遗产有中央管理局干部休养所旧址、八路军炮兵学校大礼堂旧址、八路军炮兵学校宿舍旧址等(见图 3.15)。

中央管理局干部休养所是张协和设计，由三五九旅及总部炮兵团的战士自己动手修建，建筑墙体由红砖砌成，又被称为“红楼”。院落东西长 52 米，南北宽 43 米，红楼建筑东西长 20 米，南北宽 14 米，高约 7.2 米。红楼入口位于南面，屋顶是坡屋顶。建筑立面采用弧度较小的圆券式门窗，二层设置外廊和露台，具有中西合璧的建筑风格。红楼建筑平面为不规则形，根据功能设置了中厅、楼梯、俱乐部、舞厅、客房，在入口设置木楼梯，以方便上下，整体功能流线简洁，建筑立面别致。

八路军炮兵学校礼堂旧址为木屋顶，礼堂的南立面采用大面积的玻璃窗采光通风，入口并列设置三个大门以便疏散，石砌墙与大面积的玻璃形成强烈的虚实对比。礼堂的北立面为砖柱门廊，礼堂建筑立面轻快且明亮。

八路军炮兵学校宿舍旧址为窑上房，窑洞两侧设有楼梯方便上下二楼，二楼有圆券式连廊

(a) 中央管理局干部休养所旧址

(b) 中央管理局干部休养所旧址室内

(c) 八路军炮兵学校大礼堂旧址南立面

(d) 八路军炮兵学校宿舍旧址

图 3.15　南泥湾革命旧址

2) 南泥湾革命旧址概况

南泥湾革命旧址分布于延安市宝塔区南泥湾镇麻洞川乡金盆湾村和南泥湾，距离延安城东约 45 千米。八路军一二〇师三五九旅旅长兼政委王震曾领导全体指战员，在南泥湾和

麻洞川开荒种地 30 多万亩，打窑洞 1048 孔，建房子 602 间。

1941 年至 1942 年是中国敌后全民族抗战最艰苦的时期，这一时期中国共产党领导的全民族抗日根据地遇到了严重的经济困难。由于日本侵略者向根据地发动了大规模的“扫荡”，实行惨绝人寰的“三光”政策，妄图摧毁根据地军民的生存条件，同时国民党也对根据地实行军事包围和经济封锁，加上自然灾害的侵袭，陕甘宁边区军民遇到了空前的困难。为了战胜困难，党中央决定在陕甘宁边区和全民族抗日根据地开展大生产运动，自己动手、丰衣足食，最终渡过难关。1941 年春，在王震的率领下中央军委命令八路军一二〇师三五九旅进驻南泥湾地区实行屯垦，一方面开展了大生产运动，一方面保卫了延安的南大门。

2006 年 5 月，该旧址被国务院公布为第六批全国重点文物保护单位，并入第一批全国重点文物保护单位延安革命遗址中。

### 8. 中共中央西北局旧址

#### 1）建筑基本情况

中共中央西北局旧址建筑基本情况见表 3.17。

表 3.17　中共中央西北局旧址建筑基本情况

| 地　址 | 延安市宝塔区南关花石崖砭半山腰 |
| --- | --- |
| 行政办公建筑类型 | 中共中央西北局旧址 |
| 保护等级 | 全国重点文物保护单位 |

建筑遗产介绍：

中共中央西北局旧址原为两个院落，原有 1 座图书馆已毁坏，现有礼堂 1 座和窑洞 21 孔。小礼堂平面为“凹”字形，正中柱廊式入口，入口两侧墙处理为弧形，屋顶是歇山顶。中共中央西北局办公厅是 10 孔土窑洞，拱券式的门联窗(见图 3.16)

(a) 中共中央西北局小礼堂旧址

(b) 中共中央西北局办公厅旧址

图 3.16　中共中央西北局旧址

#### 2）中共中央西北局旧址概况

中共中央西北局旧址位于延安市宝塔区南关花石崖砭的半山腰。中共中央西北局由中共中央西北工作委员会和中共陕甘宁边区中央局合并成立，1937 年 5 月 1 日中共中央批准建立中共陕甘宁特区党委，负责特区内党的工作(随后陕甘宁特区定名为陕甘宁边区，中共陕甘宁特区党委更名为中共陕甘宁边区党委)。1940 年 9 月 11 日，中共中央为了加强陕甘宁边区党的工作，将中共陕甘宁边区党委升格为中共陕甘宁边区中央局。1938 年 11 月 30 日，中共中央为了加强对西北地区少数民族的工作，尽快建立西北地区的抗日民族统一战线，巩固西北革命大本营，决定成立中共中央西北工作委员会。1941 年，为了适应全民族抗日战争形势发展的需要，整个西北地区党的工作需要实现统一领导。1941 年 5 月 13 日，中共中央西北局正式成立。中共中央西北局成立之初驻地在延安城北张崖村，1942 年 9 月由张崖村迁到延安城南关花石崖砭。1945 年毛泽东在《中国共产党第七次全国代表大会的工作方针》中说，陕甘宁边区是“我们一切工作的试验区”。中共中央西北局在坚决贯彻执行党中央的路线、方针、政策中，创造性地探索和形成了一整套中国共产党的地方领导机制、工作机制、中国共产党党建机制以及相应的法律法规和制度条例，为把陕甘宁边区建设成为模范的抗日民主根据地作出了巨大贡献，也为中国共产党在中华人民共和国成立初期领导全国人民开展社会主义建设提供了模式和经验。

1947 年 3 月，中共中央西北局机关撤离延安转战陕北。延安光复后，1948 年 5 月中旬中共中央西北局机关迁至延安王家坪，1949 年 6 月 14 日中共中央西北局迁入西安。

2006 年 5 月，该旧址被国务院公布为第六批全国重点文物保护单位，并入第一批全国重点文物保护单位延安革命遗址中。

### 9. 延安县委县政府旧址

#### 1）建筑基本情况

延安县委县政府旧址建筑基本情况见表 3.18。

表 3.18　延安县委县政府旧址建筑基本情况

| 地　址 | 延安市宝塔区川口乡川口村 |
| --- | --- |
| 行政办公建筑类型 | 延安县委县政府旧址 |
| 保护等级 | 省级文物保护单位 |
| 建筑遗产介绍：<br>延安县委县政府旧址院落东西长 40 米，南北宽 30 米，有土窑洞 7 孔，坐西面东有 4 孔，坐南面北的 3 孔土窑洞，长 21 米，宽 3.3 米，高 3.3 米，券拱形式的门联窗，木窗装饰为方形和菱形图案，旧址已修缮(见图 3.17) | |
| <br>图 3.17　延安县委县政府旧址 | |

2）延安县委县政府旧址概况

延安县委县政府旧址位于延安市宝塔区川口乡川口村，是原中共延安县委和县政府1937年至1943年的驻地，1937年9月陕甘宁边区政府成立，此地归边区政府领导。其所管辖的延安是陕甘宁边区的中心、是中共中央的所在地，是中央机关、干部学校、部队、工厂等所在地。延安县在保障陕甘宁边区稳定、团结、巩固以及保卫党中央等方面作出了突出贡献，因此是陕甘宁边区的模范县。

2018年7月，该旧址被陕西省人民政府公布为省级文物保护单位。

### 10. 陕甘宁边区政府交际处旧址

1）建筑基本情况

陕甘宁边区政府交际处旧址建筑基本情况见表3.19。

表3.19　陕甘宁边区政府交际处旧址建筑基本情况

| 地　址 | 延安市宝塔区南市办原交际宾馆院内 |
| --- | --- |
| 行政办公建筑类型 | 陕甘宁边区政府交际处旧址 |
| 保护等级 | 省级文物保护单位 |
| 建筑遗产介绍：<br>陕甘宁边区政府交际处旧址原有小礼堂1座和平房6间。小礼堂为砖木结构，屋顶采用攒尖与硬山勾连搭，礼堂平面为七开间，长27.4米，宽12米。平房建筑为砖结构，屋顶是坡屋顶，开设长方形的木门和木窗，小礼堂和平房已修缮(见图3.18) | |
| <br>图3.18　陕甘宁边区政府交际处旧址 | |

2）陕甘宁边区政府交际处旧址概况

陕甘宁边区政府交际处旧址位于延安市宝塔区南市办原交际宾馆院内，1936年1月成立了中华苏维埃共和国中央政府西北办事处交际处，1938年4月陕甘宁边区政府决定将其改为陕甘宁边区政府接待科，1939年陕甘宁边区交际科又改为交际处，1942年改为陕甘宁边区政府、陕甘宁晋绥联防军司令部交际处。该处承担中共和边区政府大量外事接待与统一战线工作。1949 年 6 月该处被改为陕北行署外宾招待所，后又改为延安地区干部招待所，现为交际宾馆。

2018 年 7 月，该旧址被陕西省人民政府公布为省级文物保护单位。

### 11. 陕甘宁边区政府供给总店旧址

#### 1）建筑基本情况

陕甘宁边区政府供给总店旧址建筑基本情况见表 3.20。

表 3.20　陕甘宁边区政府供给总店旧址建筑基本情况

| 地　址 | 延安市宝塔区南市办市场沟 |
|---|---|
| 行政办公建筑类型 | 陕甘宁边区政府供给总店旧址 |
| 保护等级 | 省级文物保护单位 |
| 建筑遗产介绍：<br>陕甘宁边区政府供给总店旧址坐北面南，为砖砌窑洞，窑洞 3 孔，长 16.5 米，宽 6.5 米，高 6 米，窑洞上方有题刻，楷书从右到左阴刻“边府供给总店”文字(见图 3.19) | |
| <br>图 3.19　陕甘宁边区政府供给总店旧址 | |



#### 2）陕甘宁边区政府供给总店旧址概况

陕甘宁边区政府供给总店旧址位于延安市宝塔区南市办市场沟。全民族抗战初期，陕甘宁边区和八路军、新四军的财政开支大部分来源于国民政府调拨以及华侨、国际友人的捐赠。1938 年外援占边区经济总收入的 51.6%，全民族抗战进入相持阶段后，1941 年国民政府不仅停发军饷，且对陕甘宁边区实行军事包围和经济封锁政策，断绝边区的一切外援，陕甘宁边区的财政难以维持。非生产人口增加也是造成边区财政困难的主要原因之一，供给总店就是为了保障边区政府机关财政供给自给而创办的经济贸易组织。1950 年 1 月 19 日陕甘宁边区建制撤销，供给总店也随之关闭。

2018 年 7 月，该旧址被陕西省人民政府公布为省级文物保护单位。

### 12. 陕甘宁边区政府保安处旧址

#### 1）建筑基本情况

陕甘宁边区政府保安处旧址建筑基本情况见表 3.21。

表 3.21　陕甘宁边区政府保安处旧址建筑基本情况

| 地　址 | 延安市宝塔区凤凰山街道办事处棉土沟 |
|---|---|
| 行政办公建筑类型 | 陕甘宁边区政府保安处旧址 |
| 保护等级 | 省级文物保护单位 |
| 建筑遗产介绍：<br>陕甘宁边区政府保安处旧址坐西面东，南侧有窑洞 6 孔，北侧有窑洞 4 孔。南北长约 100 米，东西长约 50 米，占地面积约为 5000 平方米，现被占用(见图 3.20) | |

(a) 陕甘宁边区政府保安处旧址

(b) 陕甘宁边区政府保安处旧址

图 3.20　陕甘宁边区政府保安处旧址

#### 2）陕甘宁边区政府保安处旧址概况

陕甘宁边区政府保安处旧址位于延安市宝塔区凤凰山街道办事处棉土沟。1937 年 1 月陕甘宁边区保安处迁驻棉土沟，1937 年 9 月更名为陕甘宁边区政府保安处，其负责陕甘宁边区的锄奸、保卫、肃特工作。1947 年 3 月胡宗南部队进犯边区，保安处随中共中央西北局、陕甘宁边区政府转战陕北。1948 年 4 月 22 日人民解放军收复延安，保安处仍驻棉土沟。1949 年 3 月保安处更名为陕甘宁边区政府公安厅，同年 6 月迁至西安办公。

2014 年 6 月，该旧址被陕西省人民政府公布为省级文物保护单位。

### 13. 冯庄团支部旧址

#### 1）建筑基本情况

冯庄团支部旧址建筑基本情况见表 3.22。

表 3.22　冯庄团支部旧址建筑基本情况

| 地　址 | 延安市宝塔区冯庄乡冯庄村 |
|---|---|
| 行政办公建筑类型 | 冯庄团支部旧址 |
| 保护等级 | 省级文物保护单位 |

建筑遗产介绍：

冯庄团支部旧址院落为长方形，南北长 40 米，东西宽 36 米，有坐落于西北面东南的窑洞 9 孔，窑洞宽2.73 米，进深 8 米，高 3 米。窑洞由南向北起第 3 孔和第 4 孔相通，第 5 孔和第 6 孔相通，第 7 孔和第 8 孔相通，过洞尺寸宽 0.85 米，高 1.8 米(见图 3.21)。

(a) 冯庄团支部旧址　　(b) 冯庄团支部旧址入口

图 3.21　冯庄团支部旧址

2) 冯庄团支部旧址概况

冯庄团支部旧址位于延安市宝塔区冯庄乡冯庄村。1946 年 8 月 26 日和 9 月 13 日，中共中央书记处召开两次工作会议专门讨论关于建立青年团的问题。会议决定，根据中国革命形势和任务的要求建立一个统一的、全国性的青年团组织。1946 年 11 月 22 日，中国新民主主义青年团全国第一个农村团支部——冯庄团支部成立。

2008 年 9 月，该旧址被陕西省人民政府公布为省级文物保护单位。

14. 水草湾革命旧址

1) 建筑基本情况

水草湾革命旧址建筑基本情况见表 3.23。

2) 水草湾革命旧址概况

水草湾革命旧址位于延安市宝塔区枣园镇莫家湾村。1947 年 3 月，胡宗南部队占领延安后，水草湾的礼堂遭到破坏。因 20 世纪 50 年代确定枣园后沟不对外开放，所以该建筑原貌未能恢复。后来，延安革命纪念馆对毛泽东住过的土窑洞进行了整修加固，窑洞至今仍保存完好。这里十分隐蔽，与外界基本隔绝，因此西北公学曾设在此地。延安整风后期审干工作，部分干部曾在这里接受审查。

2018 年 7 月，该旧址被陕西省人民政府公布为省级文物保护单位。

表 3.23　水草湾革命旧址建筑基本情况

| 地　址 | 延安市宝塔区枣园镇莫家湾村 |
|---|---|
| 行政办公建筑类型 | 水草湾革命旧址 |
| 保护等级 | 省级文物保护单位 |
| 建筑遗产介绍：<br>水草湾革命旧址中的礼堂建筑主体用就地开采的石料砌成，椽、檩等木料和延安城遭敌机轰炸后从钟鼓楼、城头角楼、门楼上拆下的木料建成。礼堂分大厅、前厅、后厅三部分，大厅长 18 米，宽 15 米；前厅宽 2 米，四边对窗；后厅(主席台)长 15 米，宽 3.5 米，墙壁白灰罩面(见图 3.22) | |
| <br>(a) 水草湾革命旧址标志碑 | <br>(b) 水草湾革命旧址礼堂内部 |
| 图 3.22　水草湾革命旧址 | |



15. 常屯延安县苏维埃政府旧址

1）建筑基本情况

常屯延安县苏维埃政府旧址建筑基本情况见表 3.24。

表 3.24　常屯延安县苏维埃政府旧址建筑基本情况

| 地　址 | 延安市宝塔区青化砭镇常屯村 |
|---|---|
| 行政办公建筑类型 | 常屯延安县苏维埃政府旧址 |
| 保护等级 | 省级文物保护单位 |
| 建筑遗产介绍：<br>常屯延安县苏维埃政府旧址平面为长方形，东西长 14.26 米，南北宽 7.42 米，有石砌窑洞 3 孔，窑洞为拱券形的门联窗(见图 3.23) | |
| <br>图 3.23　常屯延安县苏维埃政府旧址 | |

2）常屯延安县苏维埃政府旧址概况

常屯延安县苏维埃政府旧址位于延安市宝塔区青化砭镇常屯村。1935 年 7 月陕北苏区肤施县革命委员会在此成立(今属宝塔区青化砭镇)，同年 11 月改称肤施县苏维埃政府。该县的县委书记为马玉德，政府主席为刘秉温，县下辖 4 区 21 乡。1937 年 3 月，肤施县被改为延安县。

2018 年 7 月，该旧址被陕西省人民政府公布为省级文物保护单位。

### 16. 龙寺肤甘县苏维埃政府旧址

1）建筑基本情况

龙寺肤甘县苏维埃政府旧址建筑基本情况见表 3.25。

表 3.25 龙寺肤甘县苏维埃政府旧址建筑基本情况

| 地　址 | 延安市宝塔区柳林镇龙寺村 |
|---|---|
| 行政办公建筑类型 | 龙寺肤甘县苏维埃政府旧址 |
| 保护等级 | 省级文物保护单位 |
| 建筑遗产介绍：<br>龙寺肤甘县苏维埃政府旧址呈长方形，东西长 12 米，南北宽 7 米，面积 84 平方米。旧址有 6 孔土窑，现残存 3 孔土窑，窑宽 3 米，进深为 6 米，高 3.2 米，旧址损坏较严重(见图 3.24) | |

(a) 龙寺肤甘县苏维埃政府旧址

(b) 龙寺肤甘县苏维埃政府旧址标志碑

图 3.24 龙寺肤甘县苏维埃政府旧址

2）龙寺肤甘县苏维埃政府旧址概况

龙寺肤甘县苏维埃政府旧址位于延安市宝塔区柳林镇龙寺村。1935 年 6 月红军陕甘边游击队第 6 支队与第 8 支队消灭了盘踞在登山峪的马兆仁民团，在肤施、甘泉交界地区形成了方圆几十里的红色区域。1935 年 6 月中共陕甘特委在龙儿寺成立肤甘县革命委员会，选举刘秉温为肤甘县革命委员会主席。1935 年 9 月肤甘县建制撤销，其辖区分别并入肤施、甘泉两县。

2018 年 7 月，该旧址被陕西省人民政府公布为省级文物保护单位。

### 17. 莫家湾高等法院及监狱遗址

#### 1）建筑基本情况

莫家湾高等法院及监狱建筑基本情况见表 3.26。

表 3.26　莫家湾高等法院及监狱遗址基本情况

| 地　址 | 延安市宝塔区枣园镇莫家湾村 |
| --- | --- |
| 行政办公建筑类型 | 莫家湾高等法院及监狱遗址 |
| 保护等级 | 未定级 |
| 遗址介绍：<br>莫家湾高等法院及监狱遗址现有土窑洞 20 余孔，坐西朝东，依山而建，窑洞进深 6 米，面阔 3 米，遗址塌陷较严重(见图 3.25) | |
| <br>图 3.25　莫家湾高等法院及监狱遗址 | |

#### 2）莫家湾高等法院及监狱遗址概况

莫家湾高等法院及监狱遗址位于延安市宝塔区枣园镇莫家湾村北法院渠。遗址北为庙沟渠，南靠礼堂山，东西两侧为庙沟沟渠。全民族抗日战争时期，陕甘宁边区高等法院的监狱设于此地。

## （二）教育建筑

### 1. 中共中央党校旧址

#### 1）建筑基本情况

中共中央党校旧址建筑基本情况见表 3.27。

表 3.27　中共中央党校旧址建筑基本情况

| 地　址 | 延安市城东桥儿沟和城北小沟坪 |
| --- | --- |
| 教育建筑类型 | 中共中央党校旧址 |
| 保护等级 | 全国重点文物保护单位 |
| 建筑遗产介绍：<br>中共中央党校旧址有大礼堂、小礼堂及政治部等建筑遗产。现有大礼堂为重建建筑，平面为“T”形，砖木结构。建筑立面对称，呈竖向三段式布局，礼堂中间高两边窄，正中雕刻“实事求是”文字，题字上有圆形的毛泽东像，立面用砖砌筑成凹槽，具有较强的光影效果(见图 3.26) | |
| <br>图 3.26　中共中央党校旧址 | |

2）中共中央党校旧址概况

中共中央党校位于延安市城东桥儿沟和城北小沟坪。该旧址土窑洞均依山而凿，现大多数已被废弃，少部分为群众占用。1933 年 3 月中央革命根据地“马克思共产主义学校”在江西瑞金成立，其是后来延安中央党校前身，任弼时、张闻天先后担任校长。1934 年 10 月马克思共产主义学校的干部和部分学员随中央红军主力一起长征，1935 年底中共中央决定在瓦窑堡恢复建立中央党校，董必武任校长。1937 年 1 月中央党校随中共中央进驻延安，成为党在延安创办的“中央党校为培养地委以上及团级以上具有相当独立工作能力的、党的实际工作干部及军队政治工作干部的高级与中级学校。” 1940 年中共中央党校学员自己动手建造了中共中央党校礼堂，毛泽东为大礼堂题词“实事求是”，“实事求是”是中国共产党的思想路线的重要内容和全党学习、工作的座右铭。1942 年 2 月 1 日毛泽东在中央党校作了《整顿党的作风》的报告后，党校的整风全面开始，整风运动逐渐被推向各解放区。1949 年 3 月后中央党校迁入北平。1955 年 8 月 1 日中共中央决定将中共中央马列学院改名为中共中央直属高级党校，简称中央党校。

2006 年 5 月，该旧址被国务院公布为第六批全国重点文物保护单位，并入第一批全国重点文物保护单位延安革命遗址中。

2. 中国人民抗日军政大学旧址

1）建筑基本情况

中国人民抗日军政大学旧址建筑基本情况见表 3.28。

表 3.28　中国人民抗日军政大学旧址建筑基本情况

| 地　址 | 延安市宝塔区二道街西侧 |
| --- | --- |
| 教育建筑类型 | 中国人民抗日军政大学旧址 |
| 保护等级 | 一般不可移动文物 |
| 建筑遗产介绍：<br>中国人民抗日军政大学旧址为延安城内原学府衙门，入口为传统的独立式门楼，三开间，入口大门两侧有红柱支撑，屋顶是单坡屋顶(见图 3.27) | |
| <br>图 3.27　中国人民抗日军政大学旧址 | |

2）中国人民抗日军政大学旧址概况

中国人民抗日军政大学旧址位于延安市宝塔区二道街西侧。中国人民抗日军政大学是中国共产党在全民族抗日战争时期创办的培养军事和政治干部的军事学校。1936 年 6 月 1 日抗日军政大学的前身红军大学改名为中国人民抗日红军大学，在延安保安(今志丹县)成立，1937 年 1 月迁到延安城内原学府衙门，七七事变后改名为中国人民抗日军政大学，简称抗大。抗大 1940 年迁至河北邢台，1943 年 3 月重返陕北，校址设在绥德。1945 年 10 月原抗大总校一部分教职学员在副校长何长工带领下，向东北进军。中华人民共和国成立后抗大迁到北京，改为中国人民解放军军政大学，并以各分校为基础，组建了华北、华东、西南等军政大学。中华人民共和国成立后，为适应和平时期培养高级军事人才的需要，50 年代先后成立了解放军军事学院、政治学院、后勤学院和高等军事学院，1969 年撤销以上学院后成立了中国人民解放军军政大学，1985 年军事、政治、后勤学院合并成立中国人民解放军国防大学。

1938 年 11 月 20 日校舍被日本飞机炸毁，1964 年在校址上修建了抗大校史陈列室。2003 年在原址上修复了抗大校门，并修建了抗大纪念馆。

### 3. 陕北公学杨家湾旧址

1）建筑基本情况

陕北公学杨家湾旧址建筑基本情况见表 3.29。

表 3.29　陕北公学杨家湾旧址建筑基本情况

| 地　址 | 延安市宝塔区桥沟镇杨家湾村 |
|---|---|
| 教育建筑类型 | 陕北公学杨家湾旧址 |
| 保护等级 | 市级文物保护单位 |
| 建筑遗产介绍：<br>陕北公学杨家湾旧址院落东西宽 20 米，南北长 30 米。现存土窑洞 2 孔，旧址塌陷严重(见图 3.28) | |
| <br>图 3.28　陕北公学杨家湾旧址历史照片<br>中共陕西省委党史研究室. 陕西省革命遗址通览[M]. 西安：陕西人民出版社，2014. | |

2）陕北公学杨家湾旧址概况

陕北公学杨家湾旧址位于延安市宝塔区桥沟镇杨家湾村。1937 年七七事变后，同年 7 月中共中央决定创办陕北公学。陕北公学采取党团领导下的校长负责制，它直属中央组织部、中央宣传部，是中共中央直接领导创办的一所革命的大学，也是中共中央在延安创办的第一所综合性大学。全民族抗日战争爆发后，全国许多优秀青年投奔延安，追求革命真理，为了培养这些青年，中共中央开设了陕北公学。陕北公学的教育宗旨是“实施国防教育，培养抗战人才”，在全民族抗日统一战线的总原则下，吸收了各阶层努力救亡的青年，实施国防教育，培养抗战干部。学员经过 6 个月至两年的训练，分配到前方工作。1939 年夏全民族抗日战争的形势发生了变化，日寇、国民党顽固派加紧进攻解放区。1939 年 6 月中共中央决定将陕北公学、延安鲁迅艺术文学院(简称鲁艺)、延安工人学校、安吴堡战时青年训练班(简称青训班)四校联合成立华北联合大学，开赴华北至敌人后方办学。1939 年 7 月 7 日华北联合大学在延安宣告成立。

1941 年党中央研究决定，将陕北公学、中国女子大学、泽东青年干部学校合并为延安大学，吴玉章任校长，校址在陕北公学原址。1943 年延安鲁艺、自然科学院、民族学院、新文字干部学校以及行政学院先后并入延安大学。1949 年延安大学迁至西安，更名为西北人民革命大学。

1995 年 9 月，该旧址被公布为延安市级文物保护单位。

### 4. 中国共产党六届六中全会旧址

#### 1）建筑基本情况

中国共产党六届六中全会旧址建筑基本情况见表 3.30。

表 3.30　中国共产党六届六中全会旧址建筑基本情况

| 地　址 | 延安市宝塔区桥沟镇桥沟村 |
|---|---|
| 教育建筑类型 | 中国共产党六届六中全会旧址 |
| 保护等级 | 全国重点文物保护单位 |
| 典型建筑遗产介绍：<br>中国共产党六届六中全会旧址内包括天主教堂 1 座、石窑洞 52 孔、土窑洞数十孔及砖木平房等（见图 3.29）。<br>中国共产党六届六中全会旧址利用原天主教堂作为大会会场，教堂于 1934 年建成，是一座欧洲哥特式建筑，后又为鲁迅艺术文学院和部队艺术学校的礼堂。教堂的建筑立面为西式罗马风格的三段式构图，分为中厅及两侧的钟楼。中厅山墙高 11 米，两侧的钟楼高 22.6 米。教堂墙体大而厚实，窗窄小，建筑立面采用各种形式的柱和拱券式的装饰。建筑平面为长方形，南北长 36 米，东西宽 15 米，砖石结构。内部空间分为中厅和侧廊，东西两侧各有六根多边形柱，支撑中厅的拱券顶，教堂采用高大的侧窗采光。<br>旧址内的石窑宿舍，窗采用连续的拱券形式的窄长窗，中间是拱券形的高窗，两边是拱券形的低窗 | |

（a）中国共产党六届六中全会旧址主入口

（b）中国共产党六届六中全会旧址次入口

（c）中国共产党六届六中全会旧址室内

（d）中国共产党六届六中全会旧址宿舍

图 3.29　中国共产党六届六中全会旧址

2）中国共产党六届六中全会旧址概况

中国共产党六届六中全会旧址位于延安市宝塔区桥沟镇桥儿沟。1938年9月29日至11月6日，中国共产党第六届中央委员会扩大的第六次全体会议在延安桥儿沟召开。这次全会基本上克服了王明的右倾错误，再次强调中国共产党必须独立自主地领导人民进行全民族抗日战争，使全党统一于中共中央正确路线的指导下，推动了各方面工作的进展。大会还坚持马克思列宁主义和中国革命相结合的原则，肯定了毛泽东在全党的领导地位，在党的历史上具有重大的历史意义。

1938年4月10日鲁艺在延安成立，起初校址设在延安城北门外云梯山半山腰，是中国共产党创办的第一所培养各类高级和中级文化艺术人才的专门学校。1939年8月鲁艺迁至桥儿沟。1939年夏根据中共中央决定，鲁艺与陕北公学、延安工人学校、青训班合并，组成华北联合大学开赴抗日前线。1939年11月根据中共中央决定，留在延安的部分鲁艺师生重建鲁艺。1940年鲁艺校名全称为鲁迅艺术文学院。1941年初，八路军后方留守兵团政治部将所属烽火剧团和鲁艺所属部队干部训练班合并，筹建部队艺术学校。1941年4月10日学校正式成立，开学典礼在桥儿沟教堂举行，学校分设音乐、美术、文学、戏剧4个系，并设有一个专门培养剧团演员的普通班，同年10月1日部队艺术学校举行了首届毕业典礼和毕业生实习晚会。1942年11月19日部队艺术学校奉留守兵团政治部之命，改编为部队文艺工作团。1943年12月1日部队文艺工作团和青年艺术剧院合并组成陕甘宁晋绥五省联防军政治部宣传队。

该旧址曾是中国共产党六届六中全会旧址，鲁迅艺术文学院、部队艺术学校、部队文艺工作团、陕甘宁晋绥五省联防军政治部宣传队都曾设立于此。

1996年11月，该旧址被国务院公布为第四批全国重点文物保护单位，并入第一批全国重点文物保护单位延安革命遗址中。

5. 中国女子大学旧址

1）建筑基本情况

中国女子大学旧址建筑基本情况见表3.31。

2）中国女子大学旧址概况

中国女子大学(简称女大)位于延安市宝塔区桥沟镇王家坪碾盘沟，是中国共产党在全民族抗日战争时期创建的一所专为培养妇女干部的大学。1939年7月20日中国女子大学正式开学，在开学典礼上，毛泽东提出创办中国女子大学，是革命的需要，是抗战的需要，是妇女自求解放的需要。毛泽东指出：“全国妇女起来之日，就是中国革命胜利之时。”女大以培养具有斗争理论基础、革命工作方法、妇女运动专长和相当职业技能等抗战建国知识的妇女干部为目的。1941年8月中央决定将陕北公学、中国女子大学、泽东青年干部学校合并成立延安大学，校址设在女大原址。中国女子大学在成立的两年中，培养了两期学员，共1500人。

2008 年 9 月，该旧址被陕西省人民政府公布为省级文物保护单位。

表 3.31 中国女子大学旧址建筑基本情况

| 地　址 | 延安市宝塔区桥沟镇王家坪碾盘沟 |
|---|---|
| 教育建筑类型 | 中国女子大学旧址 |
| 保护等级 | 省级文物保护单位 |
| 建筑遗产介绍：<br>中国女子大学旧址有 10 余孔土窑，土窑为拱券形门联窗，土窑已修缮(见图 3.30) | |

(a)

(b)

图 3.30 中国女子大学旧址

## 6. 中国医科大学旧址

### 1) 建筑基本情况

中国医科大学旧址建筑基本情况见表 3.32。

表 3.32　中国医科大学旧址建筑基本情况

| 地　址 | 延安市宝塔区桥沟镇柳树店村 |
| --- | --- |
| 教育建筑类型 | 中国医科大学旧址 |
| 保护等级 | 省级文物保护单位 |

建筑遗产介绍：

中国医科大学旧址由礼堂、手术室及病房组成(见图 3.31)。

中国医科大礼堂旧址平面为长方形，有三个出入口，主入口在南面，其他两个次入口分别位于东侧和北侧。礼堂采用侧高窗采光通风。手术室平面为“凸”字形，开设大量的方窗，满足手术室的采光需要。病房是石窑洞，门窗采用拱券式的门联窗

(a) 中国医科大学礼堂旧址

(b) 中国医科大学礼堂旧址

(c) 中国医科大学手术室旧址

(d) 中国医科大学病房旧址

图 3.31　中国医科大学旧址

2) 中国医科大学旧址概况

中国医科大学旧址位于延安市宝塔区桥沟镇柳树店村。中国医科大学的前身是中国红军卫生学校，1931 年 11 月创建于江西瑞金，1935 年随中央红军到达延安，1940 年 3 月迁至柳树店现址，9 月正式更名为八路军医科大学(后来通称中国医科大学)。学校学制 4 年，

设解剖、生理等 8 个系。该校成立后，八路军野战医院、白求恩国际和平医院等成为该校的临床实习医院。学校先后共培养学员 16 期，为前线和陕甘宁边区培养了一大批医务人员，帮助陕甘宁边区预防和治疗了流行性疾病，被誉为红医摇篮。1945 年 11 月该校奉命赴东北兴山办学，1948 年 11 月迁至沈阳。

2008 年 9 月，该旧址被陕西省人民政府公布为省级文物保护单位。

### 7. 陕甘宁边区民族学院旧址

#### 1）建筑基本情况

陕甘宁边区民族学院旧址建筑基本情况见表 3.33。

表 3.33　陕甘宁边区民族学院旧址建筑基本情况

| 地　址 | 延安市宝塔区桥沟镇文化沟一村 |
|---|---|
| 教育建筑类型 | 陕甘宁边区民族学院旧址 |
| 保护等级 | 省级文物保护单位 |
| 建筑遗产介绍：<br>陕甘宁边区民族学院旧址为联排式窑洞，窑洞错落排列，设有拱券式的门联窗，门窗饰以长方形木格和太阳斜纹图案（见图 3.32） | |
| <br>图 3.32　陕甘宁边区民族学院旧址 | |

#### 2）陕甘宁边区民族学院旧址概况

陕甘宁边区民族学院旧址位于延安市宝塔区桥沟镇文化沟一村。1941 年 9 月 18 日中共中央决定在泽东青年干部学校校址上成立陕甘宁边区民族学院，该校是在陕北公学少数民族部的基础上发展而成的，该校学员来自蒙、回、藏、苗、满、彝、汉等民族，共 300 余人。学院设教育、研究、总务三处，其中研究处下设蒙、回、藏三室，学员按文化程度编为四个班，学制为每期两年。开设的课程有马列主义、民族问题、民族语言文字、汉语、民族史、中国地理、自然及数学等。1942 年 2 月学院对学制进行了调整，设初、中、高三级，每级均为两年。初级课程主要学习本民族语言及一般常识；中级课程学习汉语、本民族的历史地理及中国问题；高级课程学习民族问题、世界史地、世界政治经济。民族学院从 1941

年创办到1948年春结束，共招收培养民族干部300余人。中华人民共和国成立后开办的中央民族学院是陕甘宁边区民族学院的延续。

2014年6月，该旧址被陕西省人民政府公布为省级文物保护单位。

### 8. 中央军委无线电通讯(信)学校旧址

#### 1) 建筑基本情况

中央军委无线电通讯(信)学校旧址建筑基本情况见表3.34。

表3.34 中央军委无线电通讯(信)学校旧址建筑基本情况

| 地　址 | 延安市宝塔区枣园镇老沟岔村 |
|---|---|
| 教育建筑类型 | 中央军委无线电通讯(信)学校旧址 |
| 建筑等级 | 省级文物保护单位 |
| 建筑遗产介绍：<br>中央军委无线电通讯(信)学校旧址内有土窑洞20余孔，窑洞面阔2.6米，进深6米，高3.2米，旧址已修缮(见图3.33) | |
| <br>图3.33 中央军委无线电通讯(信)学校旧址 | |

#### 2) 中央军委无线电通讯(信)学校旧址概况

中央军委无线电通讯(信)学校旧址位于延安市宝塔区枣园镇老沟岔村。中央军委无线电通讯(信)学校的前身是1935年成立的陕北红军无线电通讯(信)训练班，最初办学地点在延川县永坪镇。1935年12月中共中央进驻瓦窑堡后，军委三局决定将随长征的原红军通讯(信)学校部分人员与陕北红军无线电训练班合并，成立中央军委无线电通讯(信)学校。1937年该校随党中央迁至延安，在延安川口村、延店子村长期办学。该校是中国人民解放军军事电信工程学院(现西安电子科技大学)的前身。

2014年6月，该旧址被陕西省人民政府公布为省级文物保护单位。

### 9. 延安马列学院旧址

#### 1）建筑基本情况

延安马列学院旧址建筑基本情况见表 3.35。

表 3.35　延安马列学院旧址建筑基本情况

| 地　址 | 延安市宝塔区西北川兰家坪 |
| --- | --- |
| 教育建筑类型 | 延安马列学院旧址 |
| 保护等级 | 省级文物保护单位 |
| 建筑遗产介绍：<br>延安马列学院旧址有土窑洞数十孔，已修缮(见图 3.34) | |

图 3.34　延安马列学院旧址

#### 2）延安马列学院旧址概况

延安马列学院旧址位于延安市宝塔区西北川兰家坪。1938 年 5 月 5 日是马克思诞辰纪念日，党中央在延安成立了马列学院。该校学员大部分是在陕北公学、抗大学习过，需要进一步深造的青年知识分子，学院也招收一部分经过长期斗争锻炼的党的高级干部，院长是张闻天，副院长是王学文。学院主要任务是对马列主义理论进行系统的学习和研究。中共扩大的六届六中全会后，由于毛泽东的大力倡导，学院的研究方向更加明确，除一部分专职教员外，许多中央领导也曾到学院给学员们讲授中国化的马克思主义理论。如刘少奇讲过论共产党员的修养，毛泽东讲过新民主主义论等。1941 年 5 月毛泽东给延安高级干部作了《改造我们的学习》的报告后，中共中央对马列学院进行了改组，成立中央研究院。1941 年 12 月中共中央在《关于延安干部学校的决定》中，明确规定：“中央研究院为培养党的理论干部的高级研究机关。”中央研究院是当时延安的最高学府，是大批高级知识分子集中的地方。在1942年全党开展的整风运动中，中央研究院是中直机关的一个典型和重点，为全党整风提供了宝贵的经验。1943年5月，中央研究院改为中央党校三部，归中央党校统一领导。

2014年6月，该旧址被陕西省人民政府公布为省级文物保护单位。

### 10. 陕甘宁边区战时儿童保育院旧址

#### 1）建筑基本情况

陕甘宁边区战时儿童保育院旧址建筑基本情况见表3.36。

表3.36　陕甘宁边区战时儿童保育院旧址建筑基本情况

| 地　址 | 延安市宝塔区河庄坪镇白家沟村 |
| --- | --- |
| 教育建筑类型 | 陕甘宁边区战时儿童保育院旧址 |
| 保护等级 | 省级文物保护单位 |
| 建筑遗产介绍：<br>陕甘宁边区战时儿童保育院旧址为三层石窑洞联排布局，两侧设楼梯方便上下，下层窑洞屋顶为上层窑洞的活动场所，每层的窑洞前有较大的场地，满足了儿童室外活动要求。旧址现存石窑洞22孔，窑洞面阔3.5米，进深7米，高3.2米。现被驾校占用(见图3.35) | |

(a) 陕甘宁边区战时儿童保育院旧址

(b) 现状为驾校训练场

图3.35　陕甘宁边区战时儿童保育院旧址

#### 2）陕甘宁边区战时儿童保育院旧址概况

陕甘宁边区战时儿童保育院旧址位于延安市宝塔区河庄坪镇白家沟村。陕甘宁边区战时儿童保育院成立于1938年10月，保育院先后设在延安柳林、安塞白家坪。保育院设保教、总务、卫生3个科，院内分为乳儿、婴儿、幼稚、小学4个部。1940年9月保育院由安塞迁至河庄坪镇白家沟村，小学部继续留在安塞白家坪。毛泽东等人曾为保育院题词，毛泽东题“好好的保育儿童”，朱德题“耐心的培养小孩”，张闻天题“保育革命后代”。保育院的儿童受到了党中央和边区政府的极大关怀。保育院在艰苦的岁月中，为培育革命的后代建立了不朽的历史功绩。1947年1月保育院撤离延安，迁往华北解放区。

2014年6月，该旧址被陕西省人民政府公布为省级文物保护单位。

### 11. 沟门模范小学旧址

#### 1）建筑基本情况

沟门模范小学旧址建筑基本情况见表 3.37。

表 3.37 沟门模范小学旧址建筑基本情况

| 地　址 | 延安市宝塔区柳林镇沟门村 |
| --- | --- |
| 教育建筑类型 | 沟门模范小学旧址 |
| 保护等级 | 未定级 |
| 建筑遗产介绍：<br>沟门模范小学旧址为长方形院落，南北长 40 米，东西宽 15 米，现存石窑洞教室 1 孔，坐南朝北，窑洞长 7 米，宽 3.5 米，高 3.2 米，另有坐西朝东的窑洞 5 孔是教职工宿舍(见图 3.36) | |
| <br>图 3.36 沟门模范小学旧址历史照片<br>中共陕西省委党史研究室．陕西省革命遗址通览[M]．西安：陕西人民出版社，2014. | |

#### 2）沟门模范小学旧址概况

沟门模范小学旧址位于延安市宝塔区柳林镇沟门村。1944 年 3 月延安县南区合作总社创办了教育合作社，开办了第一所小学沟门民办小学，学校是陕甘宁边区 4 个模范民小之一。1946 年元宵节，毛泽东到南区合作总社给干部群众拜年，其间详细观看了沟门模范小学窑洞里挂着的奖状、锦旗和各种图表。

## （三）文化建筑

### 1. 自然科学院旧址

#### 1）建筑基本情况

自然科学院旧址建筑基本情况见表 3.38。

表 3.38　自然科学院旧址建筑基本情况

| 地　址 | 延安市宝塔区桥沟镇马家湾村 |
| --- | --- |
| 文化建筑类型 | 自然科学院旧址 |
| 保护等级 | 省级文物保护单位 |
| 建筑遗产介绍：<br>延安自然科学院旧址为传统的歇山顶，圆券式的门窗，屋顶设置碉楼，现已毁，旧址现存部分土窑洞（见图 3.37） | |

图 3.37　自然科学院旧址历史照片
张明胜．延安革命史画卷[M]．北京：民族出版社，2000.

2）自然科学院旧址概况

自然科学院旧址位于延安市宝塔区桥沟镇马家湾村，其前身是自然科学研究院。1939 年 5 月为了保证陕甘宁边区工业生产的发展，促进国防、经济建设，中共中央决定在延安创办自然科学研究院。1939 年底，在中央财政经济部召开的自然科学讨论会上，一些专家学者提出以现有的科技人员为师资，自然科学研究院为基地，成立自然科学研究院。1940 年 1 月中共中央决定将自然科学研究院改为工、农科性质的教育机构，1940 年 9 月 1 日自然科学院举行开学典礼，1941 年 1 月学院改属中央文委领导，徐特立接任院长，同年 9 月开办了医训班，一年半后转入医科大学。1943 年 11 月学院从马家湾迁到东川桥儿沟，与延安大学、鲁艺正式合并，成为延安大学的一个学院。1945 年 8 月全民族抗战胜利后，中共中央决定将自然科学院向东北地区迁移。同年 11 月自然科学院由延安迁至张家口，改名为晋察冀边区工业专门学校。1948 年其与北方大学工学院合并，定名为华北大学工学院，1949 年迁到北京，1952 年 1 月 1 日改称北京工业学院（今北京理工大学）。

2018 年 7 月，该旧址被陕西省人民政府公布为省级文物保护单位。

2. 清凉山新华书店办公地旧址

1）建筑基本情况

清凉山新华书店办公地旧址建筑基本情况见表 3.39。

表 3.39　清凉山新华书店办公地旧址建筑基本情况

<table>
<tr><td>地　址</td><td>延安市宝塔区清凉山</td></tr>
<tr><td>文化建筑类型</td><td>清凉山新华书店办公地旧址</td></tr>
<tr><td>保护等级</td><td>全国重点文物保护单位</td></tr>
<tr><td colspan="2">建筑遗产介绍：<br>清凉山新华书店办公地旧址原为清凉山的石窟，平面为长方形，长 5.1 米，宽 4.5 米，高 3.15 米。石窟开一门，窟内有一座高 1.45 米的“凸”字形台基，门右侧壁上有一尊菩萨坐像，门左壁上有二尊菩萨坐像。石窟顶凿圆形藻井，雕刻有莲花等图案(见图 3.38)</td></tr>
<tr><td colspan="2"><br>图 3.38　清凉山新华书店办公地旧址</td></tr>
</table>

2）清凉山新华书店办公地旧址概况

清凉山新华书店办公地旧址位于延安市宝塔区清凉山。1939 年 9 月 1 日新华书店正式成立，毛泽东亲笔题写了“新华书店”四字。新华书店门市最初设在延安北街北头，1939 年 9 月至 1947 年 3 月间，新华书店干部职工在此办公。1947 年 3 月 25 日新华书店随党中央机关撤离延安。该旧址是清凉山新闻出版部门旧址的组成部分。

2006 年 5 月，该旧址被国务院公布为第六批全国重点文物保护单位，并入第一批全国重点文物保护单位延安革命遗址中。

### 3. 清凉山解放日报社旧址

1）建筑基本情况

清凉山解放日报社旧址建筑基本情况见表 3.40。

2）清凉山解放日报社旧址概况

清凉山解放日报社旧址位于延安市宝塔区清凉山。《解放日报》于 1941 年 5 月 16 日创刊，报社分为编辑部、新闻部、采通部、副刊部、评论部，1947 年 3 月 27 日停刊，共办 2130 期。《解放日报》是根据地出版的第一份大型的中共中央机关报，毛泽东经常亲自指导工作，并为《解放日报》撰写和修改重要的社论、新闻和文章。《解放日报》在发刊词中写道：“本报之使命为何？团结全国人民战胜日本帝国主义一语足以尽之。这是中国共产党的总路线，也就是本报的使命。”该旧址是清凉山新闻出版部门旧址的组成部分。

2006 年 5 月，该旧址被国务院公布为第六批全国重点文物保护单位，并入第一批全国重点文物保护单位延安革命遗址中。

表 3.40　清凉山解放日报社旧址建筑基本情况

| 地　址 | 延安市宝塔区清凉山 |
| --- | --- |
| 文化建筑类型 | 清凉山解放日报社旧址 |
| 保护等级 | 全国重点文物保护单位 |
| 建筑遗产介绍：<br>清凉山解放日报社旧址有大门、石窑洞。大门为石柱拱券门，大门上雕刻的“解放日报”四字是由毛泽东亲笔题写的，10 孔石窑为博古、陆定一、杨松等人的曾经居住地(见图 3.39) | |
| <br>图 3.39　清凉山解放日报社大门旧址 | |

4. 清凉山新华通讯社旧址

1）建筑基本情况

清凉山新华通讯社旧址建筑基本情况见表 3.41。

表 3.41　清凉山新华通讯社旧址建筑基本情况

| 地　址 | 延安市宝塔区清凉山 |
| --- | --- |
| 文化建筑类型 | 清凉山新华通讯社旧址 |
| 保护等级 | 全国重点文物保护单位 |
| 建筑遗产介绍：<br>清凉山新华通讯社旧址现存石窑，保存完好(见图 3.40) | |
| <br>图 3.40　清凉山新华通讯社旧址 | |

2）清凉山新华通讯社旧址概况

清凉山新华通讯社旧址位于延安市宝塔区清凉山。新华通讯社简称新华社，是中共中央的通讯宣传机关，该社于1937年1月在红色中华通讯社基础上组建成立。全民族抗日战争爆发后，新华社播发中共中央的重要决议、声明、宣言和陕甘宁边区的建设成就，以及八路军、新四军的抗战消息。全民族抗战时期各根据地被敌人封锁和分割，新华社在宣传党的方针政策，报道各根据地人民的抗日斗争，以及向中共中央提供国内外重要情况等方面发挥了重要作用。该旧址是清凉山新闻出版部门旧址的组成部分。

2006年5月，该旧址被国务院公布为第六批全国重点文物保护单位，并入第一批全国重点文物保护单位延安革命遗址中。

### 5. 王皮湾新华广播电台机房、动力间旧址

1）建筑基本情况

王皮湾新华广播电台机房、动力间旧址建筑基本情况见表3.42。

表3.42　王皮湾新华广播电台机房、动力间旧址建筑基本情况

| 地　址 | 延安市宝塔区枣园镇温家沟村王皮湾 |
|---|---|
| 文化建筑类型 | 王皮湾新华广播电台机房、动力间旧址 |
| 保护等级 | 一般不可移动文物 |
| 建筑遗产介绍：<br>王皮湾新华广播电台机房、动力间旧址为坐西朝东的2孔石窑的院落。院落长11米，宽9米，窑洞依山开凿，与设在河对岸的播音室遥遥相望(见图3.41) | |

(a) 王皮湾新华广播电台机房、动力间旧址

(b) 王皮湾新华广播电台机房、动力间的纪念碑

图3.41　王皮湾新华广播电台机房、动力间旧址历史照片

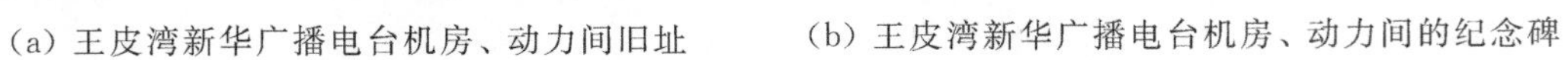

中共陕西省委党史研究室. 陕西省革命遗址通览[M]. 西安：陕西人民出版社，2014.

2）王皮湾新华广播电台机房、动力间旧址概况

王皮湾新华广播电台机房、动力间旧址位于延安市宝塔区枣园镇温家沟村王皮湾。周恩来在莫斯科治病期间，同共产国际负责人季米特洛夫谈论了在延安建立广播电台的相关事宜，共产国际决定援助延安一部广播发射机。广播电台机器运回延安后，中共中央决定

成立广播委员会，1940 年 12 月 30 日延安新华广播电台在延安西川王皮湾首次播音，这个日期因此被定为人民广播电台的诞生日。广播电台 1945 年 10 月由延店子迁到军委三局在裴庄的播音室，1946 年 9 月由裴庄、延店子迁入大砭沟的后沟，1946 年 11 月由大砭沟迁到延安北关原美国军事观察组所在地，1947 年 3 月广播电台随中央转战陕北，遂改呼陕北广播电台，1949 年 3 月进入北平改名为北平新华广播电台，9 月又改名为北京新华广播电台，12 月 5 日正式更名为中央人民广播电台。

### 6. 中山图书馆旧址

#### 1）建筑基本情况

中山图书馆旧址建筑基本情况见表 3.43。

表 3.43　中山图书馆旧址建筑基本情况

| 地　址 | 延安市宝塔区桥沟镇文化沟村 |
|---|---|
| 文化建筑类型 | 中山图书馆旧址 |
| 保护等级 | 未定级 |
| 建筑遗产介绍：<br>中山图书馆旧址馆内设有图书、材料、读书顾问、编刊 4 个部门，有图书馆、参考室、阅报室、杂志室，原有图书馆已毁(见图 3.42) | |
| <br>图 3.42　中山图书馆旧址 | |

#### 2）中山图书馆旧址概况

中山图书馆位于延安市宝塔区桥沟镇文化沟村。中山图书馆始建于 1937 年，馆名由毛泽东亲笔题写，这是中国共产党建立的第一座公共图书馆。1939 年陕甘宁边区政府为适应干部学习研究需要，对该馆予以整顿、重建，使该馆成为当时延安较大的公共图书馆。馆藏有政治、经济、哲学等社会科学和自然科学方面的书籍。1940 年 7 月该馆藏书达 5000 余种，约计 1 万册，报刊约 100 种。1949 年 6 月边区政府向西安迁移时，将该馆图书大部分移交陕北行署，现收藏于延安中山图书馆，原建筑已损毁。

## (四) 医疗建筑

### 1. 白求恩国际和平医院旧址

#### 1) 建筑基本情况

白求恩国际和平医院旧址建筑基本情况见表 3.44。

表 3.44 白求恩国际和平医院旧址建筑基本情况

| 地　址 | 延安市宝塔区桥沟镇刘万家沟村 |
| --- | --- |
| 医疗建筑类型 | 白求恩国际和平医院旧址 |
| 保护等级 | 全国重点文物保护单位 |

建筑遗产介绍：

白求恩国际和平医院旧址有大门一个，手术室一座，石窑洞十六孔，土窑洞数十孔。手术室为砖石结构，坐北朝南，手术室有两个出入口，南面入口开有一门三窗，北面入口设在“凸”字形处。手术室开有大量的长方形窗，满足手术室的采光要求。手术室的屋顶采用歇山顶，并设有天窗。手术室室内的墙角做弧形抹圆处理。旧址一部分的石窑和土窑现被占用(见图 3.43)

(a) 白求恩国际和平医院旧址

(b) 白求恩国际和平医院手术室旧址

图 3.43 白求恩国际和平医院旧址

#### 2) 白求恩国际和平医院旧址概况

白求恩国际和平医院旧址位于延安市宝塔区桥沟镇刘万家沟村。白求恩国际和平医院的前身为八路军军医院，1939 年 12 月为纪念诺尔曼·白求恩大夫的以身殉职，改名为白求恩国际和平医院。1940 年医院迁驻桥沟镇柳树店，1943 年医院由柳树店迁至刘万家沟。医院设内科、小儿科、外科、妇产科等，医院有手术室 1 间、病房和工作人员的石窑 16 孔、土窑数十孔。1947 年该院迁往华北解放区，与晋察冀边区的白求恩国际和平医院合并成石家庄白求恩国际和平医院。旧址 1984 年曾维修。

2013 年 5 月，该旧址被国务院公布为第七批全国重点文物保护单位，并入第一批全国重点文物保护单位延安革命遗址中。

### 2. 延安中央医院旧址

#### 1）建筑基本情况

延安中央医院旧址建筑基本情况见表 3.45。

表 3.45　延安中央医院旧址建筑基本情况

<table>
<tr><td>地　址</td><td>延安市宝塔区河庄坪镇李家圪村</td></tr>
<tr><td>医疗建筑类型</td><td>延安中央医院旧址</td></tr>
<tr><td>保护等级</td><td>省级文物保护单位</td></tr>
<tr><td colspan="2">建筑遗产介绍：<br>延安中央医院旧址有大门、手术室、窑洞病房。中央医院手术室为砖木结构，手术室室内为木地板，采用壁炉采暖，装有双层玻璃。手术室可容纳四台手术同时进行，并有洗手室、预备室、X 光室、休息室、储藏室等，设备较齐全。中央医院的门诊部为砖石结构，平面为长方形，入口采用圆券门，诊室开有多而密的窄长窗，通风采光较好。中央医院病房之间设有通道，为了防空、遮风避雨和医疗工作的方便。以上建筑均已毁坏(见图 3.44)。<br>旧址现存大门 1 个、土窑洞上百孔。大门为石砌，门两侧采用方柱，柱础与柱头均雕刻线脚，两柱之间采用弧形石拱连接，石拱上雕刻有五角星图案</td></tr>
<tr><td colspan="2"><br>(a) 延安中央医院大门旧址　　(b) 延安中央医院病房旧址<br>图 3.44　延安中央医院旧址</td></tr>
</table>

#### 2）延安中央医院旧址概况

延安中央医院旧址位于延安市宝塔区河庄坪镇李家圪村。1938 年 10 月延安遭受日军飞机轰炸，宝塔山上的陕甘宁边区医院迁往安塞真武洞镇黄瓜塌村。由于延安的医疗设施急缺，1939 年 5 月中共中央在延安城北的李家圪村山坡上选址建设中央医院，1939 年 9 月，建成的三四十口窑洞已初具规模。1939 年 11 月 7 日中央医院正式投入使用，此后中央医院不断扩建，在两年多的时间建成 102 孔窑洞，90 间平房，9 层的窑洞群。1941 年学生疗养院与干部疗养院合并后迁走，第 9 层改作高级干部疗养病房。1944 年，中央医院新建综合手术室，手术室条件得到较大改善。1945 年中央医院已有病床 210 张，设置内科、外科、妇科、儿科、结核病科和传染科。中央医院是中共在艰苦的战争年代，在延安地区创立的第一个大规模的正规化医院。

2014 年 6 月，该旧址被陕西省人民政府公布为省级文物保护单位。

### 3. 八路军野战医院旧址

#### 1）建筑基本情况

八路军野战医院旧址建筑基本情况见表 3.46。

表 3.46　八路军野战医院旧址建筑基本情况

| 地　址 | 延安市宝塔区李渠镇村 |
|---|---|
| 医疗建筑类型 | 八路军野战医院旧址 |
| 保护等级 | 一般不可移动文物 |
| 建筑遗产介绍：<br>八路军野战医院旧址位于宝塔区水泥厂，院落为长方形，南北长 80 米，东西宽 40 米，遗留了破损的石窑洞若干，多已毁坏(见图 3.45) | |
| <br>图 3.45　八路军野战医院旧址历史照片<br>中共陕西省委党史研究室. 陕西省革命遗址通览[M]. 西安：陕西人民出版社，2014. | |

#### 2）八路军野战医院旧址概况

八路军野战医院旧址位于延安市宝塔区李渠镇村。八路军野战医院也称八路军军医院，创建于 1939 年 5 月，最初院址在拐峁村，医院下设内科、外科、五官科、妇产科等科室。1939 年 12 月 1 日为了纪念白求恩，八路军军医院改名为白求恩国际和平医院，1940 年 10 月 13 日院址迁到延安柳树店，与八路军医科大学在一起，原在拐峁村的医院改为和平医院分院，1943 年春又迁到刘万家沟村。

## （五）工业建筑

### 1. 茶坊陕甘宁边区机器厂旧址

#### 1）建筑基本情况

茶坊陕甘宁边区机器厂旧址建筑基本情况见表 3.47。

表 3.47　茶坊陕甘宁边区机器厂旧址建筑基本情况

<table>
<tr><td>地　址</td><td>延安市安塞区沿河湾镇茶坊村</td></tr>
<tr><td>工业建筑类型</td><td>茶坊陕甘宁边区机器厂旧址</td></tr>
<tr><td>保护等级</td><td>省级文物保护单位</td></tr>
<tr><td colspan="2">建筑遗产介绍：<br>茶坊陕甘宁边区机器厂旧址由石凿窑洞机房和窑洞宿舍构成。机房在山体之内，能够满足机房的防噪和隐蔽的需求，机房内部空间为三个套窑，大空间放置大型加工机械，两个小空间用来储存机器配件，旧址现已毁坏(见图 3.46)</td></tr>
</table>

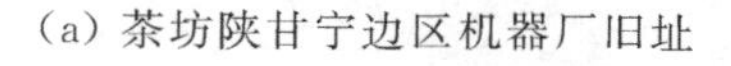

(a) 茶坊陕甘宁边区机器厂旧址

(b) 茶坊陕甘宁边区机器厂旧址标志碑

图 3.46　茶坊陕甘宁边区机器厂旧址

#### 2）茶坊陕甘宁边区机器厂旧址概况

茶坊陕甘宁边区机器厂旧址位于延安市安塞区沿河湾镇茶坊村。茶坊陕甘宁边区机器厂的前身是随中央红军长征到达陕北的红军兵工厂，厂址先后设在子长十里铺村、延川永坪镇、吴起刘河湾村和延安柳树店村，1938 年 3 月迁至安塞茶坊村。陕甘宁边区机器厂分设机器制造部、机械修理部，制造部主要为生产车床、铣床、刨床、砂轮机、六角车床、螺旋压力机和弹簧锤等机器，修理部负责改装研制枪支。该厂成功研制了无名式马步枪、60毫米口径掷弹筒、氯酸钾等，并成功改装了高射机枪。

1942年陕甘宁边区机器厂改建为工艺实习厂，工厂进行大规模的技术革新，改进了建造炮弹的专用机器，大力支持了军队的兵工事业。1947年初该厂迁往华北解放区。该旧址现存有石凿机房及部分窑洞。

2018年7月，该旧址被陕西省人民政府公布为省级文物保护单位。

### 2. 石疙瘩陕甘宁边区丰足火柴厂旧址

#### 1）建筑基本情况

石疙瘩陕甘宁边区丰足火柴厂旧址建筑基本情况见表3.48。

表3.48　石疙瘩陕甘宁边区丰足火柴厂旧址建筑基本情况

| 地　址 | 延安市宝塔区河庄坪镇石疙瘩村 |
| --- | --- |
| 工业建筑类型 | 石疙瘩陕甘宁边区丰足火柴厂旧址 |
| 保护等级 | 省级文物保护单位 |
| 建筑遗产介绍：<br>石疙瘩陕甘宁边区丰足火柴厂旧址属于八路军公营企业。火柴厂的厂房为土窑洞。窑洞既容易建造厂房，又满足防火要求。旧址现已毁坏(见图3.47) | |

图3.47　石疙瘩陕甘宁边区丰足火柴厂旧址标志碑

#### 2）石疙瘩陕甘宁边区丰足火柴厂旧址概况

石疙瘩陕甘宁边区丰足火柴厂旧址位于延安市宝塔区河庄坪镇石疙瘩村。1944年3月在延安北郊的狄青牢村成立陕甘宁边区火柴厂，1945年初火柴厂迁至石疙瘩村。火柴厂为中共七大生产了献礼火柴，火柴盒上的纪念火花正面是毛泽东头像，背面是毛泽东“深入群众不尚空谈”的题词。1947 年火柴厂迁往砖窑湾西梁村，1949 年陕甘宁边区火柴厂交延安行署，更名为延安丰足火柴厂。

2018 年 7 月，该旧址被陕西省人民政府公布为省级文物保护单位。

### 3. 陕甘宁边区被服厂遗址

#### 1）建筑基本情况

陕甘宁边区被服厂遗址建筑基本情况见表 3.49。

表 3.49 陕甘宁边区被服厂遗址建筑基本情况

| 地　址 | 延安市宝塔区南市办事处七里铺烟筒沟 |
| --- | --- |
| 工业建筑类型 | 陕甘宁边区被服厂遗址 |
| 保护等级 | 未定级 |
| 遗址介绍：<br>陕甘宁边区被服厂遗址原有 9 间大瓦房为生产被服的车间，车间的西北处窑洞是工人宿舍，现已毁坏(见图 3.48) | |

(a) 陕甘宁边区被服厂遗址历史照片

(b) 陕甘宁边区被服厂遗址历史照片

图 3.48 陕甘宁被服厂遗址历史照片

中共陕西省委党史研究室. 陕西省革命遗址通览[M]. 西安：陕西人民出版社，2014.

#### 2）陕甘宁边区被服厂遗址概况

陕甘宁边区被服厂遗址位于延安市宝塔区南市办事处七里铺烟筒沟。1938 年至 1947 年初陕甘宁边区被服厂在此生产作业，为边区百姓和机关各部门同志提供被褥、衣服等日常物品。1947 年 3 月陕甘宁边区被服厂遭日军飞机轰炸，毁坏严重，大部分的窑洞塌陷，2005 年厂房也被拆毁。

### 4. 莫家湾难民纺织厂遗址

#### 1）建筑基本情况

莫家湾难民纺织厂遗址建筑基本情况见表 3.50。

表 3.50　莫家湾难民纺织厂遗址建筑基本情况

| 地　址 | 延安市宝塔区枣园镇莫家湾村 |
| --- | --- |
| 工业建筑类型 | 莫家湾难民纺织厂遗址 |
| 保护等级 | 未定级 |
| 遗址介绍：<br>莫家湾难民纺织厂遗址东西长约200米，南北宽约100米，已于2008年底拆除，现为延安职业技术学院(见图3.49) | |
| <br>图 3.49　莫家湾难民纺织厂遗址历史照片<br>中共陕西省委党史研究室．陕西省革命遗址通览[M]．西安：陕西人民出版社，2014. | |

2）莫家湾难民纺织厂遗址概况

莫家湾难民纺织厂遗址位于延安市宝塔区枣园镇莫家湾村。1938年11月底，该厂与设在枣园川口村的难民毛织工厂合并，正式定名为陕甘宁边区难民纺织厂。厂内有技术工人11名，纺织机8架。1938年12月初，难民纺织厂正式开工生产，平均每月可生产布匹500余匹。1939年6月该厂迁至志丹县永宁山，1941年7月迁至安塞县砖窑湾镇。难民纺织厂得到了中共中央和陕甘宁边区政府的大力支持和关怀，朱德、林伯渠曾先后来厂视察。1943年5月张闻天到厂指导开展“赵占魁生产运动”，1947年初难民纺织厂奉命迁移。

5. 莫家湾延园造纸厂遗址

1）建筑基本情况

莫家湾延园造纸厂遗址建筑基本情况见表3.51。

表 3.51 莫家湾延园造纸厂遗址建筑基本情况

| 地 址 | 延安市宝塔区枣园镇莫家湾村东纸厂砭 |
| --- | --- |
| 工业建筑类型 | 莫家湾延园造纸厂遗址 |
| 保护等级 | 未定级 |
| 遗址介绍：<br>莫家湾延园造纸厂遗址东西长 100 米，南北宽 50 米。该厂为中央机关生产办公用纸，现已被毁坏(见图 3.50) | |
| <br>图 3.50 莫家湾延园造纸厂遗址历史照片<br>中共陕西省委党史研究室. 陕西省革命遗址通览[M]. 西安：陕西人民出版社，2014. | |

2）莫家湾延园造纸厂遗址概况

莫家湾延园造纸厂遗址位于延安市宝塔区枣园镇莫家湾村东纸厂砭。1939 年 1 月起，由于纸张的短缺，使得党的方针政策的宣传、文件的印发、中央机关和各学校的办公学习都遇到了很大困难。造纸厂最初用麻为原料生产纸张，后经华寿俊进行反复试验，完善了马兰草纸的生产工艺，自此马兰草被作为主要原料进行纸张生产。由于机器设备的缺乏，造纸生产只能依靠手工，使得大批技术工人迅速成长。莫家湾延园造纸厂为《解放日报》和整风文件及七大会议文件的印刷提供了充足的纸张，满足了陕甘宁边区机关学校和普通民众的用纸需要。

### 6. 清凉山中央印刷厂旧址

1）建筑基本情况

清凉山中央印刷厂旧址建筑基本情况见表 3.52。

表 3.52 清凉山中央印刷厂旧址建筑基本情况

| 地 址 | 延安市宝塔区清凉山 |
| --- | --- |
| 工业建筑类型 | 清凉山中央印刷厂旧址 |
| 保护等级 | 全国重点文物保护单位 |

建筑遗产介绍：

清凉山中央印刷厂旧址以山洞为机房，从西至东分别是排版车间、制版车间、刻印车间。印刷厂使用依山开凿的石洞，不但满足了印刷厂防震减噪的需求，还满足了印刷厂的隐蔽要求(见图 3.51)

图 3.51 清凉山中央印刷厂旧址

### 2) 清凉山中央印刷厂旧址概况

清凉山中央印刷厂旧址位于延安市宝塔区清凉山，清凉山中央印刷厂的前身是中华苏维埃西北办事处财政部国家银行印刷所。1937 年中共中央进驻延安后，秘密采购印刷机器，招聘技术工人，同年 3 月中央印刷厂正式成立并进驻清凉山。4 月 24 日创办的《解放》周刊，由中央印刷厂印刷。中央印刷厂自 1937 年 9 月 9 日发行的第 390 期《新中华报》开始改以前的油印为铅印。中央印刷厂承担《新中华报》《解放日报》《共产党人》《今日新闻》《中国工人》《中国妇女》《中国青年》《中国文化》等报刊的印刷任务。1938 年 6 月陕甘宁边区政府为满足其市场货币流通的需要，发行了“延安光华商店代价券”，此券由中央印刷厂负责印刷。1943 年中央印刷厂成功试验用国产毛边纸取代进口薄型纸，降低了印刷成本。1946 年 11 月中共中央在子长冯家岔筹建战时印刷厂，1947 年 3 月中央印刷厂迁往子长冯家岔。该旧址是清凉山新闻出版部门旧址的组成部分。

2006 年 5 月，该旧址被国务院公布为第六批全国重点文物保护单位，并入第一批全国重点文物保护单位延安革命遗址中。

### 7. 光华制药厂遗址

#### 1）建筑基本情况

光华制药厂遗址建筑基本情况见表 3.53。

表 3.53　光华制药厂遗址建筑基本情况

| 地　址 | 延安市宝塔区李渠镇拐峁村 |
|---|---|
| 工业建筑类型 | 光华制药厂遗址 |
| 保护等级 | 一般不可移动文物 |
| 遗址介绍：<br>光华制药厂遗址最初任务是开发陕甘宁边区的中草药，精制各种中成药，对中药学进行研究。1936 年光华制药厂曾一度改称光华制药厂合作社。光华制药厂分设制药间、研究间、碾药间、丸药间、干燥间、包装间、提炼间等生产车间，生产车间均为窑洞，旧址被占用(见图 3.52) | |
| <br>图 3.52　光华制药厂遗址 | |

#### 2）光华制药厂遗址概况

光华制药厂遗址位于延安市宝塔区李渠镇拐峁村。光华制药厂于 1939 年 3 月成立，建厂初期仅有 35 名工作人员。1941 年 5 月 1 日光华制药厂与陕甘宁边区卫生材料厂合并，对外仍称光华制药厂，原陕甘宁边区材料厂为该厂分厂，该厂迁至延安南关市场沟内。1947 年 3 月该厂撤离延安随军转战陕北。

### 8. 八路军通信材料厂旧址

#### 1）建筑基本情况

八路军通信材料厂旧址建筑基本情况见表 3.54。

表 3.54　八路军通信材料厂旧址建筑基本情况

| 地　址 | 延安市宝塔区枣园镇延店子村 |
| --- | --- |
| 工业建筑类型 | 八路军通信材料厂旧址 |
| 保护等级 | 市级文物保护单位 |
| 建筑遗产介绍：<br>八路军通信材料厂旧址东西长 70 米，南北宽 50 米，地表建筑现已无存(见图 3.53) | |
| <br><br>图 3.53　八路军通信材料厂旧址标志碑 | |

2）八路军通信材料厂旧址概况

八路军通信材料厂旧址位于延安市宝塔区枣园镇延店子村。1938 年八路军通信材料厂由军委三局筹建。1941 年该厂提供了八路军和新四军全部通信器材的三分之一。全民族抗日战争爆发后，八路军、新四军深入敌后开展游击战争，为保障通信联络，军委通信局(又称军委三局)于 1938 年 8 月组建通信材料厂，主要组织研制生产电阻、电容、电键，用于装配小型电台、手摇发电机等通信器材，建立了以延安为中心，各抗日根据地、游击区和八路军、新四军团各部队之间能互相沟通的无线电通信网。1940 年 8 月八路军在华北地区向日军发动百团大战，各级电台人员坚持昼夜值班，通信联络随叫随应，保障了各参战部队的协同作战，为赢得胜利起了重要作用。与此同时，有线电通信也得到相应发展，团以上部队都编有电话分队，陕甘宁边区和晋察冀、晋绥等抗日根据地架设了电话线路，电话通信成为根据地内的主要通信手段。

## （六）金融及商业建筑

### 1. 陕甘宁边区银行旧址

1）建筑基本情况

陕甘宁边区银行旧址建筑基本情况见表 3.55。

表 3.55　陕甘宁边区银行旧址建筑基本情况

<table>
<tr><td>地　址</td><td>延安市宝塔区南关市场沟</td></tr>
<tr><td>金融及商业建筑类型</td><td>陕甘宁边区银行旧址</td></tr>
<tr><td>保护等级</td><td>全国重点文物保护单位</td></tr>
<tr><td colspan="2">建筑遗产介绍：<br>陕甘宁边区银行旧址包括营业办公大楼、办公厅院、行长办公厅及员工宿舍等建筑(见图 3.54)。<br>营业办公大楼坐北朝南，平面为长方形，建筑为二层砖结构。建筑立面采用典型的三段式，中间为入口，门为半圆拱券，门上匾额有“陕甘宁银行”五个字，门上圆形假窗内有红五角星。营业楼建筑立面一层采用圆券式大窗，二层采用圆券式的小窗，建筑立面具有敦实厚重、均衡安稳的美学效果。银行营业楼入口处为大厅，两侧设楼梯，银行一层主要办理业务，二层为办公室。办公厅院和员工宿舍为联排窑洞，位于营业办公大楼后面，侧面有楼梯方便上下楼</td></tr>
<tr><td colspan="2"><br>(a) 陕甘宁边区银行旧址营业办公大楼立面<br><br>(b) 陕甘宁边区银行旧址营业办公大楼室内<br>图 3.54　陕甘宁边区银行旧址</td></tr>
</table>

2) 陕甘宁边区银行旧址概况

陕甘宁边区银行旧址位于延安市宝塔区南关市场沟。1935 年中共中央长征到达延安，11 月将原中华苏维埃共和国国家银行改为西北分行。1937 年 10 月 1 日中共中央将西北分行改名为陕甘宁边区银行，总行设于延安，下设绥德、关中、三边、陇东四个分行及支行、办事处等分支机构。陕甘宁边区银行是陕甘宁边区和解放区的金融中心，具有中央银行的职能，也是中国人民银行的前身之一，1991 年 9 月在旧址上建立纪念馆。

2006 年 5 月，该旧址被国务院公布为全国重点文物保护单位。

### 2. 延安县南区合作社总社旧址

1) 建筑基本情况

延安县南区合作社总社旧址建筑基本情况见表 3.56。

表 3.56　延安县南区合作社总社旧址建筑基本情况

| 地　址 | 延安市宝塔区柳林镇柳林村 |
| --- | --- |
| 金融及商业建筑类型 | 延安县南区合作社总社旧址 |
| 保护等级 | 省级文物保护单位 |
| 建筑遗产介绍：<br>延安县南区合作社旧址包括营业楼、办公室、仓库及宿舍。院落平面为长方形，南北长 13.8 米，东西宽 7.54 米，面积为 104 平方米。旧址现已辟为“南区合作总社纪念馆”(见图 3.55)<br>营业楼坐北朝南，为二层土木砖混合结构，屋身为土坯墙，屋顶采用木构坡屋顶。南立面临街，一层设有可拆卸的木门，二层有外廊阳台，其东面设置大门方便院内工作人员出入。北立面一层中间设门，方便人员进出院子。合作社办公室、宿舍及仓库都是窑洞建筑 | |
| <br>(a) 延安县南区合作社总社旧址营业楼南立面<br><br>(b) 延安县南区合作社总社旧址营业楼北立面<br><br>(c) 延安县南区合作社总社旧址院内<br>图 3.55　延安县南区合作社总社旧址 | |

2) 延安县南区合作社总社旧址概况

延安县南区合作社总社旧址位于延安市宝塔区柳林镇柳林村。中共中央到达延安后，大力发展公营商店，同时积极创办合作社，其中延安南区合作社是合作社中最具代表性的，也是最典型的综合性合作社。延安县南区合作社于 1936 年 12 月成立，不久由于战争原因停办。1938 年 5 月该社迁至现址，1939 年年底延安县政府批准将南区合作社改为南区合作总社，1947 年 3 月迁离。该社曾多次受到中共中央西北局和陕甘宁边区政府的奖励。

2014 年 6 月，该旧址被陕西省人民政府公布为省级文物保护单位。

### 3. 延安新市场旧址

#### 1）建筑基本情况

延安新市场旧址建筑基本情况见表 3.57。

表 3.57　延安新市场旧址建筑基本情况

| 地　址 | 延安市宝塔区南关街市场沟 |
|---|---|
| 金融及商业建筑类型 | 延安新市场旧址 |
| 保护等级 | 未定级 |
| 建筑遗产介绍：<br>延安新市场旧址大门为石柱大门，大门宽 5.5 米，石柱高 4.5 米，两柱之间有拱形门楣连接，上刻有“延安新市场”字样。两侧的石柱分别有毛泽东题词，一柱题词是“坚持抗战，坚持团结，坚持进步，边区是民主的抗日根据地”，另一柱题词是“反对投降，反对分裂，反对倒退，人民有充分的救国自主权”。大门已被毁坏(见图 3.56) | |

图 3.56　延安新市场旧址历史照片

张明胜. 延安革命史画卷[M]. 北京：民族出版社，2000.

#### 2）延安新市场旧址概况

延安新市场旧址位于延安市宝塔区南关街市场沟。1939 年新市场筹建开业，市场内有公营商店和私营商店，公营商店如光华商店，私营商店主要为山西籍的 10 家商户。新市场先后设立了财政、金融、贸易等单位，如陕甘宁边区银行、陕甘宁边区财政厅、陕甘宁边区贸易公司、陕甘宁边区盐业公司、大众合作社等。1943 年 11 月新市场举办了延安物资交流大会。新市场是当时延安重要的物资集散和财政金融中心。

### 4. 延安县蟠龙供销社旧址

#### 1）建筑基本情况

延安县蟠龙供销社旧址建筑基本情况见表 3.58。

表 3.58　延安县蟠龙供销社旧址建筑基本情况

| 地　址 | 延安市宝塔区蟠龙镇 |
| --- | --- |
| 金融及商业建筑类型 | 延安县蟠龙供销社旧址 |
| 保护等级 | 省级文物保护单位 |
| 建筑遗产介绍：<br>延安县蟠龙供销社旧址为长方形院落，东西长 70 米，南北宽 50 米，原有石窑洞 37 孔，自南向北排列，分为三排布置，现有 21 孔窑洞，最南侧一排石窑已被拆毁(见图 3.57) | |
| <br>图 3.57　延安县蟠龙供销社旧址 | |

#### 2）延安县蟠龙供销社旧址概况

延安县蟠龙供销社旧址位于延安市宝塔区蟠龙镇。蟠龙镇古为潘乡镇，后改潘龙镇，1972 年设蟠龙公社，1984 年复镇。

2018 年 7 月，该旧址被陕西省人民政府公布为省级文物保护单位。

### 5. 光华商店旧址

#### 1）建筑基本情况

光华商店旧址建筑基本情况见表 3.59。

表 3.59　光华商店旧址建筑基本情况

| 地　址 | 延安市宝塔区南关街市场沟 |
|---|---|
| 金融及商业建筑类型 | 光华商店旧址 |
| 保护等级 | 未定级 |
| 建筑遗产介绍：<br>光华商店旧址为 6 孔土窑洞，坐西面东。窑洞进深 8.5 米，宽 2.8 米(见图 3.58) | |

图 3.58　光华商店旧址历史照片

中共陕西省委党史研究室. 陕西省革命遗址通览[M]. 西安：陕西人民出版社，2014.

2）光华商店旧址概况

光华商店旧址位于延安市宝塔区南关街市场沟。光华商店的基本任务是保障机关、部队、学校公共物品的供给。1938 年 4 月 1 日，陕甘宁边区政府决定将陕甘宁边区贸易局和 1937 年 6 月成立的光华书店合并，成立光华商店，店址设在西府巷的光华书店原址，这是陕甘宁边区第一个公营商店，随后陕甘宁边区合作总社也合并入光华商店。1938 年 11 月 20 日光华商店迁回凤凰山的窑洞中继续营业，1938 年 6 月至 1941 年 2 月，光华商店为陕甘宁边区银行发行了光华商店代价券(简称光华券)。1941 年 2 月光华商店由陕甘宁边区银行领导，此后光华商店先后划归陕甘宁边区物资局和陕甘宁边区贸易公司领导。1942 年光华商店共获得纯利润 7 504 221 元(边币)，1947 年 3 月光华商店总店撤离延安。

## （七）纪念性建筑

### 1. 青化砭战役遗址

1）建筑基本情况

青化砭战役遗址建筑基本情况见表 3.60。

表 3.60 青化砭战役遗址建筑基本情况

| 地　址 | 延安市宝塔区青化砭镇老爷庙咀至以南惠家砭村、惠家山之间的川道 |
| --- | --- |
| 纪念性建筑类型 | 青化砭战役遗址 |
| 保护等级 | 省级文物保护单位 |
| 遗址介绍：<br>青化砭战役遗址在青化砭北约 200 米的老爷庙山至南惠家砭山之间的川道，南北长约 7500 米，东西宽约 2000 米(见图 3.59) | |
| <br><br>图 3.59 青化砭战役烈士纪念碑 | |

2）青化砭战役遗址概况

青化砭战役遗址位于延安市宝塔区青化砭镇老爷庙咀至以南惠家砭村、惠家山之间的川道。1947 年 3 月国民党胡宗南部队向延安发动进攻。为了更好地保存实力，消灭敌人，毛泽东率领党中央机关和部队主动撤离延安。3 月 25 日胡宗南部队进入西北野战兵团在青化砭设下的伏击圈，西北野战兵团仅一个多小时全歼敌军 2900 余人。青化砭战役是党中央撤离延安后的第一个大捷，打击了敌人的嚣张气焰，鼓舞了陕甘宁边区军民的斗志。

2008 年 9 月，该旧址被陕西省人民政府公布为省级文物保护单位。

2. 蟠龙战役遗址

1）建筑基本情况

蟠龙战役遗址建筑基本情况见表 3.61。

表 3.61　蟠龙战役遗址建筑基本情况

| 地　址 | 延安市宝塔区蟠龙镇 |
| --- | --- |
| 纪念性建筑类型 | 蟠龙战役遗址 |
| 保护等级 | 省级文物保护单位 |
| 遗址介绍：<br>蟠龙战役遗址东距蟠龙川河 800 米，南侧断崖下是蟠龙镇，西侧断崖下是擂鼓川河，北侧断崖下是蟠龙川河，范围是 5 个村庄，4 个山头。该战役遗址现大多为耕地，当年的碉堡等防御工事现已毁坏(见图 3.60) | |
| <br>图 3.60　蟠龙战役遗址烈士纪念碑 | |

2）蟠龙战役遗址概况

蟠龙战役遗址位于延安市宝塔区蟠龙镇。1947 年 3 月国民党军队向陕甘宁边区发动了重点进攻。3 月 19 日胡宗南部队占领延安城，中共中央机关和毛泽东开始转战陕北。国民党军队为保证部队补给，在蟠龙镇建立了补给基地。当时的西北野战兵团面临物资极度紧缺的局面，为解决自身的补给困难，消灭敌人的有生力量，西北野战兵团决定攻打敌人的物资补给基地蟠龙。蟠龙为敌军主要粮食、弹药补给基地，筑有坚固的防御阵地，5 月 2 日西北野战兵团向蟠龙守敌发起攻击，经一夜激战，占领敌人的外围阵地。3 日凌晨发起总攻，5 月 4 日攻占蟠龙，全歼守敌整编第一师一六七旅，及地方民团 6700 余人，并缴获大批军用物资和粮食。

2008 年 9 月，该旧址被陕西省人民政府公布为省级文物保护单位。

### 3. 金盆湾碉堡遗址

#### 1）建筑基本情况

金盆湾碉堡遗址建筑基本情况见表 3.62。

表 3.62　金盆湾碉堡遗址建筑基本情况

| 地　址 | 延安市宝塔区麻洞川金盆湾村 |
| --- | --- |
| 纪念性建筑类型 | 金盆湾碉堡遗址 |
| 保护等级 | 未定级 |
| 遗址介绍：<br>金盆湾碉堡遗址为夯筑墙，平面呈圆形，直径 16 米，残高 3 米，战壕宽 4 米，深 1.5 米，遗址塌陷严重(见图 3.61) | |

图 3.61　金盆湾碉堡遗址

#### 2）金盆湾碉堡遗址概况

金盆湾碉堡遗址位于延安市宝塔区麻洞川金盆湾村。1947 年 2 月 28 日，蒋介石在西安部署 34 个旅大约 23 万的兵力大举进攻延安。3 月 12 日敌机对延安南部的西北野战兵团主阵地进行轰炸，金盆湾是西北野战兵团的主要防御阵地之一，战略位置十分重要，为了掩护党中央的战略转移，西北野战兵团设防部队在这里修筑了大量的战壕碉堡等防御工事。3 月 13 日 8 时国民党军整编第二十七师、第一师、第九十师向西北野战兵团一团开火，战斗正式打响。3 月 15 日西北野战兵团防守部队相继撤退至金盆湾、九股山、马坊一线阻击敌人。在激烈残酷的战斗中，金盆湾阵地几落敌手，又被西北野战兵团顽强夺回。在金盆湾阵地防御战中，碉堡发挥了巨大的作用。

### 4. 罗炳成烈士墓遗址

#### 1）建筑基本情况

罗炳成烈士墓遗址建筑基本情况见表 3.63。

表 3.63 罗炳成烈士墓遗址建筑基本情况

| 地　址 | 延安市宝塔区麻洞川金盆湾村 |
| --- | --- |
| 纪念性建筑类型 | 罗炳成烈士墓遗址 |
| 保护等级 | 未定级 |
| 遗址介绍：<br>罗炳成烈士墓遗址的墓碑为长圆券形的石碑，碑题为“罗炳成同志之墓”，现状损坏严重(见图 3.62) | |
| <br>图 3.62 罗炳成烈士墓遗址墓碑 | |

#### 2）罗炳成烈士墓遗址概况

罗炳成烈士墓遗址位于延安市宝塔区麻洞川金盆湾村。罗炳成系三五九旅特务连战士，其他信息不详。该墓是 1945 年为纪念罗炳成烈士所建。

### 5. 马坊烈士纪念碑

#### 1）建筑基本情况

马坊烈士纪念碑建筑基本情况见表 3.64。

表 3.64 马坊烈士纪念碑建筑基本情况

| 地　址 | 延安市宝塔区南泥湾镇马坊村 |
| --- | --- |
| 纪念性建筑类型 | 马坊烈士纪念碑 |
| 保护等级 | 一般不可移动文物 |
| 纪念碑介绍：<br>马坊烈士纪念碑为长方体，纪念碑为砂石质，碑题为“民族英雄千古”，正文为“抗日阵亡将士纪念碑”，落款为“王震”，墓碑三面刻有烈士名录(见图 3.63) | |
| <br>图 3.63　马坊烈士纪念碑 | |

2）马坊烈士纪念碑概况

马坊烈士纪念碑位于延安市宝塔区南泥湾镇马坊村。1941 至 1944 年，八路军一二〇师、三五九旅、七一八团曾驻守在南泥湾马坊村。为了缅怀在全民族抗日战争中英勇牺牲的革命战友，七一八团全体指战员于 1944 年秋在马坊村的半山坡上竖立了一座烈士纪念碑。1947 年 3 月国民党胡宗南部队进犯延安，此碑遭到破坏，几经周折才将墓碑保留。

6. 三五九旅烈士纪念园(九龙泉烈士纪念碑)

1）建筑基本情况

三五九旅烈士纪念园(九龙泉烈士纪念碑)建筑基本情况见表 3.65。

2）三五九旅烈士纪念园(九龙泉烈士纪念碑)概况

三五九旅烈士纪念园(九龙泉烈士纪念碑)位于延安市宝塔区南泥湾镇前九龙泉村。1937 年 8 月，八路军一二〇师、三五九旅开赴华北抗日前线。1939 年 8 月根据中央军委命令，为保卫陕甘宁边区，三五九旅由晋东北地区回防陕甘宁边区。该旅于 1941 年 3 月开赴南泥湾一带，守卫陕甘宁边区重要的南线门户，旅部驻金盆湾村。该旅响应中共中央和毛泽东的号召，开展了大生产运动。为了纪念当年三五九旅将士们开发南泥湾的献身精神，缅怀在垦荒和保卫边区中牺牲的烈士，1945 年 5 月 1 日在此屯垦的 717 团在九龙泉沟路旁竖立了烈士纪念碑。

表 3.65 三五九旅烈士纪念园(九龙泉烈士纪念碑)建筑基本情况

| 地　址 | 延安市宝塔区南泥湾镇前九龙泉村 |
| --- | --- |
| 纪念性建筑类型 | 三五九旅烈士纪念园(九龙泉烈士纪念碑) |
| 保护等级 | 一般不可移动文物 |
| 纪念园介绍：<br>三五九旅烈士纪念园(九龙泉烈士纪念碑)平面为长方形。烈士纪念园内有碑亭3座，分别是抗日阵亡将士纪念碑、毛泽东和贺龙亲笔题词碑、七一七团烈士纪念碑。在烈士纪念园外的公路边竖立一块维修建设碑记，上面注明了纪念园的方位和修缮详情(见图3.64) | |
| <br>(a) 三五九旅烈士纪念园<br><br>(b) 三五九旅抗日阵亡将士纪念碑<br>图 3.64 三五九旅烈士纪念园(九龙泉烈士纪念碑) | |

7. 延安四八烈士陵园

1) 建筑基本情况

延安四八烈士陵园建筑基本情况见表3.66。

2) 延安四八烈士陵园概况

延安四八烈士陵园位于延安市河庄坪镇李家坬村。1946年4月8日，王若飞、秦邦宪等中国共产党代表，在参加重庆举行的国共谈判后，与叶挺、邓发等一起乘机返回延安，途中飞机失事，机上17人全部遇难。

1946年4月13日中共中央与延安各界成立了26人组成的治丧委员会，《解放日报》发表题为《痛悼死者》的社论，4月19日上午10时延安各界3万余人在东关飞机场举行了隆重的追悼会，毛泽东的挽词“为人民而死，虽死犹荣”。1947年3月国民党胡宗南部队侵犯延安后，对四八烈士陵园进行了肆意破坏。1948年5月陕甘宁边区政府拨款重新修复了延安四八烈士陵园。

表 3.66　延安四八烈士陵园建筑基本情况

| 地　址 | 延安市河庄坪镇李家圪村 |
| --- | --- |
| 纪念性建筑类型 | 延安四八烈士陵园 |
| 保护等级 | 全国重点烈士纪念建筑物保护单位(一般不可移动文物) |

陵园介绍：

延安四八烈士陵园坐南面北，南高北低，东西约为 100 米，南北约为 350 米，占地面积约 35 000 平方米。陵园主要为纪念遇难的四八烈士修建，陵园的三层石墓台，安放着 13 位四八烈士和 14 位其他烈士的墓碑(见图 3.65)

(a) 延安四八烈士陵园

(b) 延安四八烈士陵园纪念碑

图 3.65　延安四八烈士陵园

1957 年春，中共中央决定在延安王家坪重修四八烈士陵园，现遗存有四八烈士灵堂旧址。1969 年初，四八烈士陵园由王家坪迁移到延安城北的李家圪村。

1986 年 10 月，该旧址被国务院公布为全国重点烈士纪念建筑物保护单位。

## (八) 名人旧居建筑

### 1. 凤凰山名人旧居

#### 1) 建筑基本情况

凤凰山名人旧居建筑基本情况见表 3.67。

表 3.67　凤凰山名人旧居建筑基本情况

| 地　址 | 延安市宝塔区凤凰山麓 |
| --- | --- |
| 名人旧居建筑类型 | 毛泽东旧居，朱德、周恩来旧居，马海德旧居，凤凰山史沫特莱旧居 |
| 保护等级 | 全国重点文物保护单位 |

典型建筑遗产介绍：

毛泽东旧居是前房后窑的四合院，入口设置在院落的东南侧，正窑为三孔石窑，窗格采用传统的菱形图案，为满足居住、办公及会客的需求，将三孔窑洞相连通。工作人员居住在东西厢房[见图 3.66(a)]。

朱德、周恩来旧居也是前房后窑的四合院，入口设置在院落的东北侧，正窑是会客厅，朱德住在南边窑洞，周恩来住在北边窑洞，工作人员住在东西厢房[见图 3.66(b)]

续表

(a) 毛泽东旧居

(b) 朱德、周恩来旧居

图 3.66 凤凰山名人旧居

2) 凤凰山名人旧居概况

凤凰山名人旧居位于延安市宝塔区凤凰山麓。1937 年 1 月凤凰山是中共中央到达延安的第一个驻地。毛泽东、周恩来、朱德、刘伯承等居住凤凰山，红军总参谋部、作战研究室等中央机要部门也在此。毛泽东在此居住期间，写了《论持久战》等著作。1938 年 11 月 20 日，日本飞机轰炸延安城，毛泽东连夜迁驻杨家岭。

1937 年 1 月 13 日朱德由志丹迁驻延安凤凰山麓。在此期间，朱德先后参加了南京国防会议、洛川会议和中共扩大的六届六中全会。红军改编后，朱德率领八路军总部开赴抗日前线，领导了华北敌后的游击战争和创建抗日根据地的艰苦工作。1937 年 4 月初，周恩来由西安返回延安，在此居住期间，周恩来曾先后 7 次外出同国民党谈判。该旧居是凤凰山革命旧址的组成部分。

延安市邮电局后边半山腰保留有马玉英家一排坐西面东的五孔土窑洞。右起第一孔窑洞曾住过医学博士马海德，第二孔窑洞曾住过美国记者艾格尼丝·史沫特莱。1937 年 1 月马海德随党中央机关进延安后，居住于此。1937 年 1 月下旬艾格尼丝·史沫特莱来到延安，开始住在二道街抗大校部(府衙门)对面的外交部招待所里(今市药材公司处)。为了采访方便，4 月下旬，她移住到凤凰山腰，居住于此。该旧居是凤凰山革命旧址的组成部分。

1961 年 3 月，凤凰山革命旧址被国务院公布为全国重点文物保护单位。

2. 枣园名人旧居

1) 建筑基本情况

枣园名人旧居建筑基本情况见表 3.68。

表 3.68 枣园名人旧居建筑基本情况

| 地 址 | 延安市宝塔区枣园镇枣园村 |
|---|---|
| 名人旧居建筑类型 | 毛泽东旧居，朱德旧居，周恩来、张闻天旧居，刘少奇、彭德怀旧居，任弼时旧居，李克农旧居 |
| 保护等级 | 全国重点文物保护单位 |
| 典型建筑遗产介绍：<br>毛泽东旧居为一排坐北面南的 5 孔石窑，窑洞面阔 3.1 米，进深 7.8 米，高 5.4 米。门窗是拱券式的门联窗，窗采用斜纹木格装饰。院内有攒尖木构凉亭，亭内有石桌凳[见图 3.67(a)、图 3.67(b)]。 | |

**续表**

朱德旧居在毛泽东旧居的东面，为3孔石窑，1孔是办公室，1孔是会客室，1孔是寝室[见图3.67(c)]。

周恩来、张闻天旧居为土窑洞，共2孔窑洞，门窗是拱券式的门联窗，窗饰为太阳斜纹图案[见图3.67(d)]。

刘少奇、彭德怀旧居坐落在幸福渠畔北侧，与任弼时旧居相邻。旧居为一排坐北面南的5孔石窑，窑洞面阔25米，进深6.4米，高5.6米。门窗上部为中间五角星，两边菊花瓣形状，下部为长方格。左起第1孔是刘少奇办公室，第2孔是寝室，第3孔是会客室，另外两孔彭德怀曾住过[见图3.67(e)]。

任弼时旧居在幸福渠北侧。旧居为一排坐北面南的3孔石窑，窑洞面阔15.5米，进深6.8米，高5.6米。窗户上部的装饰是菊花瓣形状，其下部为长方木格。门最东边1孔是办公室，中间1孔是寝室，修建窑洞时建造了防空洞[见图3.67(f)]

(a) 毛泽东旧居

(b) 毛泽东旧居凉亭

(c) 朱德旧居

(d) 周恩来、张闻天旧居

(e) 刘少奇、彭德怀旧居

(f) 任弼时旧居

图3.67 枣园名人旧居

2）枣园名人旧居概况

枣园名人旧居位于延安市宝塔区枣园镇枣园村。1943 年 5 月毛泽东同中共中央书记处由杨家岭迁驻枣园。毛泽东旧居位于枣园北二连山南麓枣树台上，东西两面分别与朱德和周恩来的住处相邻。毛泽东在此居住期间撰写了大量的理论著作，如《学习与时局》《为人民服务》《论联合政府》《愚公移山》《抗日战争胜利后的时局和我们的方针》《关于重庆谈判》等著作，并在此接见过美国特使赫尔利等人。1957 年、1970 年、1988 年这里先后经历过三次翻修。该旧居是枣园革命旧址的组成部分。

朱德于 1945 年 8 月由王家坪迁驻枣园。在这之前，这里先后住过王稼祥、陈云等。朱德在此石窑里，批阅了各解放区的报告，起草和签发了给解放区的指示命令。1947 年 3 月 12 日朱德由这里离开延安。该旧居是枣园革命旧址的组成部分。

周恩来和张闻天在枣园同住一个院子。时任中共中央政治局委员、中共书记处书记的周恩来，从 1944 年 10 月到 1947 年 3 月在此居住办公。在此期间，周恩来为协商建立国共两党联合政府，9 次往返于延安和重庆两地，为国共两党合作作出了巨大的贡献。1944 年秋至 1945 年 11 月，张闻天在担任中共中央总书记时期居住于此，其间他主要从事政策研究工作，对国内外重大问题进行系统的调查研究。张闻天还在这里写作完成了《中国革命纪事》。该旧居是枣园革命旧址的组成部分。

刘少奇、彭德怀旧居坐落在幸福渠畔北侧，与任弼时旧居相邻。1944 年 10 月至 1947 年 3 月，刘少奇、彭德怀在这里居住。在此居住期间，刘少奇参加了中共扩大的六届七中全会，协助毛泽东为筹备中共七大作了大量工作。受中共中央委托，刘少奇在中共七大作了《关于修改党章的报告》，会后以《论共产党员的修养》为题，编辑成册，印刷发行。毛泽东赴重庆谈判期间，刘少奇主持中央日常工作，根据形势变化，他提出了“向北发展，向南防御”的战略方针。1947 年 3 月 12 日，刘少奇由此撤离延安。该旧居是枣园革命旧址的组成部分。

任弼时 1944 年 10 月至 1947 年 3 月在这里居住。任弼时在担任中共中央书记处书记期间，对党的历史上一些重大问题作了大量的研究，主持起草了《关于若干历史问题的决议》，参与筹备了中共七大并任大会秘书长。任弼时在延安整风运动前夕写了《关于增强党性问题的报告大纲》，这是一篇深刻阐述毛泽东建党思想的重要文献，对加强党的思想建设和党员党性锻炼都有着重要的指导意义。1946 年 10 月 5 日，任弼时在这里主持召开了中央政治局扩大会议，对毛泽东起草的《三个月总结》(解放战争开始后的三个月的工作)进行了充分讨论。1947 年 3 月 12 日，任弼时由此撤离延安。该旧居是枣园革命旧址的组成部分。

李克农旧居位于延安市宝塔区枣园镇枣园村后庄渠北半山坡上。1943 年至 1947 年 3 月，李克农在此处居住办公。旧址东与中央社会部一室办公室旧址相邻。该旧居是枣园革命旧址的组成部分。

1961 年 3 月，枣园革命旧址被国务院公布为全国重点文物保护单位。

3. 杨家岭名人旧居

1）建筑基本情况

杨家岭名人旧居建筑基本情况见表 3.69。

表 3.69　杨家岭名人旧居建筑基本情况

<table>
<tr><td>地　址</td><td>延安市宝塔区桥沟镇杨家岭村</td></tr>
<tr><td>名人旧居建筑类型</td><td>毛泽东旧居、朱德旧居、刘少奇旧居、周恩来旧居、陈云旧居、杨尚昆旧居、董必武旧居</td></tr>
<tr><td>保护等级</td><td>全国重点文物保护单位</td></tr>
<tr><td colspan="2">典型建筑遗产介绍：<br>毛泽东旧居为3孔石接口土窑，门窗为拱券式的门联窗[见图3.68(a)]。<br>周恩来旧居为3孔土窑、2间瓦房的小院，拱券式的门联窗，门窗图案为方格纹样[见图3.68(b)]</td></tr>
<tr><td colspan="2"><br>(a) 杨家岭毛泽东旧居<br><br>(b) 杨家岭周恩来旧居<br>图 3.68　杨家岭名人旧居</td></tr>
</table>

2）杨家岭名人旧居概况

杨家岭名人旧居位于延安市宝塔区桥沟镇杨家岭村。毛泽东从1938年11月至1943年5月在杨家岭居住，1940年秋因修建中央大礼堂搬至枣园居住，1942年又搬回杨家岭，1943年毛泽东等领导人又从这里陆续搬往枣园。在杨家岭的窑洞里，毛泽东开始思考建立中国化、民族化的马克思主义理论体系问题。毛泽东在此期间写了《五四运动》《青年运动的方向》《被敌人反对是好事而不是坏事》《〈共产党人〉发刊词》《纪念白求恩》《中国革命和中国共产党》《新民主主义论》《抗日根据地的政权问题》《目前抗日统一战线中的策略问题》《〈农村调查〉的序言和跋》《改造我们的学习》《整顿党的作风》《反对党八股》《经济问题与财政问题》等著作。1943年5月毛泽东和中央书记处因工作需要由杨家岭迁往枣园。中共中央其他部门仍留在这里，直到1947年3月撤离延安。1946年8月6日毛泽东在此会见美国记者斯特朗，中央宣传部部长陆定一和解放日报社社长余光生任翻译。毛泽东在院子里的小石桌前谈到内战前途时，指出："一切反动派都是纸老虎，从长远的观点看问题，真正强大的力量不是属于反动派，而是属于人民。"该旧居是杨家岭革命旧址的组成部分。

朱德是1940年5月至1941年春在此居住。在这里朱德协助毛泽东领导了轰轰烈烈的大生产运动，粉碎了国民党顽固派发动的反共高潮。朱德提出的"屯田"政策，把荒无人烟的南泥湾变成了陕北的好江南。该旧居是杨家岭革命旧址的组成部分。

刘少奇在瓦窑堡会议后，去国民党统治区开展党的工作，数次往返于延安和华北、华中地区，1942年底回到延安后居住在这里。刘少奇旧居是杨家岭革命旧址的组成部分。

周恩来1944年7月至1944年11月在此居住。在此期间，正值延安整风运动，周恩来坚持理论联系实际的作风，特别是在研究讨论1928年召开的中共六大和1931年至1934年党的路线问题时，周恩来历史地、全面地进行了分析研究。他在中央党校礼堂所作的《关于党的六大的研究》报告，促进了全党认识的统一。1944 年 11 月初，周恩来随中央书记处由杨家岭迁往枣园。该旧居是杨家岭革命旧址的组成部分。

陈云旧居是中共中央机关由城内凤凰山迁到杨家岭，中共中央组织部部长陈云随中央机关迁到杨家岭居住办公的地方。由于长期艰苦的工作环境，超负荷的工作量，严重地损害了陈云的健康。1943 年 3 月毛泽东让陈云迁到枣园治疗休养。该旧居是杨家岭革命旧址的组成部分。

1938 年日本飞机轰炸延安城，中共中央机关遂由城内的凤凰山麓迁驻杨家岭。杨尚昆因工作需要，搬来此处居住办公。杨尚昆任中共中央办公厅主任等职，并先后出席了中共七大、延安文艺座谈会等重要会议。该旧居是杨家岭革命旧址的组成部分。

董必武旧居为 1940 年董必武返回延安在杨家岭居住的地方，《三台即景》中的“三台胜境偶留鸿，缭绕山川四望中”描写了董必武在杨家岭登高，但见山川环绕，“三台胜境”的盛景。董必武旧居曾经是中共中央党务委员会旧址，现为中共中央党务委员会旧址。该旧址是杨家岭革命旧址的组成部分。

1961 年 3 月，杨家岭革命旧址被国务院公布为全国重点文物保护单位。

### 4. 王家坪名人旧居

#### 1）建筑基本情况

王家坪名人旧居建筑基本情况见表 3.70。

表 3.70 王家坪名人旧居建筑基本情况

| 地　址 | 延安市宝塔区桥沟镇王家坪村 |
|---|---|
| 名人旧居建筑类型 | 毛泽东旧居、朱德旧居、周恩来旧居、叶剑英旧居、彭德怀旧居、王稼祥旧居 |
| 保护等级 | 全国重点文物保护单位 |
| 典型建筑遗产介绍：<br>毛泽东旧居为 2 孔石窑，面阔 11 米，进深 7 米，窑洞立面为拱券门，图案为直棂方格[见图 3.69(a)]。<br>朱德旧居为 3 孔石窑，主入口是拱券式的门联窗，三孔窑洞内部相连，门窗为木质方格[见图 3.69(b)] | |

(a) 毛泽东旧居

(b) 朱德旧居

图 3.69 王家坪名人旧居

2）王家坪名人旧居概况

王家坪名人旧居位于延安市宝塔区桥沟镇王家坪村。1946年1月毛泽东由枣园迁到王家坪，在这里毛泽东写了《关于目前国际形势的几点估计》《以自卫战争粉碎蒋介石的进攻》《集中优势兵力，各个歼灭敌人》等著作，为解放战争制定了正确的作战方针。毛泽东旧居门前放有石桌、石凳。毛泽东常在这里乘凉、看报，与同志们谈心。1946年1月7日毛泽东的大儿子毛岸英从莫斯科回到延安，在此毛岸英和父亲谈话后，去了“劳动大学”学习。该旧居是王家坪革命旧址的组成部分。

1941年春朱德由杨家岭迁驻王家坪。朱德在此居住期间，参与领导了全民族抗日战争、整风运动和大生产运动，参与筹备了中共七大，主持起草了七大《论解放区战场》的军事报告。在大生产运动中，为了解决根据地军民的穿衣问题，朱德带头纺线，旧居现保存有当年纺毛线的脚踏纺车。该旧居是王家坪革命旧址的组成部分。

周恩来旧居现存两间瓦房，1947年3月周恩来曾在此临时住过一周。在此之前，这里一直由时任中央军委总政治部组织部长胡耀邦居住。该旧居曾是中央军委总政治部组织部旧址。该旧居是王家坪革命旧址的组成部分。

叶剑英于1940年3月，参加国民党在重庆召开的全国参谋长会议，面对国民党顽固派对八路军、新四军的造谣诬蔑，叶剑英发表了《对日作战和磨擦问题》的讲话，以准确的事实给予国民党顽固派以有力的驳斥，留下“叶公舌战群儒”的佳话。1941年1月皖南事变后，叶剑英由重庆回到延安，并居住在王家坪。该旧居是王家坪革命旧址的组成部分。

彭德怀于1947年3月，为了指挥延安保卫战，由枣园迁到王家坪。蒋介石集结了上百架飞机，调遣胡宗南部队的23万兵力，妄图一举攻占延安，摧毁中共首脑机关。为粉碎敌人的进攻，党中央决定暂时放弃延安，诱敌深入，在运动中歼灭敌人的有生力量。为了部署延安保卫战，从3月10日到12日，彭德怀用三天时间，亲临前线视察，要求守卫部队对每一处地形都要认真察看，周密部署。经过七天七夜的阻击战，歼敌5000多人，粉碎了胡宗南“三天占领延安”的狂言，掩护了党中央及当地群众的安全转移。在保卫党中央、保卫陕甘宁边区和解放大西北的战斗中，彭德怀雄才大略，指挥若定，连战皆捷。该旧居是王家坪革命旧址的组成部分。

王稼祥在王家坪的旧居，位于花豹山西北侧半山腰，是坐东面西的2孔石窑，现保存完好。1937年1月，党中央进驻延安后，王稼祥在城内凤凰山麓居住。因他在红军第四次反围剿中身负重伤，中共中央决定让他到苏联去治疗，并参加中共驻共产国际代表团的领导工作。1938年夏，他带着共产国际对中共的指示回到延安，并在政治局会议和中共扩大的六届六中全会上作了传达。六中全会后，他出任中共中央军委副主席、军委总政治部主任和八路军政治部主任、中共华北华中工作委员会主任之职。延安整风学习运动中，他担任高级学习组副组长。1943年3月，中央领导机构调整后，王稼祥任中共中央宣传委员会副书记。1943年7月，为庆祝建党22周年，他在《解放日报》上发表了《中国共产党与中国民族解放的道路》一文。

1961年3月，延安王家坪革命旧址被国务院公布为全国重点文物保护单位。

### 5. 南泥湾毛泽东、任弼时、彭德怀旧居

#### 1）建筑基本情况

南泥湾毛泽东、任弼时、彭德怀旧居建筑基本情况见表 3.71。

表 3.71 南泥湾毛泽东、任弼时、彭德怀旧居建筑基本情况

| 地　址 | 延安市宝塔区南泥湾镇麻洞川乡阳湾村 |
| --- | --- |
| 名人旧居建筑类型 | 南泥湾毛泽东、任弼时、彭德怀旧居 |
| 保护等级 | 全国重点文物保护单位 |
| 建筑遗产介绍：<br>南泥湾毛泽东、任弼时、彭德怀旧居为村民居住院落，旧居为坡屋顶的土木房子，木柱前廊可以遮风挡雨，门窗采用拱券式的门联窗形式(见图 3.70) | |
| <br>图 3.70 南泥湾毛泽东、任弼时、彭德怀旧居 | |

#### 2）南泥湾毛泽东、任弼时、彭德怀旧居概况

南泥湾毛泽东、任弼时、彭德怀旧居位于延安市宝塔区南泥湾镇麻洞川乡阳湾村。1943 年 9 月，毛泽东、任弼时、彭德怀等视察南泥湾就居住于此，他们在此接见了三五九旅的团级以上干部，并对部队的灶房、猪场等都进行了仔细视察。这次视察，极大地鼓舞了三五九旅全体指战员的士气，有力地推动了各个根据地军民的大生产运动，出现了许许多多的“南泥湾”。该旧居是南泥湾革命旧址的组成部分。

2006 年 5 月，南泥湾革命旧址被国务院公布为第六批全国重点文物保护单位，并入第一批全国重点文物保护单位延安革命遗址中。

### 6. 凤凰山李家石窑毛泽东旧居

#### 1）建筑基本情况

凤凰山李家石窑毛泽东旧居建筑基本情况见表 3.72。

表 3.72　凤凰山李家石窑毛泽东旧居建筑基本情况

| 地　址 | 延安市宝塔区凤凰山旧址东 100 余米处 |
| --- | --- |
| 名人旧居建筑类型 | 凤凰山李家石窑毛泽东旧居 |
| 保护等级 | 省级文物保护单位 |
| 建筑遗产介绍：<br>凤凰山李家石窑毛泽东旧居为窑洞式院落，长 25 米，宽 15 米。院内有门楼、窑洞 2 孔，哨楼 1 座(见图 3.71) | |

图 3.71　凤凰山李家石窑毛泽东旧居

#### 2）凤凰山李家石窑毛泽东旧居概况

凤凰山李家石窑毛泽东旧居位于延安市宝塔区凤凰山旧址东 100 余米处。1937 年 1 月 13 日中共中央机关由保安迁驻延安城，凤凰山麓是中共中央机关到延安后的第一个驻地。毛泽东同志率领中共中央机关进驻延安后，李建堂、吴宏恩等人腾出了屋舍供中央领导人居住，毛泽东先住在李家石窑洞，1937 年 8 月迁至凤凰山。在此毛泽东撰写了《实践论》《矛盾论》等文章，并会见了英国记者贝特兰。

2018 年 7 月，该旧址被陕西省人民政府公布为省级文物保护单位。

### 7. 蟠龙马明方旧居

#### 1）建筑基本情况

蟠龙马明方旧居建筑基本情况见表 3.73。

表 3.73　蟠龙马明方旧居建筑基本情况

| 地　址 | 延安市宝塔区蟠龙镇何家峁村西 |
|---|---|
| 名人旧居建筑类型 | 蟠龙马明方旧居 |
| 保护等级 | 省级文物保护单位 |
| 建筑遗产介绍：<br>蟠龙马明方旧居为 2 孔土窑，现塌陷严重(见图 3.72) | |

图 3.72　蟠龙马明方旧居

#### 2）蟠龙马明方旧居概况

蟠龙马明方旧居位于延安市宝塔区蟠龙镇何家峁村西。马明方(1905—1974)，陕西米脂人。1927 年回到陕北，他先后在绥德、横山、米脂等县任中共区委书记、县委书记，深入农村恢复中共组织。1931 年 1 月马明方任中共陕北特委委员，中共米(脂)、佳(县)、镇(川)中心县委书记兼中共米脂区委书记。1932 年冬马明方任中共陕北特委代理书记。1933 年马明方主持召开特委扩大会议作出了开展游击战争、创建农村根据地的决定，会后深入游击区，加强对武装斗争的领导。1935 年至 1937 年，马明方任中共陕北省委书记、陕北省苏维埃政府主席。该旧居为 1936 年马明方在延安时所居住。

2018 年 7 月，该旧址被陕西省人民政府公布为省级文物保护单位。

### 8. 吴家枣园毛岸英旧居

#### 1）建筑基本情况

吴家枣园毛岸英旧居建筑基本情况见表 3.74。

表 3.74 吴家枣园毛岸英旧居建筑基本情况

| 地　址 | 延安市宝塔区柳林镇吴家枣园村 |
|---|---|
| 名人旧居建筑类型 | 吴家枣园毛岸英旧居 |
| 保护等级 | 省级文物保护单位 |
| 建筑遗产介绍：<br>吴家枣园毛岸英旧居坐北面南，自西向东有 6 孔土窑，毛岸英卧室位于第一孔土窑，高 2.9 米，宽 3 米，进深 5 米；第 2 孔土窑为拜师务农室，高 2.8 米，宽 3.3 米，进深 6.85 米；其余土窑陈列了各种农具等；院内有修复的石磨、牲口棚等(见图 3.73) | |
| <br>(a) 吴家枣园毛岸英旧居入口<br><br>(b) 吴家枣园毛岸英旧居<br>图 3.73 吴家枣园毛岸英旧居 | |

#### 2）吴家枣园毛岸英旧居概况

吴家枣园毛岸英旧居位于延安市宝塔区柳林镇吴家枣园村。1946 年元月毛岸英从苏联回到延安后，遵照父亲毛泽东的安排，带着口粮与书籍到吴家枣园，住进陕甘宁边区特等劳动英雄吴满有家的土窑洞内，拜吴满有为师。毛岸英在延安生活了 14 个月，其中 7 个月是在吴家枣园村度过的。2004 年 5 月吴满有的侄子、土窑的继承人吴凌云联合村民筹资，对土窑进行了维修，并恢复了室内简单陈设。

2014 年 6 月，该旧址被陕西省人民政府公布为省级文物保护单位。

### 9. 石家畔杨步浩旧居

#### 1）建筑基本情况

石家畔杨步浩旧居建筑基本情况见表 3.75。

表 3.75　石家畔杨步浩旧居建筑基本情况

| 地　址 | 延安市宝塔区李渠镇石家畔村 |
|---|---|
| 名人旧居建筑类型 | 石家畔杨步浩旧居 |
| 保护等级 | 省级文物保护单位 |
| 建筑遗产介绍：<br>石家畔杨步浩旧居为 3 孔石窑，石窑面阔 3.6 米，进深 8 米，高 5 米，旧址现已修缮(见图 3.74) | |
| <br>图 3.74　石家畔杨步浩旧居 | |

2）石家畔杨步浩旧居概况

石家畔杨步浩旧居位于延安市宝塔区李渠镇石家畔村。杨步浩(1905—1977)，陕西横山人。1935 年，红军解放了石家畔，杨步浩家分到了窑洞和土地。1936 年初，杨步浩加入中国共产党并担任村干部。全民族抗日战争进入战略相持阶段后，对陕甘宁边区实行包围封锁。陕甘宁边区军民积极响应中共中央的号召，开展大生产运动。杨步浩以实际行动支持全民族抗战，1942 年他被乡上选为延安县的劳动英雄，1943 年 11 月还出席了陕甘宁边区第一届劳动英雄代表大会。1943 年 2 月杨步浩和其他劳动英雄一同去南泥湾慰问八路军三五九旅，王震旅长告诉他们，毛泽东主席、朱德总司令也同战士们一样要完成生产任务。杨步浩听后，主动要求为毛主席、朱总司令代耕。旧居现已修缮。

2018 年 7 月，该旧址被陕西省人民政府公布为省级文物保护单位。

10. 冼星海旧居

1）建筑基本情况

冼星海旧居建筑基本情况见表 3.76。

表 3.76　冼星海旧居建筑基本情况

<table>
<tr><td>地　址</td><td>延安市宝塔区桥沟镇桥沟村</td></tr>
<tr><td>名人旧居建筑类型</td><td>冼星海旧居</td></tr>
<tr><td>保护等级</td><td>未定级</td></tr>
<tr><td colspan="2">建筑遗产介绍：<br>冼星海旧居为砖石结构，坡屋顶，平面为长方形，面阔 5.3 米，进深 6 米，高 4.7 米，木窗为直棂方格窗(见图 3.75)</td></tr>
<tr><td colspan="2"><br>图 3.75　冼星海旧居</td></tr>
</table>

2）冼星海旧居概况

冼星海旧居位于延安市宝塔区桥沟镇桥沟村。冼星海(1905—1945)，原籍广东番禺，生于澳门一个贫苦船工家庭。他 1918 年在岭南大学附中学小提琴，1926 年在北大音乐传习所、国立艺专音乐系学习，1928 年进上海国立音专学小提琴和钢琴，1929 年到巴黎勤工俭学，师从著名提琴家帕尼・奥别多菲尔和著名作曲家保罗・杜卡斯，1931 年考入巴黎音乐学院，在肖拉・康托鲁姆作曲班学习。

1935 年回国后，他积极参加抗日救亡运动，创作了大量战斗性的群众歌曲，并为进步影片《壮志凌云》《青年进行曲》，话剧《复活》等谱写了音乐。1934 年至 1938 年间，他创作了《救国军歌》《只怕不抵抗》《游击军歌》《路是我们开》《到敌人后方去》《太行山上》等各种类型的声乐作品。冼星海于 1938 年赴延安，后担任延安鲁艺音乐系主任。该旧居为冼星海在延安鲁艺音乐系任教时的住地。

### 11. 刘建章旧居

#### 1）建筑基本情况

刘建章旧居建筑基本情况见表 3.77。

表 3.77　刘建章旧居建筑基本情况

| 地　址 | 延安市宝塔区柳林镇柳林村 |
| --- | --- |
| 名人旧居建筑类型 | 刘建章旧居 |
| 保护等级 | 未定级 |
| 建筑遗产介绍：<br>刘建章旧居为 2 孔土窑，坐北朝南，土窑采用券拱式的门联窗，门窗装饰为方格图案(见图 3.76) | |
| <br>图 3.76　刘建章旧居 | |

#### 2）刘建章旧居概况

刘建章旧居位于延安市宝塔区柳林镇柳林村。刘建章(1897—1958)，陕西葭县(今佳县)人，1935 年参加红军并加入中国共产党，1936 年参与创办延安第一个消费合作社，即南区合作社并担任会计。1937 年 3 月他担任延安县南区合作社主任后，取消了社章中对入股、退股的限制，迅速扩大了股数与股额。由此，社员分得了红利，并购买到低于市场购买价的日用品。南区合作社为发展陕甘宁边区的经济，解决人民生活困难作出了贡献。刘建章被选为经济建设英雄，毛泽东为他题词："合作社的模范。"1943 年和 1944 年刘建章被选为陕甘宁边区特等合作英雄。到 1945 年夏，南区合作社资产总值达 4.2 亿元边币。1948 年 4 月延安光复后，刘建章重返南区重建合作社。中华人民共和国成立后他被评为劳动模范，1958 年在兰州逝世。

### 12. 徐向前旧居

#### 1）建筑基本情况

徐向前旧居建筑基本情况见表 3.78。

表 3.78 徐向前旧居建筑基本情况

| 地　址 | 延安市宝塔区桥沟镇柳树店村营盘山半山腰 |
|---|---|
| 名人旧居建筑类型 | 徐向前旧居 |
| 保护等级 | 一般不可移动文物 |

建筑遗产介绍：

徐向前旧居为 3 孔石窑，坐西面东，由南至北，错落排列：最南边的 1 孔石窑，宽 3.4 米；进深 7.4 米，高 3.4 米。北面的 2 孔石窑，宽 3.4 米、进深 5 米，高 3.4 米。旧址塌陷严重(见图 3.77)

图 3.77　徐向前旧居历史照片

中共陕西省委党史研究室. 陕西省革命遗址通览[M]. 西安：陕西人民出版社，2014.

2）徐向前旧居概况

徐向前旧居位于延安市宝塔区桥沟镇柳树店村营盘山半山腰。1942 年徐向前担任陕甘宁晋绥联防军副司令员兼参谋长，1943 年任中国人民抗日军政大学代理校长。1945 年徐向前患病期间，在柳树店和平医院疗养，并在此居住。

## 三、小结

从延安的历史文化环境中可以看出，传统文化是延安文化的基底，红色文化是延安文化的特色。延安向来是民族斗争和政治角逐的关键区域，这些为延安多民族交流和文化提供了有利的条件。自中共中央到达陕北延安之后，依托延安相对稳定的地域文化环境，创造了堪称中华人民共和国先驱的红色文化，经过中国全民族抗日战争、解放战争的磨砺，承载了毛泽东思想和延安精神，形成了延安时期的红色物质文化和非物质文化，在两者互相作用和影响下，最终形成了独具特色的延安红色建筑。

延安红色建筑是中共中央转战陕北的特定社会背景下，为了革命斗争与生产发展进行的一系列建筑上的探索，它具有时代的烙印和政治色彩，承载了红色文化记忆，传承了地域文化。延安红色建筑绝不是一朝一夕建成的，而是经历了延安整风运动、大生产运动、土地改革、文艺座谈会等一系列的陕甘宁边区建设和社会实践，是接受了张思德的为人民服务、白求恩的国际主义精神、三五九旅的南泥湾精神的思想建设，在以上基础上相继建成了延安红色建筑，为延安带来了新的人文景观。

延安红色建筑遗产的类型丰富，有行政办公、教育、文化、医疗、工业、金融及商业、纪念性及名人旧居等类型；延安红色建筑的使用功能多样，有公共性质、工业性质、居住性质及纪念性质等功能；延安红色建筑的建筑风格独特，有地域建筑风格的窑洞、传统建筑风格的木构瓦房、西方建筑风格的中国共产党六届六中全会旧址、中西合璧建筑风格的杨家岭革命旧址中共中央大礼堂。

延安红色建筑遗产承载着延安的历史文化信息，标志着中国共产党思想的不断成熟，代表着中国红色文化的艺术审美，反映了延安城市的特色与历史风貌，更是延安历史文化名城的灵魂。新时代延续延安的城市文脉，就需要传承红色文化记忆，保护及利用好延安红色建筑遗产。

# 第四章 延安红色建筑遗产的特征

1935—1947 年，中共中央在延安不仅留下了不可磨灭的红色文化记忆，还遗留了数量较多的红色建筑遗产。延安红色建筑在战时环境背景下，受延安的自然风貌、历史文化及空间格局等因素影响，出现了新的建筑类型，强调建筑功能性和实用性，其建筑风格也逐渐多样。由于当时建筑技术和建筑材料的限制，延安红色建筑遗产在保留传统地域特色的同时，进行了功能布局、建筑立面及建筑结构上的尝试，体现了延安红色建筑遗产在战时特殊时代背景下的融合和创新。

## 第一节 延安历史文化名城的特征

延安市古称肤施、延州，是中华民族的发祥地之一，也是著名的红色革命圣地，有着极其丰富的文化资源。1982 年延安市被国务院公布为首批国家历史文化名城。近年来国家对于历史文化名城保护的重视程度逐渐提高，历史文化名城的保护理念、制度、方法也随之不断地更新。本节从符号学角度出发，对符号学理论进行简要概述，从自然风貌、历史文化、空间格局三个方面，对延安历史文化名城进行多层次、全方位的符号特征梳理和提炼；并从时间、空间维度梳理延安历史文化名城的历史环境变迁及发展历程，从宏观、中观、微观层面总结延安历史文化名城的环境特征。

### 一、延安历史文化名城的符号特征

符号学是研究符号与符号系统的学科，应用于多个领域和学科之中，它的研究范围广泛，涉及符号的本质、特性和规律等。符号学起源于远古的希腊时期，起初符号只是一种具备征兆含义的信码。到 20 世纪初期，学者从语言学、心理学及生物学等多个学科构筑起符号学的理论框架。瑞士著名语言学家费尔迪南·德·索绪尔(Ferdinand de Saussure，1857—1913)和美国符号学家查尔斯·桑德斯·皮尔斯(Charles Sanders Peirce，1839—1914)奠定了现代符号学的基础。被广泛采用的符号学理论主要有索绪尔的二元符号学理论、皮尔斯的三元符号学理论、查尔斯·凯·奥格登(Charles Kay Ogden，1889—1957)和艾沃·阿姆斯特朗·理查兹(Ivor Armstrong Richards，1893—1979)的符号学三角理论、查尔斯·莫里斯(Charles Morris，1901—1979)的建筑符号学理论。索绪尔提出了二元符号学理论，他认为符号具有能指和所指两种结构，能指是符号的表现与形式，所指是符号的内涵与实质；皮尔斯提出了三元符号学理论，认为符号是由符号形体、符号对象、符号解释项三种元素构成，并将符号分为不同的类型；英国学者奥格登和理查兹提出了符号学三角理论，是在能指与所指的基础上增加了意指的对象内容，意指即符号的传递与意义；莫里斯继承并拓展了皮尔斯的理论，他将符号学分为语构学、语义学、语用学三部分，分别研究符号与符号间的组织结构、符号的含义、符号与人的关系，其概念与皮尔斯的三分法理论存在着包含与联系，形成了较为完整的符号学理论框架(见图 4.1)。

| | 表现与形式 | 内涵与实质 | 传递与意义 |
| --- | --- | --- | --- |
| 索绪尔的二元符号学理论 | 能指 | 所指 | |
| 皮尔斯的三元符号学理论 | 符号形体 | 符号对象 | 符号解释项 |
| 奥格登和理查兹的符号学三角理论 | 能指 | 所指 | 意指 |
| 莫里斯的建筑符号学理论 | 语构学 | 语义学 | 语用学 |

图 4.1　符号学理论框架

## (一)延安历史文化名城的自然风貌符号

城市的开发与建设应遵循自然地貌，不同的地理、自然、气候特征，使得城市在漫长的演化中形成了不同的风貌。根据皮尔斯的三元符号学理论，城市自然风貌的符号要素由符号形体、符号对象、符号解释项三部分构成。符号形体是符号能指的外在形式，类似于索绪尔的能指；符号对象是符号所指存在的实体关系，类似于索绪尔的所指；符号解释项是符号的象征意义。使用三元符号学理论对延安城市自然风貌元素进行分析，提炼出延安城市的自然风貌符号。

延安城市的自然风貌符号包含了符号对象、符号形体和符号解释项。延安城市的自然风貌的符号对象为地理地势、气候情况、河流水系、城市肌理、动植物生态。延安城市的自然风貌符号中的符号形体分别是：地形地貌为黄土高原丘陵沟壑形态，区域气候为暖温带半湿润易旱气候，河流水系为呈“Y”状的水系网，城市肌理为呈“Y”状的线性发展；乡土植物以山丹丹花、牡丹花等为主，山丹丹花与牡丹花均为延安市市花，牡丹花象征着富贵、幸福的美好寓意，山丹丹花象征着延安精神；畜牧业以饲养羊、驴、猪、牛、马等为主；农作物以小米、红枣、马铃薯、核桃、苹果、大豆等为主。延安城市的自然风貌符号的解释项为千沟万壑的黄土地貌、历史悠久的中原农耕文明、得天独厚的黄土高原自然资源、呈“Y”状的城市空间肌理(见表 4.1)。

表 4.1　延安城市的自然风貌符号

<table>
<tr><td rowspan="3">延安城市的自然风貌符号</td><td>符号对象</td><td>地理地势、气候情况、河流水系、城市肌理、动植物生态</td></tr>
<tr><td>符号形体</td><td>地形地貌：黄土高原丘陵沟壑形态<br>区域气候：暖温带半湿润易旱气候<br>河流水系：呈“Y”状的水系网<br>城市肌理：呈“Y”状的线性发展<br>乡土植物：山丹丹花、牡丹花、国槐、旱柳、杨树、侧柏、香花槐等<br>畜牧业：羊、驴、猪、牛、马等<br>农作物：小米、红枣、马铃薯、核桃、苹果、大豆等</td></tr>
<tr><td>符号解释项</td><td>千沟万壑的黄土地貌、历史悠久的中原农耕文明、得天独厚的黄土高原自然资源、呈“Y”状的城市空间肌理</td></tr>
</table>

## （二）延安历史文化名城的历史文化符号

城市的历史文化需要从物质及非物质要素进行展示与传递，这些要素包含建筑、腰鼓、剪纸、陕北说书、陕北民歌、秧歌、泥塑等。由于城市历史文化的多样性，在符号的能指与所指中，将符号能指划分为物态、行为和精神三个层面。物态指与城市历史文化元素相关联的实体物质；行为指与城市历史文化元素相关联的行为活动；精神指与城市历史文化元素产生关联的内在精神、意识、品格等。

延安历史文化名城的历史文化符号依据索绪尔的能指与所指理论，将历史文化符号的所指细分为华夏文化、军事文化、黄土文化、宗教文化、红色文化。不同的所指对应不同的能指，各文化对应的能指可以概括为：华夏文化——古迹遗址、民间艺术活动、民族精神；军事文化——古军事遗址、军舞艺术活动、战斗精神；黄土文化——陕北地域建筑、陕北民俗艺术、黄土精神；宗教文化——宗教建筑、宗教艺术活动、宗教信仰；红色文化——红色建筑、红色艺术活动、延安精神(见表 4.2)。由此可以看出，延安的历史文化符号呈现出多元性、时代性、延展性的特点。

表 4.2　延安历史文化的符号解析

| 所指 | 能指 | |
|---|---|---|
| 华夏文化 | 物态 | 古迹遗址：黄帝陵、秦直道遗址延安段、丰林古城遗址等 |
| | 行为 | 民间艺术活动：黄帝陵祭典活动、耍狮子等 |
| | 精神 | 民族精神：尊宗敬祖、民族凝聚力等 |
| 军事文化 | 物态 | 古军事遗址：石堡寨、战国秦长城遗址——黄龙段等 |
| | 行为 | 军舞艺术活动：跳铁鞭舞、洛川蹩鼓、转九曲等 |
| | 精神 | 战斗精神：粗犷豪迈、慷慨刚烈、奔放不羁等 |
| 黄土文化 | 物态 | 陕北地域建筑：窑洞建筑、合院建筑等 |
| | 行为 | 陕北民俗艺术：唱民歌、扭秧歌、打腰鼓、剪纸等 |
| | 精神 | 黄土精神：淳朴热情、勤俭节约等 |
| 宗教文化 | 物态 | 宗教建筑：清凉山石窟、天主教堂、基督教堂等 |
| | 行为 | 宗教艺术活动：泥塑、砖雕、石雕等 |
| | 精神 | 宗教信仰：道教、佛教、基督教、天主教等 |
| 红色文化 | 物态 | 红色建筑：杨家岭革命旧址、枣园革命旧址等 |
| | 行为 | 红色艺术活动：红歌、革命诗词、革命故事等 |
| | 精神 | 延安精神：抗大精神、整风精神、张思德精神、白求恩精神、南泥湾精神、延安县同志们的精神、劳模精神、愚公移山精神等 |

## （三）延安历史文化名城的空间格局符号

城市空间格局体现了城市发展的肌理，能够引领人们回忆城市的历史事件、追忆城市的发展变化、联想城市的未来发展。城市空间格局的符号系统有三种结构，分别是词汇层次、语句层次、章法层次。词汇层次是指由单一元素组成的城市符号，如城市的标志性建筑；语句层次是指由多种元素组成的城市符号，如城市的某一片区、某一条街道；章法层次是指由多种元素遵循某种法则或规律组成的城市符号，如城市的古代都城布局。通过以上符号系统的三种结构分析城市的空间格局，有利于全面探索城市的空间肌理。

延安历史文化名城的空间格局由标志性建筑、道路结构、建筑空间、山水格局、城市肌理等多种要素构成，反映出延安城市整体风貌的特色。从延安城市的空间格局符号分析可以看出，延安城市的三个层次存在着递进关系。在词汇层次，宝塔山是延安的标志性元素，也是延安空间格局的基底构成元素，是延安城市符号学的中心词汇；在语句层次，延安城市道路结构、建筑空间等元素共同构成拓扑结构的城市空间格局；在章法层次，延安山水格局将词汇与语句元素串联，形成一个呈“Y”形的城市肌理(见图 4.2)。

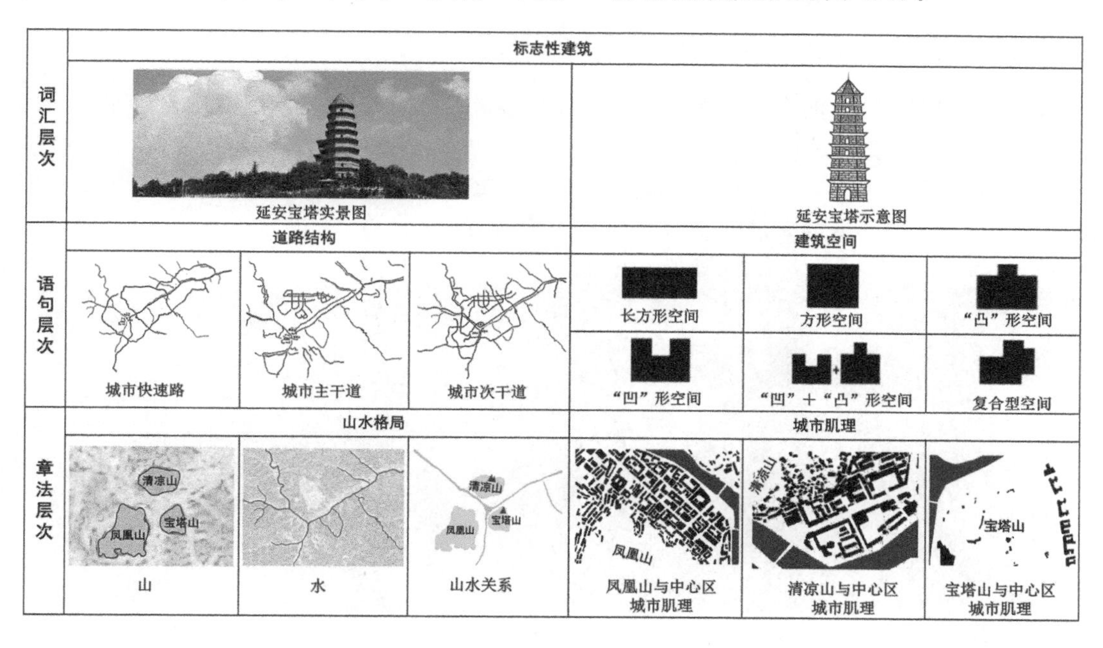


图 4.2　延安城市空间格局符号解析

## 二、延安历史文化名城的历史环境特征

延安城市的历史环境不是孤立存在的，而是在对历史文化名城的历史遗存保护中产生的。在对历史文化名城进行保护时，应更加注重整体性保护，因此对历史文化名城及其历史环境的重视程度也随之加强。延安城市的历史环境是红色建筑遗产存在的母体，对延安的历史环境特征进行研究，有助于它的整体性保护和发展。

### (一) 延安历史文化名城的历史环境概述

由于不同的地理环境、历史文化及社会环境，国内外对历史环境的保护研究有一定的差异。国外对历史环境保护的研究分为以下四个阶段：第一阶段为 19 世纪下半叶之前，西方国家对历史环境保护有了初步的认识，是历史环境保护的萌芽阶段；第二阶段为 19 世纪下半叶至 20 世纪中期，历史环境保护研究主要集中在历史建筑的单体保护；第三阶段为 20 世纪中后期，历史环境保护研究扩展至周边环境的保护；第四阶段为 21 世纪，历史环境保护研究更加注重历史环境及其周围环境的再生。

国内对历史环境保护的研究相对较晚，可将其进程分为以下三个阶段：第一阶段是对建筑遗产的单体保护，这一阶段对建筑遗产与其周边环境之间的整体性保护不够密切；第二阶段是对历史文化名城的保护，这一阶段将保护范围划定得更加广泛，对整体性保护的认识加强；第三阶段是对建筑遗产及其周围环境的保护及再生，自此国内对历史环境保护的研究更加广泛而深入。

历史环境研究对于历史文化名城的保护十分必要，由于历史文化名城的本体和历史环境的保护同样重要，因此延安历史文化名城的历史环境保护对于其红色建筑遗产的"原真性"保护尤为关键。

## （二）延安历史文化名城的历史环境的时空特征

延安"两水汇三山"的自然风貌造就了独特的城市空间，三山是指宝塔山、清凉山和凤凰山，两水是指延安市域内的延河和南川河。延安城市空间狭长，河道作为城市的轴线，形成了以宝塔山为中心，三山对立，延河中流的城市空间格局，这种特色的城市空间肌理对于研究延安历史环境的发展演变有着重要的价值（见图 4.3）。

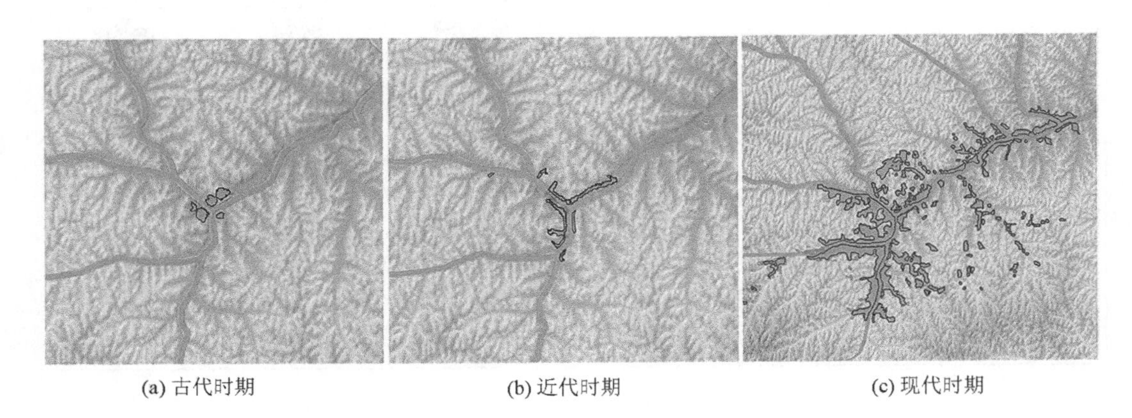

(a) 古代时期　　(b) 近代时期　　(c) 现代时期

图 4.3　延安城区空间格局历史演变图

从时间范围看，延安城市的历史环境发展时间脉络主要可以总结为三个阶段：第一阶段为古代时期，延安城区中的宝塔山、清凉山、凤凰山三山鼎峙，延河与南川河交汇之处是兵家必争之地；第二阶段为近代时期，延安经历了全民族抗日战争、解放战争等一系列的重大事件，也正因如此，延安留下了大量的红色建筑遗产；第三阶段为现代时期，延安迎来了城市的快速发展，对新城区进行了扩建，也对老城区的历史环境进行了保护，不断地加强了延安城市的特色建设。

从空间范围看，延安位于陕北地区黄土高原的中部腹地，在自然地貌环境的影响下，形成了"川谷型城市"的特征。延安相对平坦的川道环境不仅使之成为早期人类聚落之一，而且也十分有利于农业、商业和交通运输的发展，在这些条件的影响下延安从古至今都是陕北地区的中心，被誉为"三秦锁钥，五路襟喉"。在战争时期，因为延安地区独特的城市格局，其为建立革命根据地提供了天然的军事屏障，遗留了许多红色建筑遗产，这些红色建筑遗产与其周边的历史环境将延安打造成一座历史文化名城。

## (三) 延安历史文化名城的历史环境的变迁特征

延安历史文化名城的历史环境空间层次可划分为三个层面：宏观、中观、微观。宏观层面体现的是自然山水历史环境，是对延安特色山水格局的展现；中观层面体现的是人文历史环境，是对人文空间的体现；微观层面体现的是红色文化历史环境，是对延安红色建筑遗产的红色文化空间的呈现(见图 4.4)。

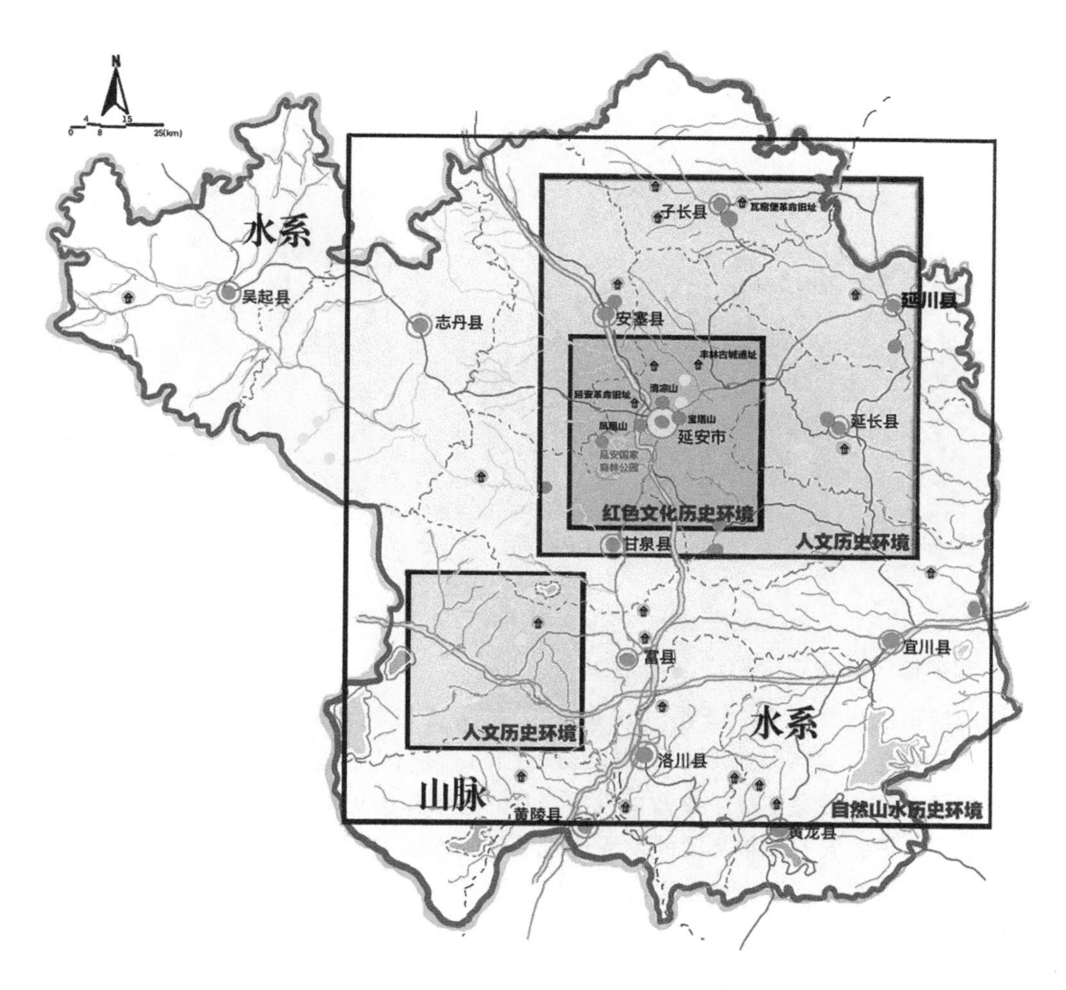


图 4.4　延安历史环境的空间层次

### 1. 宏观层面的自然山水历史环境变迁

从宏观层面的自然山水历史环境变迁看，延安位于黄土高原，具有独特的自然地理风貌景观，延安红色建筑遗产是在自然山水历史环境中孕育而生。根据黄土高原流域地貌学延安是川谷型地貌，这些地域特征决定了延安城市的总体格局。从宏观层面来看，延安以“三山两水”的独特格局著名，延河与南川河将清凉山、凤凰山、宝塔山分割开来，形成三山对立的自然山水格局。其中，众多的山体成了天然的军事安全壁垒，从部落纷争到近代战事，此处发生过一系列重要事件，这也是红色建筑遗产产生与发展的关键原因。黄土高原水源稀缺，然而延安位于川谷地带的河流汇聚地，水源相对充足，相对平坦的川谷流域是黄土高原地区人居聚落和商业经济发展的重要因素，因此该地较早成了人类的聚居地。

延安城市布局采用依山傍水的建设策略，城市格局呈现“Y”形山水格局，可将延安历史环境变迁以“山—水—城”进行分析。原始游牧时期，各地关联性小，早期的聚落分布零散，但围绕着自然山水格局散落分布。隋代延安城市的格局并未改变，城池遗址的分布依旧与自然山水走向相关，古城遗址有5处，分别为北关围城、南关围城、延安州城、延安府城、肤施县城。长久的历史积淀形成了延安三山两水的特点，延安红色建筑遗产是以三山两水为中心带状分布。可以看出，延安的自然山水历史环境变迁，呈现出以三山两水为中心逐步扩散的态势(见图4.5)。

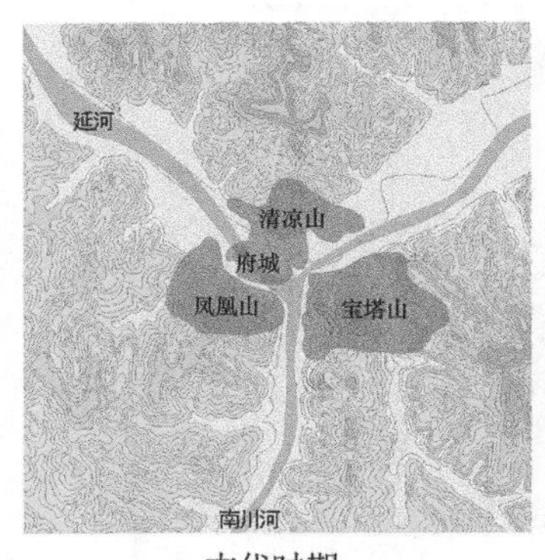

古代时期

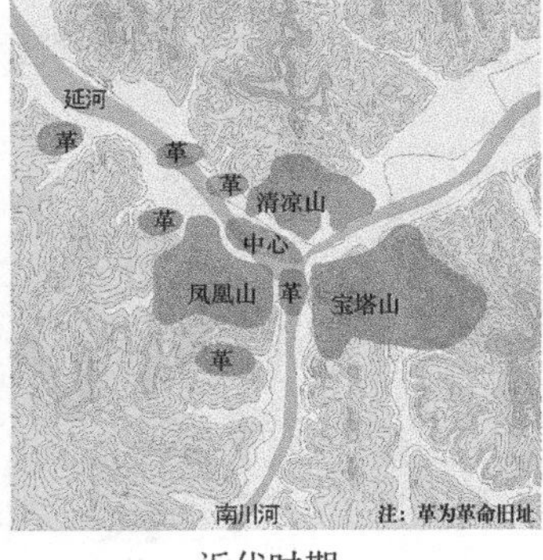

近代时期

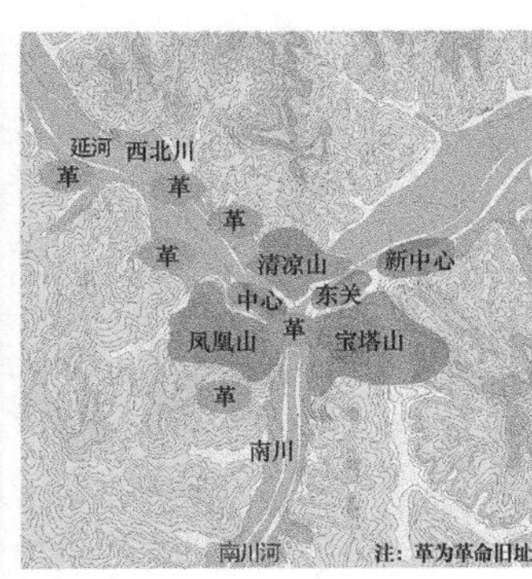

现代时期

图4.5　历史环境格局变迁

2. 中观层面的人文历史环境变迁

从中观层面的人文历史环境看，“三黄一圣”的美誉是对延安的人文历史特色的概括，“三黄”是指黄帝陵、黄河壶口瀑布、黄土风情文化，“一圣”是指革命圣地。延安的黄土文化是其发展的核心，贯穿了整个城市的发展历程，为延安历史环境的变迁确定了人文环境基底。延安是中华民族五千年文明的发源地之一，一直以来都是陕北地区的中心，在数千年的发展进程中，遗留下了许多宝贵的人文历史遗产。

《延安市志》提及延安之名始出于隋。隋仁寿元年(601年)改广安县为延安县，不过当时的治所不在今延安市境内，而是在今延长县境，隋大业三年(607年)始在今延安城设延安郡，同时在今市境内设置肤施县(肤施之名沿用至民国年间)。延安唐宋以后历史遗迹逐渐留存下来，明清以后人文历史遗迹汇聚在凤凰山、清凉山和宝塔山，可见延安古代文化遗产时间跨度长且集中分布在城区。近代延安自中共中央驻扎延安后，在枣园、王家坪、杨家岭及延安周边等地建设了一批红色建筑，可见近代延安文化遗产时间跨度短且分布范围广。根据以上内容可以看出，延安的人文环境随着时间变化发生了显著的历史环境变迁，呈现出大分散小聚集的特征。

3. 微观层面的红色文化历史环境变迁

从微观层面的红色文化历史环境看，延安历史文化遗产众多，其中占主要地位的是红色建筑遗产，处于主体地位的红色建筑遗产的变迁标志着延安核心历史环境的变迁。延安核心历史环境的变迁需从保护和毁坏两个层面展开论述。

1935 年到 1947 年，延安经历了数个革命事件，中共中央及伟大的革命家在这里留下了大量的红色建筑遗产，其中王家坪中共中央军委礼堂旧址、枣园中共中央书记处小礼堂旧址、凤凰山中共中央组织部旧址、杨家岭革命旧址中共中央大礼堂、清凉山新闻出版部门旧址、南泥湾革命旧址等红色建筑遗产可以代表延安核心历史环境的保护历史变迁。随着我国对文化遗产保护逐步走向规范，红色文化历史环境的保护也更加规范。

延安文物部门在对红色建筑遗产本身进行修缮的同时也对周边历史环境进行了维护，但在保护过程中也存在保护不当的情况。在对城市建设开发时，红色建筑遗产散点分布在三山两河的周围地区，由于建设用地紧张而导致过度开发利用，使这些红色建筑遗产受到新建建筑的影响，周围环境破坏严重；在城市改造过程中出现了“孤岛化”的红色建筑遗存现象，红色建筑本身与其周围环境产生割裂。

## 第二节　延安红色建筑遗产的特征

建筑遗产是人类文明发展进程中所做的各种活动所创造出的一切实物，是历史文化的重要组成部分，也是不可移动的文化遗产，与我们生存的环境有着直接、紧密的关联。延安自古就有“三黄一圣”的美誉，它是著名的历史文化名城和革命圣地。首先对延安建筑遗产进行梳理和总结，然后对延安红色建筑遗产进行符号学特征的提炼和总结，最后从时间和空间维度综合分析延安红色建筑遗产演变特征及动因，为延安红色建筑遗产的保护和传承提供资料。

### 一、延安红色建筑遗产的时空特征

延安古称延州，位于陕西北部，是中国革命的圣地，也是著名的历史文化名城，在中国历史上占有极其重要的特殊地位。延安具有典型的黄土高原丘陵沟壑地貌特征，拥有特殊的“川谷地貌”“黄土风情文化”，以红色革命圣地享誉于世，是民族圣地、中国革命圣地，国务院首批公布的国家历史文化名城，展现出浓厚的历史底蕴，延安红色建筑遗产时空分布呈现出大分散小集中的特征。

#### （一）延安建筑遗产的特征

建筑遗产是不可再生的历史文化资源，更是社会和文化的缩影。延安建筑遗产以时间和空间为主线，从历史、文化、地理等方面综合考虑，总结出了延安建筑遗产的时空特征。

延安建筑遗产的时间统计数据显示，从旧石器时代到革命时期均有遗存，遗留至今的建筑遗产具备独特的历史价值和保护意义。延安浓厚的历史文化积淀使其成为文物保护单位数量较多的城市，根据不同历史时期的资料，针对延安的全国重点文物保护单位、省级文物保护单位的数据进行统计并归纳如下(见表 4.3)。

表 4.3 延安建筑遗产的统计表

| 建筑遗产时间 | 全国重点文物保护单位 | 省级文物保护单位 | 数量 |
|---|---|---|---|
| 旧石器时代 | 龙王辿遗址、杨家坟山遗址 | 半截沟洞穴遗址 | 3 |
| 新石器时代 | 芦山峁遗址 | 寨关山遗址、树坬遗址、神疙瘩山遗址、栾家坪遗址、西山遗址、木瓜寨遗址、寺疙瘩遗址、交道遗址 | 9 |
| 夏商周 | 战国魏长城黄龙段 | 黄陵战国长城、战国秦长城遗址志丹段、战国秦长城遗址吴起段、战国魏长城遗址黄龙段 | 5 |
| 秦汉 | 秦直道遗址延安段 | | 1 |
| 三国至南北朝 | | 水磨摩崖造像、嘉平陵、黄家岭摩崖造像、文安驿城址、安塞大佛寺石窟、安塞云岩寺石窟、香坊石窟、敷政故城 | 8 |
| 隋唐至五代十国 | 石泓寺石窟、开元寺塔、琉璃塔 | 众宝寺遗址、剑匣寺石窟 | 5 |
| 宋金元 | 福严院塔、万安禅院石窟、钟山石窟、铁边城遗址、柏山寺塔、万佛洞石窟、万凤塔、岭山寺塔、城台石窟 | 杜公祠石窟、黑泉驿石窟、黄陵银洞沟石窟、石宫寺石窟、丰林故城遗址、白家咀石窟、石马河石窟、小寺庄石窟、黄陵紫峨寺石窟、安塞石寺河石窟、阁子头石窟、安定堡故城、黄龙花石崖石窟、会峰寨寨址、宜川城墙遗址、永宁寨寨址及摩崖石刻、砖塔群、甘泉古崖居、八卦寺塔林、寿峰寺(寿峰禅院) | 29 |
| 明 | | 盘龙寺石塔，明长城遗址吴起段，七里村道教石窟，普同塔，刘琦家族墓，中山堡址，龙泉寺塔林，藩延堡故城，麻线堡址、麻线岭古道，南禅寺 | 10 |
| 清 | 延一井旧址、黄帝陵 | 富县白骨塔、洛川土塔群、柳沟营城、石堡寨、朝阳书院、仁里府戏楼、下北赤塔、统将魁星楼、刘至诚孝行坊、李应榜孝行坊、刘志丹故居、小程民俗文化村 | 14 |
| 近代 | | 冯庄团支部旧址，凤凰山史沫特莱旧居，陕甘宁边区政府保安处旧址，凤凰山李家石窑毛泽东旧居，甘谷驿天主教堂，太福河陕甘省政府旧址，石疙瘩陕甘宁边区丰足火柴厂旧址，石疙瘩陕甘宁边区被服厂旧址，石家畔杨步浩故居，石村八路军三五九旅旧址，延安县南区合作社总社旧址，日本工农学校旧址，龙寺肤甘县苏维埃政府旧址，延安保卫战金盆湾卧牛山战斗遗址，白坪陕甘宁边区医院旧址，陕甘宁边区政府供给总店旧址，陕甘宁边区政府交际处旧址，延安县蟠龙供销社旧址，蟠龙战役遗址，蟠龙马明方旧居，蟠龙抗大一大队旧址， | |

续表一

| 建筑遗产时间 | 全国重点文物保护单位 | 省级文物保护单位 | 数量 |
|---|---|---|---|
| 近代 | 杨家岭革命旧址、陕甘宁边区政府旧址、枣园革命旧址、凤凰山革命旧址、延安王家坪革命旧址、陕甘宁边区参议会旧址、中国共产党六届六中全会旧址、南泥湾革命旧址、清凉山新闻出版部门旧址、中共中央党校旧址、陕甘宁边区银行旧址、中共中央西北局旧址、白求恩国际和平医院旧址、金盆湾八路军三五九旅旅部旧址、陕甘宁边区高等法院旧址、延安陕甘宁晋绥联防军司令部旧址、美军驻延安观察组驻地旧址、张思德牺牲纪念地、洛川会议旧址、吴起革命旧址、保安革命旧址、中山街毛泽东旧居、西北革命军事委员会旧址、瓦窑堡会议旧址、二道街毛泽东旧居、中国人民抗日红军大学旧址 | 蟠龙战役战地医院旧址，陕甘宁边区民族学院旧址，朝鲜革命军政学校旧址，中国医科大学旧址，自然科学院旧址，中国女子大学旧址，青化砭延安县东区政府旧址，常屯延安县苏维埃政府旧址，青化砭战役遗址，延安吊儿沟革命旧址，青化砭天主教堂，新文字干部学校旧址，俄文学校旧址，王皮湾新华广播电台播音室旧址，水草湾革命旧址，中央军委通信局（三局）旧址，陕甘宁边区农具厂旧址，张崖中共陕甘宁边区中央局旧址，白坪陕甘宁边区儿童保育院小学部旧址，李家沟陕甘宁边区高等法院旧址，延安县委县政府旧址，梁坪陕北省苏维埃政府旧址，王家湾革命旧址，茶坊陕甘宁边区机器厂旧址，中央军委二局旧址，侯沟门军委航空学校旧址，纸坊沟八路军印刷厂旧址，高沟口毛泽东旧居，王窑毛泽东旧居，西征红军医院院部旧址，真武洞毛泽东旧居，陕甘宁边区医院旧址，第二战区战备道柏峪段遗址，宜瓦战役遗址，七丰村八路军办事处旧址，上畛子革命旧址，宜瓦战役宜川遗址，宜川第二战区抗战旧址群，二战区长官部旧址，圪背岭宜瓦战役指挥所旧址，后子头八路军随营学校旧址，洛川东北军第六十七军军部旧址，黄连河王世泰故居，东村会议旧址，榆林桥战役遗址，王家角八路军三五八旅旅部旧址，直罗镇战役遗址，党家湾毛泽东旧居，道镇红十五军团军团部旧址，乔庄毛泽东旧居，红一军团与红十五军军团会师地遗址，登山峪肤甘革命委员会旧址，劳山战役遗址，周恩来湫沿山遇险处，桥镇陕甘边苏维埃政府经济部旧址，屈沟坪陕甘边区革命军事委员会旧址，高哨陕甘省委省政府旧址，店子坪陕甘边物资站旧址，王坪西北保卫局旧址，下寺湾毛泽东旧居，阎家沟列宁小学旧址，阎家沟荣誉军人学校旧址，塔儿湾赤安县苏维埃政府旧址，刘河湾红军兵工厂旧址，黑影沟吴旗县三区政府旧址，张湾子毛泽东旧居，“切尾巴”战斗遗址，白沟洼彭德怀、叶剑英旧居，中共陕甘宁省委旧址，李洼子吴旗县二区政府旧址，保安中央政治局会议室旧址，刘坪村中共中央党校旧址，三台山红军西征联络站旧址，小沟村中央红军医院旧址，马海旺旧居及墓园，三十里铺战斗遗址，营盘山战斗遗址，刘家坪毛泽东旧居，子长县政府保安科旧址，灯盏湾谢子长旧居，景武塌战斗遗址，石家湾毛泽东旧居，谢子长故居及墓地，十里铺 | 158 |

续表二

| 建筑遗产时间 | 全国重点文物保护单位 | 省级文物保护单位 | 数量 |
| --- | --- | --- | --- |
| 近代 | | 兵工厂旧址，冯家岔中央印刷厂旧址，后滴哨安定县第三区公所旧址，凉水湾毛泽东旧居，前滴哨毛泽东旧居，瓦窑堡保育院旧址，瓦窑堡中华苏维埃政府西北办事处及部委机关旧址，瓦窑堡中共中央宣传部旧址，张李则沟红军医院旧址，瓦窑堡中共中央工作会议旧址，瓦窑堡西北政治保卫局旧址，羊马河战役遗址，瓦窑堡中共中央组织部少共中央局旧址，任家山毛泽东旧居，魏家岔中央印刷厂旧址，西北革命根据地子长旧址群，贺家湾贺晋年、贺吉祥、贺毅故居，柳树沟秀延县苏维埃政府旧址，任家砭革命旧址，玉家湾西北工委军委联席会议旧址，冯家坪革命旧址，太相寺会议旧址，乾坤湾毛泽东旧居，高家湾八路军医院旧址，杨家圪台革命旧址，永坪革命旧址，东征会议旧址，凉水岸河防战斗遗址 | |
| 现代 | | 冯庄康坪知青旧址、延安“四八”烈士纪念堂旧址、延安飞机场航站楼旧址、梁家河知青旧址、西北财经办事处旧址、陕甘宁边区战时儿童保育院旧址、延安中央医院旧址、吴家枣园毛岸英旧居、延安马列学院旧址、延安抗日军人家属子弟小学旧址、中央军委无线电通信学校旧址、陕甘边苏维埃政府旧址 | 12 |

延安建筑遗产的历史演变经过了旧石器时代、新石器时代、夏商周、秦汉、三国至南北朝、隋唐至五代十国、宋金元、明、清、近代和现代，以上时期可以分为三大阶段，分别是古代时期(旧石器时代—1840 年)，近代时期(1840—1949 年)和现代(1949 年以后)，这些历史时期记录了不同阶段延安建筑的发展和变化。

不同历史时期延安建筑遗产具备不同的特点：古代时期的延安为三山两河的城市格局，建筑遗产呈现出传统地域建筑风格；近代时期的延安在古代延安城市格局的基础上，增添了红色建筑风格；现代时期的延安在近代延安红色建筑风格的基础上，对红色建筑遗产进行了修复，具备红色建筑风格与传统建筑风格相融合的现代建筑风格。

古代时期的延安是传统地域建筑风格。延安是典型的中国西北地区古城，具有黄土高原沟壑纵横的地貌特征，受中国传统地域建筑风格影响，延安的居民建筑多为窑洞建筑或砖木结构建筑。古代时期延安遗留下来的建筑遗产多数是具有黄土高原地域特征的传统建筑。

近代时期的延安是传统地域的窑洞及木构建筑和西方建筑相结合的红色建筑风格。自中共中央进驻延安后，在枣园、王家坪、杨家岭、延安城的周边建设了一批融合了中国传统地域特色和西方建筑风格的红色建筑，如杨家岭革命旧址中共中央大礼堂、陕甘宁边区银行旧址、陕甘宁边区参议会旧址等。近代时期延安遗留下来的建筑遗产一部分是中西合壁的红色建筑风格，一部分是融合传统地域特色的红色建筑风格。

现代时期的延安是在保护红色建筑风格的同时强调实用性和经济性，历史与现代相融合的现代建筑风格。现代初期延安的建筑风格基本维系了既有的建筑风格。随着时间的推移，延安的建筑由注重功能性和经济性转变为现代建筑风格，现代延安更加重视地域性和特色性，建筑也逐步形成红色建筑风格与传统地域融合的现代建筑风格。

综上，从延安的发展可以看出延安建筑遗产风格的发展历程，同时也能看出延安建筑遗产的不同建筑类型，从时间和空间层面总结出延安建筑遗产的时空发展特征。

### （二）延安红色建筑遗产的特征

延安红色建筑遗产主要分布在延安城区，对延安红色建筑遗产的分布特征进行解析可知，延安的红色建筑遗产主要围绕着城市的三山和两河分布，红色建筑遗产围绕延安的自然山水格局进行分布。宝塔山有宋代建造的奎星阁，宝塔山上的宝塔是延安的标志；清凉山隔延河与凤凰山、宝塔山相望，清凉山有唐代的万佛寺、清凉山新闻出版部门旧址和王皮湾新华广播电台播音室旧址；凤凰山位于延河西南，山上有延安府城的古城墙遗址、凤凰山革命旧址；延河与南川河在三川交汇的中心位置相汇流向下游，构成一个“Y”形空间格局。延安全国重点文物保护单位从延河自西向东依次是张思德牺牲纪念地、枣园革命旧址、中共中央党校旧址、杨家岭革命旧址、美军驻延安观察组驻地旧址、延安陕甘宁晋绥联防军司令部旧址、延安王家坪革命旧址、清凉山新闻出版部门旧址、中国共产党六届六中全会旧址和白求恩国际和平医院旧址；全国重点红色文物保护单位从南川河自北向南依次是凤凰山革命旧址、岭山寺塔(延安宝塔)、陕甘宁边区政府旧址、陕甘宁边区参议会旧址、陕甘宁边区银行旧址、中共中央西北局旧址、陕甘宁边区高等法院旧址。可见，延安红色建筑遗产分布沿着城市发展的“Y”形空间肌理展开，其分布呈现出大分散小集中的特征。

延安红色建筑遗产分布特征的原因如下：一是中共中央驻扎陕北时期，延安是当时陕甘宁的首府，因此延安红色建筑遗产主要集中在延安城区；二是由于受延安城中的三山两河的地理地貌影响，因此延安红色建筑遗产沿城市空间格局的“Y”形分布。

## 二、延安红色建筑遗产的符号特征

建筑遗产蕴含着一个民族、一个地域或者一定时空中所反映的民族特色和地域特征，折射出历代劳动人民在建筑上的审美和智慧。根据皮尔斯的符号理论，将建筑符号分为图像符号、指示符号和象征符号三类，对延安红色建筑遗产进行解构和分类(见图 4.6)。

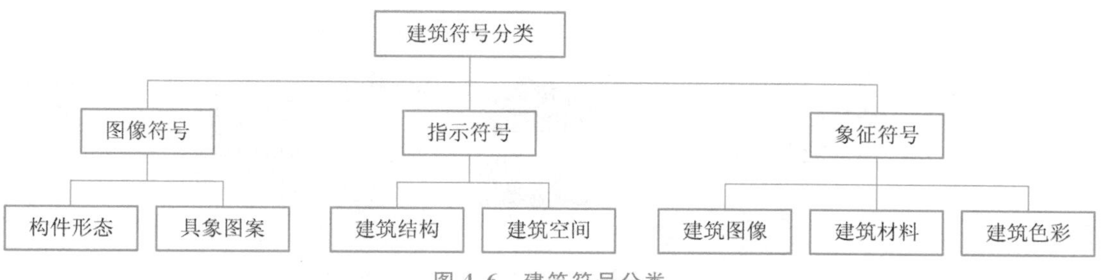


图 4.6　建筑符号分类

延安红色建筑遗产的建筑风格具有多元化的特征，它的建筑风格有传统建筑风格、地域建筑风格、西方建筑风格、中西合璧建筑风格。延安红色建筑遗产符号从图像符号、指示符号与象征符号进行分类：从图像符号上看，延安红色建筑遗产的构件形态及具象图案多为图像符号，如建筑构件的门、窗、柱上的木雕、砖雕及石雕，装饰有植物、动物及文字类的具象图案；从指示符号上看，延安红色建筑遗产的建筑结构及建筑空间多为指示符号，如建筑结构的三角屋架、拱形屋身、石台基的不同结构方式，建筑平面的长方形、正方形、复合型的不同平面形式；从象征符号上看，延安红色建筑遗产的建筑图像、建筑材料和建筑色彩多为象征符号，以宝塔山、窑洞、教堂、杨家岭革命旧址中共中央大礼堂表征着不同历史时期的建筑图像，以黄土为主、毛石为辅的窑洞建筑、以土木砖为主的传统建筑，以砖石为主的红色建筑暗示着不同的建筑材料；以黄色为基调色，以蓝色为点缀色，以红色为强调色象征着不同风格的建筑色彩。通过以上三类符号的解析，可以看出延安红色建筑遗产受传统建筑风格、地域建筑风格、西方建筑风格、中西合璧建筑风格的影响，呈现出独具一格的红色建筑风格(见图 4.7)。

| 建筑风格 | 图像符号 | | 指示符号 | | 象征符号 | | |
|---|---|---|---|---|---|---|---|
| | 构件形态 | 具象图案 | 建筑结构 | 建筑空间 | 建筑图像 | 建筑材料 | 建筑色彩 |
| 传统建筑风格 | 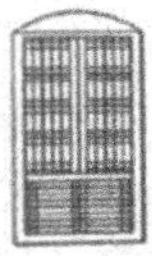 |  |  |  |  |  |  |
| 地域建筑风格 | 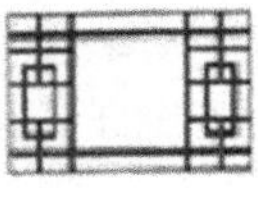 |  | 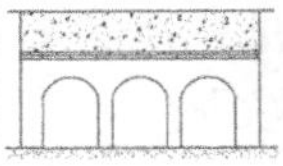 |  |  |  |  |
| 西方建筑风格 |  |  |  |  |  | |  |
| 中西合璧建筑风格 |  |  |  | 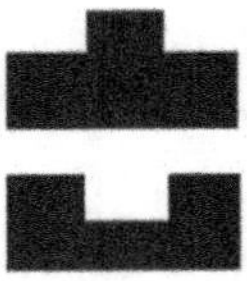 |  | 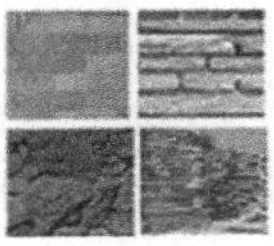 |  |

图 4.7　延安红色建筑遗产的符号提炼

建筑的营造者从审美认识和生活经验中感知，通过建筑展现出来，并赋予一定的社会价值与审美意义。符号是传递信息的载体，建筑符号犹如人类的语言，向人们传递着有关建筑的信息，显示出它的文化意义和时代精神。不同建筑类型可看作不同的建筑符号，建筑从某种意义上讲是一种用建筑符号构成的符号系统，建筑符号以建筑外在的形式来诠释建筑遗产符号的内在文化底蕴，建筑符号不仅是外在形态的显性表现，更是内在意义的隐性象征。

## 三、延安红色建筑遗产的演变特征

延安红色建筑遗产分为两类，一类是文物保护单位，一类是非文物保护单位。延安红色建筑遗产中有大量的文物保护单位，文物保护单位又可以分为全国重点文物保护单位、省级文物保护单位、市县级文物保护单位。据陕西省文物局的数据统计，延安有革命文物保护单位396处，其中的全国重点文物保护单位有28处，省级文物保护单位有143处，市县级文物保护单位94处，一般不可移动文物131处。延安红色建筑遗产以文物保护单位为主，非文物保护单位为辅，具有较高的历史价值、社会价值、建筑价值、艺术价值及精神情感价值等。

延安红色建筑遗产的演变划分为三个阶段，分别是中国共产党成立至长征开始(1921—1934)、中共中央在延安的时期(1935—1947)、中华人民共和国成立前(1948—1949)，不同阶段产生不同类型的红色建筑，呈现出延安红色建筑的萌芽、发展、定型的演变过程。根据不同阶段，对延安全国重点文物保护单位、省级文物保护单位的数据进行统计并归纳如下(见表4.4)。

表4.4　延安红色建筑遗产的统计表

| 红色建筑遗产时间 | 全国重点文物保护单位 | 省级文物保护单位 | 数量 |
|---|---|---|---|
| 中国共产党成立至长征开始(1921—1934) | 无 | 马海旺旧居及墓园，黄连河王世泰故居，贺家湾贺晋年、贺吉祥、贺毅故居，任家砭革命旧址，上畛子革命旧址，营盘山战斗遗址，东村会议旧址，三十里铺战斗遗址，景武塌战斗遗址 | 9 |
| 中共中央在延安的时期(1935—1947) | 杨家岭革命旧址、陕甘宁边区政府旧址、枣园革命旧址、凤凰山革命旧址、延安王家坪革命旧址、陕甘宁边区参议会旧址、中国共产党六届六中全会旧址、南泥湾革命旧址、中共中央党校旧址、陕甘宁边区银行旧址、 | 冯庄团支部旧址，凤凰山史沫特莱旧居，陕甘宁边区政府保安处旧址，凤凰山李家石窑毛泽东旧居，太福河陕甘省政府旧址，石疙瘩陕甘宁边区丰足火柴厂旧址，石疙瘩陕甘宁边区被服厂旧址，石家畔杨步浩故居，石村八路军三五九旅旧址，延安县南区合作社总社旧址，日本工农学校旧址，龙寺肤甘县苏维埃政府旧址，延安保卫战金盆湾卧牛山战斗遗址，白坪陕甘宁边区医院旧址，陕甘宁边区政府供给总店旧址，陕甘宁边区政府交际处旧址，延安县蟠龙供销社旧址，蟠龙战役遗址，蟠龙马明方旧居，蟠龙抗大一大队旧址，蟠龙战役战地医院旧址，陕甘宁边区民族学院旧址，朝鲜革命军政学校旧址，中国医科大学旧址，自然科学院旧址，中国女子大学旧址，青化砭延安县东区政府旧址，常屯延安县苏维埃政府旧址，青化砭战役遗址，延安吊儿沟革命旧址， | |

续表

| 红色建筑遗产<br>时间 | 全国重点<br>文物保护单位 | 省级文物保护单位 | 数量 |
| --- | --- | --- | --- |
| 中共中央在<br>延安的时期<br>(1935—1947) | 中共中央西北局旧址、白求恩国际和平医院旧址、金盆湾八路军三五九旅旅部旧址、延安陕甘宁晋绥联防军司令部旧址、美军驻延安观察组驻地旧址、张思德牺牲纪念地、洛川会议旧址、吴起革命旧址、保安革命旧址、中山街毛泽东旧居、西北革命军事委员会旧址、瓦窑堡会议旧址、二道街毛泽东旧居、中国人民抗日红军大学旧址 | 新文字干部学校旧址，俄文学校旧址，王皮湾新华广播电台播音室旧址，水草湾革命旧址，中央军委通信局(三局)旧址，陕甘宁边区农具厂旧址，张崖中共陕甘宁边区中央局旧址，白坪陕甘宁边区儿童保育院小学部旧址，李家沟陕甘宁边区高等法院旧址，延安县委县政府旧址，梁坪陕北省苏维埃政府旧址，王家湾革命旧址，茶坊陕甘宁边区机器厂旧址，中央军委二局旧址，侯沟门军委航空学校旧址，纸坊沟八路军印刷厂旧址，高沟口毛泽东旧居，王窑毛泽东旧居，西征红军医院院部旧址，真武洞毛泽东旧居，陕甘宁边区医院旧址，第二战区战备道柏峪段遗址，七丰村八路军办事处旧址，宜川第二战区抗战旧址群，二战区长官部旧址，后子头八路军随营学校旧址，洛川东北军第六十七军军部旧址，榆林桥战役遗址，王家角八路军三五八旅旅部旧址，直罗镇战役遗址，党家湾毛泽东旧居，道镇红十五军团军团部旧址，乔庄毛泽东旧居，红一军团与红十五军团会师地遗址，登山峪肤甘革命委员会旧址，劳山战役遗址，周恩来湫沿山遇险处，桥镇陕甘边苏维埃政府经济部旧址，屈沟坪陕甘边区革命军事委员会旧址，高哨陕甘省委省政府旧址，店子坪陕甘边物资站旧址，王坪西北保卫局旧址，下寺湾毛泽东旧居，阎家沟列宁小学旧址，阎家沟荣誉军人学校旧址，塔儿湾赤安县苏维埃政府旧址，刘河湾红军兵工厂旧址，黑影沟吴旗县三区政府旧址，张湾子毛泽东旧居，“切尾巴”战斗遗址，白沟洼彭德怀、叶剑英旧居，中共陕甘宁省委旧址，李洼子吴旗县二区政府旧址，保安中央政治局会议室旧址，刘坪村中共中央党校旧址，三台山红军西征联络站旧址，小沟村中央红军医院旧址，刘家坪毛泽东旧居，子长县政府保安科旧址，灯盏湾谢子长旧居，石家湾毛泽东旧居，谢子长故居及墓地，十里铺兵工厂旧址，冯家岔中央印刷厂旧址，后滴哨安定县第三区公所旧址，凉水湾毛泽东旧居，前滴哨毛泽东旧居，瓦窑堡保育院旧址，瓦窑堡中华苏维埃政府西北办事处及部委机关旧址，瓦窑堡中共中央宣传部旧址，张李则沟红军医院旧址，瓦窑堡中共中央工作会议旧址，瓦窑堡西北政治保卫局旧址，羊马河战役遗址，瓦窑堡中共中央组织部少共中央局旧址，任家山毛泽东旧居，魏家岔中央印刷厂旧址，西北革命根据地子长旧址群，柳树沟秀延县苏维埃政府旧址，玉家湾西北工委军委联席会议旧址，冯家坪革命旧址，太相寺会议旧址，乾坤湾毛泽东旧居，高家湾八路军医院旧址，杨家圪台革命旧址，永坪革命旧址，东征会议旧址，凉水岸河防战斗遗址 | 142 |
| 中华人民<br>共和国成立前<br>(1948—1949) | 清凉山新闻出版部门旧址、陕甘宁边区高等法院旧址 | 宜瓦战役遗址、宜瓦战役宜川遗址、圪背岭宜瓦战役指挥所旧址 | 5 |

从以上内容可以看出，1935—1947 年是延安红色建筑发展最快的时期。这一时期由于中共中央的驻扎，出现了新的建筑类型，如行政办公建筑类型、教育建筑类型、文化建筑类型、医疗建筑类型、工业建筑类型、金融及商业建筑类型、纪念性建筑类型及名人旧居建筑类型等，强调红色建筑的功能性、实用性及经济性，建筑风格多样。因此这一阶段的延安红色建筑的平面布局、建筑结构、建筑材料、建筑风格都代表着当时延安建筑的最高水平。

延安红色建筑遗产的历史演变受政治、战争、交通、文化和人们的思想行为等众多因素影响，这些因素在不同阶段起着不同的影响作用，其中政治、战争、交通是延安红色建筑遗产历史演变的直接驱动力，文化是延安红色建筑遗产发展的推动力，人的思想变化是延安红色建筑遗产发展的催化剂。

# 第五章 延安红色建筑遗产的价值评估

建筑遗产的保护利用不是为了面向过去，而是为了面向未来，面向未来就需要对建筑遗产作出甄别、判断和价值认知，从而决定或扬或弃。我们可以看到建筑遗产在人类社会发展过程中至少存在以下价值：它是国家或民族认同性和自明性的物证；它是记录历史的里程碑和坐标点；它是民族或地区文化的基因库；它是地区居民提升文化素质和教育水准的激发器；它是居住地居民诗意地栖息的必要条件和游子回望乡关的情感记忆标记；它是地区开展旅游或带动周围地产升值的文化资源。这些价值已经触及建筑遗产评估中的历史价值、科学价值、艺术价值、社会价值、情感价值、环境价值等。上述各种价值对国家、民族、地区的影响是有差异的，其排列的重要性也是有变化的，且各种价值随着社会的发展在社会生活中所发挥的作用也会变化。并非所有建筑遗产都具备上述全部价值，部分的建筑遗产可能只具备其中的几项。一方面，在研究具体个案时不能以上述总的价值认识代替个案自身的价值判断；另一方面，由于认知的局限性，一部分建筑遗产的历史信息尚未完全揭示，其他价值未必被价值主体完全认识清楚，因而对延安红色建筑遗产进行研究，势必要提升对建筑遗产价值评估的研究深度和广度。

根据以上情况，我们从文化自信、延安精神和红色基因传承方面对延安红色建筑遗产进行深入调查、分析及研究。延安红色建筑遗产的调查为遗产保护工作提供了丰富、具体且生动的素材，如何对延安红色建筑遗产的基本属性和基本定位等进行抽象的认识和判断，从而为进一步的保护措施的制订提供依据，这就需要进行基础性工作环节——价值评估工作。

## 第一节 延安建筑遗产的价值评估

中华人民共和国成立 70 多年来，经历了规模最大、速度最快的城镇化进程，在这一阶段国外学术领域的文化遗产价值论得以引进。中国文化遗产保护中少有关于价值的讨论，原因有两方面：一方面，中华人民共和国成立之后，由于当时生产关系剧烈变化，涉及社会问题的争论已经被现实归于一统，判断研究对象的价值并承担相关评估的权威机构都不是学术机构；另一方面，当时社会专注于未来的建设，建筑遗产只要不影响到城市道路拓展和大型国家工程，都处于古为今用的状态，不需要动辄判断价值。

综上，不能用以往对文化遗产采用的“意义”探讨来替代价值的全面评估原因是：首先，开展价值研究是在立场多元化的条件下提高对研究对象的共性认识；其次，全面的价值研究不仅涵盖了意义的探讨，还关注对效用和投入代价的双方关系的探讨，不是简单地诠释意义；最后，价值研究日益趋向于量化分析，而不仅仅是质性的定位，这也是中国社会向多元化社会发展的科学需求。

# 一、建筑遗产价值评估的概念、内容和方法

## （一）建筑遗产价值评估的基本概念

### 1. 价值

建筑遗产的保护需要根据它的价值确定适当的保护方式，而“价值”的概念属于哲学范畴。在哲学领域，有主观主义价值论、客观主义价值论与过程哲学价值论等不同流派。主观主义价值论认为价值是纯粹主观的，强调从满足人的需要和愿望及产生快乐的角度来理解价值。客观主义价值论认为价值是客观的，强调事物自身固有的属性且独立于评价主体和评价客体之外。有学者提出将价值界定在关系范畴，主张从主客体之间关系的角度来认识价值，强调主体和客体之间的相互关系和相互作用的重要性，认为价值就是客体对主体的效应；有学者提出价值应区分价值与评价，即认为价值是客观存在的，而评价是一种主观行为。

以上哲学上的价值讨论对建筑遗产的价值认知具有启示作用。在历史性和艺术性评价中已经表现出建筑遗产保护中对价值认识的两种倾向：一种是主体在社会文化中具有的需求，即“人文精神”“崇高”“愉悦”等主体精神层面；另一种是客体在历史过程中获得的客观存在，即客体的客观物质层面。由此产生的价值取向具有主、客二分的哲学模式。

因此，建筑遗产的价值既具备客观性，也存在主体性，既有相对性，也有绝对性。遗产的价值既是客观的存在，具有固有的客观基础，同时也是主观的，受到时间、文化、智力、历史和心理等不同因素的影响。

### 2. 评估

评估是以价值为目的的认识活动，评估系统由评估主体、评估客体、价值主体、价值客体，评估标准、评估过程等组成。评估主体与评估客体是评估活动的两个方面，评估主体是参加评估活动的人，评估客体是被评估的对象；价值主体与价值客体是评估对象在价值关系的两个方面，价值主体以价值主体需要的形式存在，即评估实际所把握的是价值主体的需要与价值客体的属性和功能的关系。从以上可以看到，评估主体和评估客体是评估活动的两个方面，而价值主体是评估客体的一部分，两者在逻辑上并不相同。但事实上，两者既可能是完全重合的，也可能是部分重合的，还可能完全不重合。可见，评估标准实质是评估主体把握和理解价值主体的需要，评估过程主要包括确立评估目的、获取评估信息和形成判断三个环节。

## （二）建筑遗产价值评估的主要内容和方法

### 1. 建筑遗产价值评估的主要内容

建筑遗产价值评估是根据建筑遗产及相关历史、文化的调研，对建筑遗产的价值、保存状况、利用状况、管理条件和威胁因素等作出评价。评估结果为建筑遗产的保护和利用工作提供科学依据，有利于科学地指导建筑遗产所在环境的规划和设计。

### 2. 建筑遗产价值评估的主要方法

#### 1）定性评估与定量评估

定性评估和定量评估是评估活动的两种基本方法。定性评估偏重解决价值客体对价值主体是否有价值，是什么性质的价值，是负面价值还是正面价值，是最有价值还是有一定价值；定量评估则偏重运用数学方法来衡量各种价值的大小。定性评估是定量评估的基础和前提，定量评估是定性评估的深入和精确。

#### 2）系统及量化的评估方法

我国对建筑遗产的评估工作多采用定性评估，先由基层收集有关评估项目的资料，之后基层将资料汇报到评估主管部门，再由评估主管部门邀请相关专家对评估对象展开讨论。评估过程中，评估人根据自己的经验评价客体的相关信息，感性因素较重。系统及量化的综合评价则尽量合理、公正、客观地评估对象。由于影响评估对象的因素众多，因此需要将反映评估对象的若干指标综合起来进行分析，以综合反映事物的总体情况。建筑遗产的系统及量化评估是一个值得探讨的问题，不少学者在单体建筑遗产、历史文化街区、历史文化村镇以及新型文化遗产中进行了广泛的尝试。常用的评估方法包括德尔菲法、层次分析法、使用后评估法等。

（1）德尔菲法。

德尔菲法也称为专家评估法，是美国兰德公司20世纪中期提出的系统分析方法。它将专家学者各自的意见进行汇总反馈，形成判断和决策，运用数学方法将数据进行加权处理。德尔菲法的具体步骤是：首先，遴选一定数量的相关专家(10～50人)，要求他们各自对评价指标的重要程度进行排列，并对每个指标赋予相应的权值，总值和是100；然后，回收专家意见进行统计分析，通常用回收意见数据的中位数反映专家们的集体意见；接下来将归纳后的结果反馈给每位专家，专家根据归纳结果修改自己的意见；最后进行二次征询数据统计归纳，反复进行反馈，最终确定每个评价指标的权重。德尔菲法在评价上主观性较强，仅能得到一个大概的评判结果。德尔菲法一般不会单独使用，而会引用数学模型来消减主观性。

（2）层次分析法。

层次分析法是20世纪70年代美国学者托马斯·萨德(Thomas Saaty)提出的一种系统评价和决策方法。该法较为完整地体现了系统工程学的系统分析和系统综合的思路，能有效处理一些难以完全用定量方法来处理的复杂问题。层次分析法的步骤是：首先建立各元素(即评价指标)的有序层次结构；然后构建判断矩阵，针对上一层次的指标，给出本层次指标的相对重要性的标度；最后根据权重的分配确定最优方案。

层次分析法在个人的主观判断方面起主要作用，或在对决策结果无法精确计量时适用。层次分析法将归纳和演绎纳入整个体系中，能将定性的判断进行定量化研究，然而在进行量化评价的同时，也难免会融入一定的主观因素。

（3）使用后评估法。

使用后评估法是20世纪80年代美国学者沃尔夫冈·普莱赛(Wolfgang Preiser)等人建立的比较成熟的使用后评估模型，它是对建筑及其环境所开展的一套系统评价程序与方法，能得到心理满意度的多维度反馈体系。使用后评估法的步骤是：首先应建立对建筑及其环境的心理满意度，即使用后评价因子；然后对使用的建筑及其环境进行系统评价研究，提供具有价值的反馈信息；最后根据反馈的数据设计和确定最优方案。

使用后评估法是对建筑及其环境的使用进行心理满意程度的系统评价研究，得到的反馈系统可提高建筑及其环境质量，更好地满足使用者的需求。应用使用后评估法可为建筑及其环境的可持续发展和规划提供帮助。

## 二、建筑遗产的价值评估体系

### （一）建筑遗产评估的目的、价值客体及价值主体

#### 1. 建筑遗产评估的目的

评估目的是评价体系构建的前提。建筑遗产的综合评估以保护、继承优秀的建筑文化遗产为目标，既可以服务于建筑遗产的筛选和分级，也可以服务于整个保护过程的综合评价过程。这一评估应包括对价值的提炼、对特征要素程度的评价等。评价阶段所获取的信息、价值鉴定可以在保护与利用措施制订、日常管理和监测中持续发挥作用，根据这样的评估目的建立的评价体系应该是多元综合的。

#### 2. 建筑遗产评估的价值客体

我国建筑遗产评估的价值客体指的是我国境内现有的各种建筑遗产。一类是建筑遗产中的文物保护单位，《中华人民共和国文物保护法(2017 年修正本)》中指出："古文化遗址、古墓葬、古建筑、石窟寺、石刻、壁画、近代现代重要史迹和代表性建筑等不可移动文物，根据它们的历史、艺术、科学价值，可以分别确定为全国重点文物保护单位，省级文物保护单位，市、县级文物保护单位。"它们的评估往往由专人按照特定标准组织进行。另一类是建筑遗产中的非文物保护单位，非文物保护单位的建筑遗产数量庞大。

#### 3. 建筑遗产评估的价值主体

建筑遗产评估中的价值主体是群体，而不是个体，这个群体根据评估目的进行确定。建筑遗产评估中需要考虑其所在的历史城镇和村落中的居民的需求，在此情况下，价值主体是相应的城镇或乡村的居民。此外，还要考虑地方政府、相关部门的需求，因此建筑遗产评估的价值主体是由相关群体共同组成的。

在建筑遗产的评估中，评估主体往往与价值主体不完全重合，尽管当地居民代表和当地相关部门代表都可能作为评估主体，但经常需要评估主体以外的专业评估技术人员来参与评估工作。

### （二）建筑遗产的价值评估体系

#### 1. 建筑遗产评估的指标体系

确定评估的指标体系是评估程序的第一步。建筑遗产的价值构成是综合评估中指标体系的主要构成要素。

从国内外建筑遗产保护的发展历程看，人们对建筑遗产价值的认识是不断拓展的。最初提出古迹价值体系的奥地利艺术史家阿洛依斯·里格尔(Alois Riegl)，在他的《对文物的现代崇拜：其特点与起源》(1903年)一文中对历史纪念物的价值进行了系统、深刻的阐释，将古迹价值主要分为五类，分别为老旧价值、历史价值、有意为之的纪念价值、使用价值、艺术价值。1982年英国学者伯纳德·费尔登(Bernard Feilden)提出了历史建筑的价值体系，他将历史建筑的价值分为情感价值、文化价值和使用价值三大类，并阐述了三种价值的具体内涵。2009年美国学者莱普(Lipe)等在《考古与文化资源管理：对未来的愿景》一文中对文化资源的价值体系(该价值体系较周全地整合了文化资源的多方面价值)进行了详细阐述，他认为文化资源具有保护价值、研究价值、文化遗产价值、审美价值、教育价值和经济价值。这一阶段，不同的学者提出了越来越综合的看法，不同保护制度下的法规文件，反映出人们对文化遗产多元价值认知的演变过程。

在国内的相关文件中，2000年颁布的《中国文物古迹保护准则》提出："文物古迹的价值包括历史价值、艺术价值和科学价值。"2015年修订的《中国文物古迹保护准则》中将文物古迹的价值拓展为"历史价值、艺术价值、科学价值以及社会价值和文化价值"，并对这些价值的内涵进行了阐释。以上价值构成了我国文物保护单位评选的第一层次指标体系。2005年《西安宣言》中指出："不同规模的古建筑、古遗址和历史区域(包括城市、陆地和海上自然景观、遗址线路以及考古遗址)，其重要性和独特性在于它们在社会、精神、历史、艺术、审美、自然、科学等层面或其他文化层面存在的价值，也在于它们与物质的、视觉的、精神的以及其他文化层面的背景环境之间所产生的重要联系。"该文件在价值认识方面强调了环境的重要性，指出对环境的认识、理解和记录对于价值评估具有重要的意义。从以上内容可以看出，不管是从相关法律法规文件的规定，还是从学术研究及个别案例中的价值体系探索，我们可以推定，对建筑遗产而言，综合评估中的指标体系仅局限于历史、艺术、科学价值是不够全面的。

综合当前对建筑遗产价值的研究，考虑其独有的建筑功能、规模体量和在城乡环境中的独特位置，建筑遗产的评估指标构成可以归纳概括为历史价值、科学价值、艺术价值、文化价值、环境价值及社会价值六个方面。

1) 历史价值

历史价值指建筑遗产作为历史见证的价值。建筑遗产由于其特有的规模、形制、布局、细部处理以及与城乡(或自身)的空间关系而承载着特有的、明确的、真实的历史信息，它见证了众多历史事件的发生发展、历史人物的著名活动，反映了百姓日常生活的相关历史，并解释、印证历史事实，传递历史信息。

2) 科学价值

科学价值指建筑遗产作为人类的创造性和科学技术成果本身或创造过程的实物见证的价值。建筑遗产由于其特定的建筑结构、建筑材料、建筑思想和理念、建筑技术和工艺水平等体现出来的科学技术信息，它蕴含着对当代科学技术的启发和借鉴。

3) 艺术价值

艺术价值指建筑遗产作为人类艺术创作、审美趣味、特定时代的典型风格的实物见证的价值。建筑遗产由于其特有的空间组合、色彩构成、平立面构图、材料的肌理和质感、建造工艺以及细部构造和图案等表现出来的艺术信息，它体现了当时的风格特征与审美需求，或代表着某一地方的传统文化风貌。

4）文化价值

文化价值指以下三方面的价值：建筑遗产因其体现民族文化、地区文化、宗教文化的多样性特征所具有的价值，建筑遗产的自然、景观、环境等要素因被赋予了文化内涵所具有的价值，与建筑遗产相关的非物质文化遗产所具有的价值。

5）环境价值

环境价值指建筑遗产自身的景观价值及其参与构成的城乡空间、城乡景观、城乡意象的景观价值。由于其多以群体形式出现，建筑遗产的环境价值不仅要充分考虑单体建筑遗产与其周边所产生的空间环境之间的景观价值，还要考虑建筑群体与其相关的空间环境之间的景观价值。

6）社会价值

社会价值指建筑遗产在知识的记录和传播、文化精神的传承、社会凝聚力的产生等方面所具有的社会效益和价值。建筑遗产作为见证社会文化变革的重要物质载体，满足了当时社会的各种服务需求，并通过对文化的传承而产生地域性与时代性的影响，引导、代表、象征着特定的公众文化和价值取向(包括宗教信仰和企业文化)，还具有寄托情感、进行思想教育的功能。

综合评估的指标体系可以进一步细化分层，可以在各层级间形成包含关系。综合评估在指标体系的建立中，在不同的地区，应与当地专家、学者和居民等就评价指标体系进行讨论，并结合每一次的评估目的和评估项目的特点，建立差异化的评估指标体系，这样才具有较好的地方性和针对性，评估的效果也更为理想。

### 2. 建筑遗产评估的指标权重

完善的指标体系需要明确指标之间的权重关系，指标权重的确立可以借助系统工程学的方法来完成，如借助层次分析法、使用后评估法和德尔菲法等。

层次分析法确定评估指标权重的主要步骤如下：首先建立建筑遗产评价指标的有序层次结构模型；其次根据结构模型中相应层次的各项评估指标的重要性，设计专家调查问卷，选定一定数量的专家进行问卷调查；然后回收专家问卷，通过两两比较，取得各项评估指标重要性的原始数据，并构建对比矩阵；最后进行层次排序及一致性检验，再通过熵值法对层次分析法权重加以修正。

使用后评估法确定评估指标权重的主要步骤如下：首先运用实地调研法、文献资料法等收集整理相关评价对象的资料，在深入了解评价对象的基础上，明确评价的目标及内容，设计评价方案；然后运用问卷调查法、访谈法等方法对上一阶段所确定的评价方案进行数据的收集与整理，并运用 AHP 法、熵权法、模糊综合评价法等对获取的数据信息进行多类型的量化研究，包括确定指标体系权重，得到模糊评价结果等，以得到相应的评价结果；最后对收集到的数据资料进行分析得出结果，基于结果评价研究对象，获得更深层次的结论，给出进一步优化建议，并将最后的评价结果运用到实际设计与建设中。

3. 建筑遗产评估的评分标准和方法

评分标准是某一评估项目的某一指标的状况与分值的关系，它表达的是某一评价指标达到某种情况时应得的分值。评分标准应在评估前，由有关专家按照不同地区、不同建筑类型分别制订。我国建筑遗产在地域上分布并不均衡，如传统建筑中宋代以前的现存木构建筑大量集中在山西省，而在陕西省，宋代以前的木构保存至今的相对就少了很多，评分标准显然需要因地制宜。此外，不同类型建筑遗产的相同指标的评估特点也会有所不同。例如，针对传统民居，通常需要关注的是梁柱、屋架等建筑主体结构是否保存完好，结构形式是否具有特色；而针对工业建筑，很可能需要关注的是作为工业建筑其结构形式的独特性和鲜明性、建筑物主体结构的质量与安全状况。

评分标准需要根据指标的特点再分成若干档，以便区分差异，而分多少档以及各档的标准可以由评估主体讨论决定。一般情况下，视操作的便利性以及是否有利于将评估的价值客体区分出差异，一个指标分作三档到四档不等。最后根据打分结果与评估体系，判断出某一价值客体在同一类价值客体中的地位。得到综合得分后，还必须将得分与其同类的得分进行比较。为了方便比较，有时还需建立每一类建筑遗产的得分参照体系，即通过设立标界点的分值来说明某一价值客体得分的意义。

## 三、延安红色建筑遗产的综合评估

### （一）延安红色建筑遗产的综合评估

2018年国务院颁布《关于实施革命文物保护利用工程(2018—2022)的意见》，革命文物凝结着中国共产党的光荣历史，展现了近代以来中国人民英勇奋斗的壮丽篇章，是革命文化的物质载体，是激发爱国热情、振奋民族精神的深厚滋养，是中国共产党团结带领中国人民不忘初心、继续前进的力量源泉。红色文化是中国共产党领导中国人民在革命、建设和改革的伟大实践中创造、积累的先进文化，是中国特色社会主义文化自信的重要源头。延安革命文物作为红色文化的典型代表，承载着红色文化在延安的历史记忆信息，中共中央在延安的近13年建设了一批代表性的延安红色建筑，这些红色建筑包括行政办公、文教医疗、商业、工业、纪念性等类型，见证了红色文化辉煌而厚重的历史记忆，具有多层级、多元性的价值。

据延安革命文物保护单位的数据统计，延安有革命文物保护单位396处，其中全国重点文物保护单位28处，省级文物保护单位143处，市县级文物保护单位94处，一般不可移动文物131处。延安红色建筑遗产保存量较大，但由于城镇开发等原因，造成了多数未列为文物保护单位的红色历史建筑的“建设性破坏”。这些红色历史建筑表面看是由于缺少专项经费及管理措施；深层次看是由于缺乏对红色建筑遗产的稀有价值认知，因此延安红色文化遗产保护急不可待。

延安红色建筑遗产具有多种价值，由于认知主体不同，因此呈现出不同的价值认知。通过历史研究可知，延安红色建筑遗产连接了国家、当地、个人三个层级的价值认知。国家层级价值以历史价值、文化价值及科学价值为主，当地层级以艺术价值及经济价值为主，个人层级以环境价值及可利用价值为主。以上三个层级价值认知的差别直接导致产生了遗产保护利用工作的矛盾与问题，因此，需要对延安红色建筑遗产进行科学的价值评估。

概括而言，红色建筑遗产属于特定意义的文化遗产类型，学者对红色建筑遗产价值评估体系的研究较少。当今在价值认知与价值评估的文化遗产保护方法中，遗产价值决定了遗产的保护措施。因此，应借鉴遗产的价值表述和价值评估，对延安红色建筑遗产进行综合价值评估，使红色建筑遗产价值认知更专业、更可靠、更准确。

### （二）延安红色建筑遗产的综合评估方法

现有的延安革命文物价值多以质性评价为主，而非文物单位的延安红色历史建筑的价值也多以资料描述为主，尚未引入量化的评价手段。因此，需要深入了解和判断延安红色建筑遗产的价值，并依托量化的评估客观地认识延安红色建筑遗产的价值，在价值评估结果中为延安红色建筑遗产的保护及利用提供理论和数据上的支持，以利于进行整体、系统的保护及利用。

#### 1. 层次分析法

层次分析法是将定性研究和定量研究相结合的研究方法。它将一个复杂笼统的问题分解成几组相互关联的多个层次，对每个层次赋予相应的定量数据，采用数学的运算方法对每一层次的所有问题的数据进行重要程度的相对排序，最终根据各个层次的数据分析整体问题。层次分析法对于目标、因素和准则多且复杂的研究体系比较适用。

#### 2. 使用后评估法

使用后评估法是对已有且使用的建筑及其环境进行的评价方法，它从使用主体的心理感受需求出发对现有的环境空间进行研究，通过监督和反馈以提高现有环境的综合效益。使用后评估法依据可靠的数据和科学的分析方法总结出现有环境的不足，对文化遗产同类型环境空间的可持续发展和利用提出改良建议。使用后评估法的应用可为同类型环境空间的可持续发展和规划设计提供参考依据。该法收集使用者对使用情况的心理感受数据，借助分析软件得到使用者的多维度评价结果。它着眼于使用者、使用情况以及双方之间存在的微观关系，关注使用过程中存在的各种问题，得出一个完善的反馈体系，进而对整个项目进行优化。

## 第二节 延安杨家岭红色建筑遗产的综合价值评估

延安红色建筑遗产是中国建筑中最具独特性和地域性的建筑类型，传达着马克思主义中国化的信息。要在大众群体中传播这种红色文化，就必须在了解延安红色建筑遗产的历史、文物、纪念、教育、经济价值的质性价值认知的基础上进行量化价值认知。本节以延安杨家岭红色建筑遗产为例，采用德尔菲法和层次分析法进行综合价值评估，为延安红色建筑遗产的保护利用提供价值认知。

## 一、杨家岭红色建筑遗产的综合价值评估

### （一）杨家岭红色建筑遗产概述

延安杨家岭原名五家坡，只住了杨姓、武姓、郑姓等五户人家。明朝时杨姓人家出了位朝中大臣——杨兆，他官至兵部尚书、工部尚书。在他逝世后，在山前为他建造了陵园，所以村名改为杨家陵。中共中央迁来后，将杨家陵更名为杨家岭。杨家岭革命旧址是中共中央驻地，位于山体的川谷内，场地狭长，两侧被山体围合，地形较为复杂，竖向高差较大。杨家岭红色建筑遗产有中共中央大礼堂旧址、中共中央办公厅旧址、中共中央组织部旧址、领导人旧居等。

中共中央大礼堂是杨家岭最重要的红色建筑遗产。大礼堂面积约 1056 平方米，长约 35 米，宽约 30 米，高约 13 米。从建筑外侧踏上步阶，进入建筑内部的小前厅，之后到达大礼堂的内部，建筑内外高差约 0.9 米，可使大礼堂内部地面不会因雨水天气而潮湿。大礼堂室内为后高前低的设计，前后高差约 1.05 米，不仅使室内光线较为通透，又兼顾到室内观看效果，展现出了延安当时注重功能性的建筑设计理念。杨家岭的中共中央办公厅平面形状如同飞机，又称“飞机楼”。该建筑的第三层通过木质桥梁连接西侧山坡，领导人旧居分布于此山坡之上，体现了延安当时注重实用性的建筑设计理念。杨家岭其余的红色建筑遗产均为延安地域特征的窑洞建筑，其中包括 19 孔石窑洞、40 孔土窑洞及 28 间土木瓦房，充分反映了延安当时战时情况，注重战时适需性的建筑设计理念。

### （二）杨家岭红色建筑遗产的综合价值评估

#### 1. 杨家岭红色建筑遗产的价值评估目的

对杨家岭红色建筑遗产进行综合价值评估的目的如下：首先，对杨家岭红色建筑遗产的价值因子进行全面认知和判断；其次，依据量化的价值评估过程，提高大众对杨家岭红色建筑遗产多种价值的认知和大众的遗产保护意识；最后，根据杨家岭红色建筑遗产的价值评估结果，提供保护利用的决策理论和数据支持，为延安红色建筑遗产的系统性保护及利用提供参考依据。

#### 2. 基于层次分析法的杨家岭红色建筑遗产综合价值评估

文化遗产一般具有历史、使用、社会、科学、艺术、情感、生态、经济和环境等价值。文化遗产的综合价值并不是所有价值的机械性相加。由于各种价值在综合价值中的作用程度和贡献比重不同，且遗产的类别不同，同一个价值的贡献比重也会不同，因此要制订有针对性的评估指标。确定评估指标是评估过程中最重要的环节和任务，是评估是否可靠的关键因素。杨家岭红色建筑遗产的综合价值评估指标体系采用层次分析法，将评估内容中的各个因素按照内部结构关系分成若干层次，形成结构化的评估体系，这样可使复杂的评估内容简明扼要。

杨家岭红色建筑遗产的价值评估体系中，各因素可分成四个层次 32 个指标(见表 5.1)。

表 5.1　杨家岭红色建筑遗产的价值评估体系

| A层<br>（目标层） | B层<br>（准则层） | C层<br>（次准则层） | D层<br>（指标层） |
|---|---|---|---|
| A 杨家岭红色建筑遗产价值评估 | B1 物质文化价值 | C1 建筑价值 | D1 建筑风格（是否特殊、唯一的类型） |
| | | | D2 建筑空间（平面布局是否复合型） |
| | | | D3 建筑结构（独具特色的结构方式） |
| | | | D4 建筑材料（独具特色的建筑材料） |
| | | | D5 建筑施工（特色施工水平） |
| | | | D6 建筑设计（设计思路及特色） |
| | | C2 艺术价值 | D7 细部装饰（装饰图案及材料） |
| | | | D8 艺术独特性（艺术的独特性） |
| | | | D9 艺术兼容性（艺术与功能相容） |
| | | | D10 艺术适应性（原有意义再利用） |
| | | C3 环境价值 | D11 遗产环境（遗产环境是否协调） |
| | | | D12 地域环境（地域环境是否协调） |
| | | C4 利用价值 | D13 使用状况（使用状况是否良好） |
| | | | D14 文化活力（是否有再利用的可能） |
| | | | D15 基础设施（设施是否服务良好） |
| | | | D16 工程费用（修复维修所需费用） |
| | | C5 生态价值 | D17 自身价值（生态对自身价值的影响） |
| | | | D18 周围环境（对周边环境的影响） |
| | | C6 经济价值 | D19 旅游经济（旅游带来的经济影响） |
| | | | D20 产品经济（文创产品的经济影响） |
| | B2 非物质文化价值 | C7 历史价值 | D21 建成年代 |
| | | | D22 历史人物事件 |
| | | | D23 历史发展脉络 |
| | | | D24 遗产完整性 |
| | | | D25 遗产稀有性 |
| | | C8 社会价值 | D26 政治影响（遗产的政治影响） |
| | | | D27 教育作用（遗产的教育作用） |
| | | | D28 归属作用（遗产文化的情感依赖） |
| | | C9 精神情感价值 | D29 认同感（是否有认同感和归属感） |
| | | | D30 惊奇感（是否具备惊奇感） |
| | | | D31 象征作用（是否具备精神象征作用） |
| | | | D32 教化作用（是否具备精神教化作用） |

1）目标层

目标层（A）是评估体系最终要解决的杨家岭红色建筑遗产的价值评估。

2）准则层

准则层（B）由物质文化价值（B1）和非物质文化价值（B2）组成。

3）次准则层

次准则层由9个要素构成，分别是：建筑价值（C1）、艺术价值（C2）、环境价值（C3）、利用价值（C4）、生态价值（C5）、经济价值（C6）、历史价值（C7）、社会价值（C8）、精神情感价值（C9）。

建筑价值（C1）：从建筑风格、建筑空间、建筑结构、建筑材料、建筑施工、建筑设计角度阐述了杨家岭红色建筑遗产在建筑方面的营建水准，反映了红色建筑遗产的建筑特色、建筑技术及施工水平，是对当时社会经济、军事、文化状况的探索。

艺术价值（C2）：从细部装饰、艺术独特性、艺术兼容性、艺术适应性角度阐述了杨家岭红色建筑遗产在美学方面的审美水平，反映了红色建筑遗产的细部装饰、色彩和风格的艺术特征，是对红色建筑遗产艺术风格的探索。

环境价值（C3）：从遗产环境、地域环境的角度阐述了杨家岭红色建筑遗产在环境协调方面的能力，反映了红色建筑遗产在战时生存环境下，因地制宜的布局特点，是对红色建筑遗产及其周围环境协同处理的探索。

利用价值（C4）：从使用状况、文化活力、基础设施、工程费用角度阐述了杨家岭红色建筑遗产在利用方面直接利用和间接利用的状况，是对红色建筑遗产再利用的探索。

生态价值（C5）：从自身价值、周围环境角度阐述了杨家岭红色建筑遗产作为一种生命体的自身价值及其发展价值的演变历程，是对红色建筑遗产在自然生态和文化生态中演变的探索。

经济价值（C6）：从旅游经济、产品经济角度阐述了杨家岭红色建筑遗产在旅游开发中的直接经济和间接经济的效益水平，是对红色建筑遗产的旅游和文化产品的经济效应的探索。

历史价值（C7）：从建成年代、历史人物事件、历史发展脉络、遗产完整性、遗产稀有性角度阐述了杨家岭红色建筑遗产作为当时社会生活场景、人民精神面貌的重要物质载体，是对红色建筑遗产完整性和稀有性的探索。

社会价值（C8）：从政治影响、教育作用、归属作用角度阐述了杨家岭红色建筑遗产在红色文化的传播、延安精神的传承以及中华民族凝聚力等方面所具有的社会效益，是对红色建筑遗产社会效应的探索。

精神情感价值（C9）：从认同感、惊奇感、象征作用和教化作用角度阐述了杨家岭红色建筑遗产能够满足社会大众的情感需求和特定的精神象征意义，是对红色建筑遗产文化象征性的探索。

4）指标层

指标层包含以下32个指标：

体现建筑价值（C1）的相关指标：是否特殊、唯一的类型（D1）；平面布局是否复合型（D2）；独具特色的结构方式（D3）；独具特色的建筑材料（D4）；特色施工水平（D5）；设计思路及特色(D6)。

体现艺术价值(C2)的相关指标：装饰图案及材料(D7)；艺术的独特性(D8)；艺术与功能相容(D9)；原有意义再利用(D10)。

体现环境价值(C3)的相关指标：遗产环境是否协调(D11)；地域环境是否协调(D12)。

体现利用价值(C4)的相关指标：使用状况是否良好(D13)；是否有再利用的可能(D14)；设施是否服务良好(D15)；修复维修所需费用(D16)。

体现生态价值(C5)的相关指标：生态对自身价值的影响(D17)；对周边环境的影响(D18)。

体现经济价值(C6)的相关指标：旅游带来的经济影响(D19)；文创产品的经济影响(D20)。

体现历史价值(C7)的相关指标：建成年代(D21)；历史人物事件(D22)；历史发展脉络(D23)；遗产完整性(D24)；遗产稀有性(D25)。

体现社会价值(C8)的相关指标：遗产的政治影响(D26)；遗产的教育作用(D27)；遗产文化的情感依赖(D28)。

体现精神情感价值(C9)的相关指标：是否有认同感和归属感(D29)；是否具备惊奇感(D30)；是否具备精神象征作用(D31)；是否具备精神教化作用(D32)。

### (三)杨家岭红色建筑遗产综合价值评估指标权重的确定

运用层次分析法确定杨家岭红色建筑遗产综合价值评估指标权重的具体过程如下所述。

#### 1. 杨家岭红色建筑遗产的权重统计

依据杨家岭红色建筑遗产综合价值的指标制订专家打分表，请相关的专家打分，并回收调查表，统计计算权重，运用Excel统计评估数据，最终整理权重计算结果(见表5.2)。

表5.2 杨家岭红色建筑遗产综合价值评估指标权重统计结果

| A层(目标层) | B层(准则层) | 权重 | 排序 | C层(次准则层) | 权重 | 排序 | D层(指标层) | 权重 | 排序 |
|---|---|---|---|---|---|---|---|---|---|
| A 杨家岭红色建筑遗产价值评估 | B1 物质文化价值 | 0.425 | 2 | C1 建筑价值 | 0.1405 | 3 | D1 建筑风格 | 0.0226 | 17 |
| | | | | | | | D2 建筑空间 | 0.0193 | 20 |
| | | | | | | | D3 建筑结构 | 0.0493 | 8 |
| | | | | | | | D4 建筑材料 | 0.0227 | 16 |
| | | | | | | | D5 建筑施工 | 0.0143 | 23 |
| | | | | | | | D6 建筑设计 | 0.0123 | 28 |
| | | | | C2 艺术价值 | 0.044 | 9 | D7 细部装饰 | 0.0125 | 27 |
| | | | | | | | D8 艺术独特性 | 0.0102 | 32 |
| | | | | | | | D9 艺术兼容性 | 0.0108 | 30 |
| | | | | | | | D10 艺术适应性 | 0.0105 | 31 |

续表

| A层（目标层） | B层（准则层） | 权重 | 排序 | C层（次准则层） | 权重 | 排序 | D层（指标层） | 权重 | 排序 |
| --- | --- | --- | --- | --- | --- | --- | --- | --- | --- |
| A 杨家岭红色建筑遗产价值评估 | B1 物质文化价值 | 0.425 | 2 | C3 环境价值 | 0.0526 | 7 | D11 遗产环境 | 0.0139 | 24 |
| | | | | | | | D12 地域环境 | 0.0387 | 12 |
| | | | | C4 利用价值 | 0.0787 | 5 | D13 使用状况 | 0.022 | 18 |
| | | | | | | | D14 文化活力 | 0.0328 | 13 |
| | | | | | | | D15 基础设施 | 0.0127 | 25 |
| | | | | | | | D16 工程费用 | 0.0112 | 29 |
| | | | | C5 生态价值 | 0.0462 | 8 | D17 自身价值 | 0.0274 | 15 |
| | | | | | | | D18 周围环境 | 0.0188 | 21 |
| | | | | C6 经济价值 | 0.063 | 6 | D19 旅游经济 | 0.0434 | 9 |
| | | | | | | | D20 产品经济 | 0.0196 | 19 |
| | B2 非物质文化价值 | 0.575 | 1 | C7 历史价值 | 0.3011 | 1 | D21 建成年代 | 0.029 | 14 |
| | | | | | | | D22 历史人物事件 | 0.0562 | 4 |
| | | | | | | | D23 历史发展脉络 | 0.0931 | 1 |
| | | | | | | | D24 遗产完整性 | 0.0704 | 2 |
| | | | | | | | D25 遗产稀有性 | 0.0524 | 5 |
| | | | | C8 社会价值 | 0.1541 | 2 | D26 政治影响 | 0.0626 | 3 |
| | | | | | | | D27 教育作用 | 0.0522 | 6 |
| | | | | | | | D28 归属作用 | 0.0393 | 11 |
| | | | | C9 精神情感价值 | 0.1198 | 4 | D29 认同感 | 0.0149 | 22 |
| | | | | | | | D30 惊奇感 | 0.0126 | 26 |
| | | | | | | | D31 象征作用 | 0.042 | 10 |
| | | | | | | | D32 教化作用 | 0.0503 | 7 |

### 2. 杨家岭红色建筑遗产的权重对比

在准则层因素中，杨家岭红色建筑遗产中非物质文化价值(B2)的权重为 0.575，物质文化价值(B1)的权重为 0.425，非物质文化价值的权重高于物质文化价值的权重，反映出人们对于红色建筑遗产评估中的精神文化需求高于红色建筑遗产自身(见图 5.1)。

在次准则层因素中，各评价因素的权重值从高到低依次为历史价值 0.3011、社会价值 0.1541、建筑价值 0.1405、精神情感价值 0.1198、利用价值 0.0787、经济价值 0.063、环境价值 0.0526、生态价值 0.0462 及艺术价值 0.044(见图 5.2)。

在指标层因素中，权重前十项的是历史发展脉络(D23)、遗产完整性(D24)、政治影响(D26)、历史人物事件(D22)、遗产稀有性(D25)、教育作用(D27)、教化作用(D32)、建筑结构(D3)、旅游经济(D19)及象征作用(D31)(见图 5.3)。

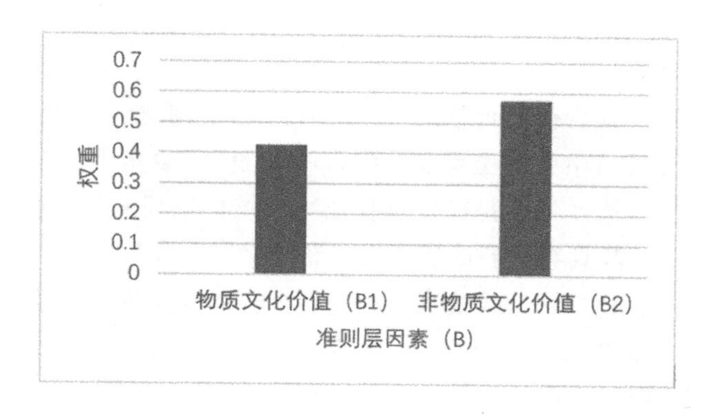


图 5.1　准则层权重分析图

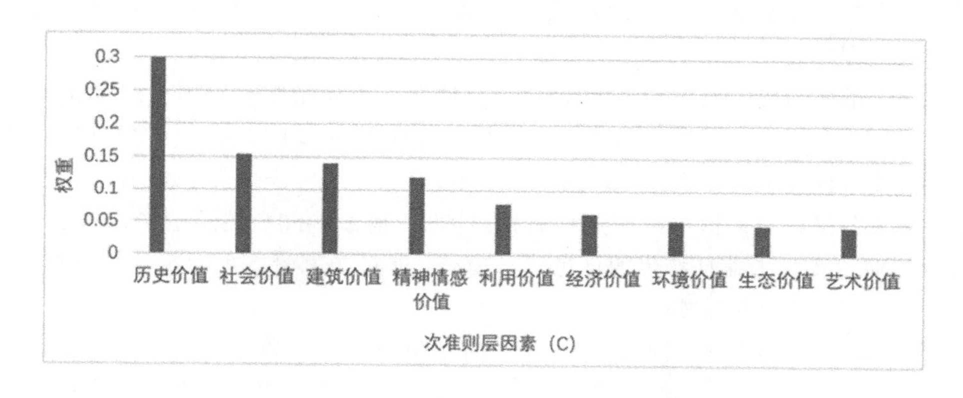


图 5.2　次准则层权重分析图

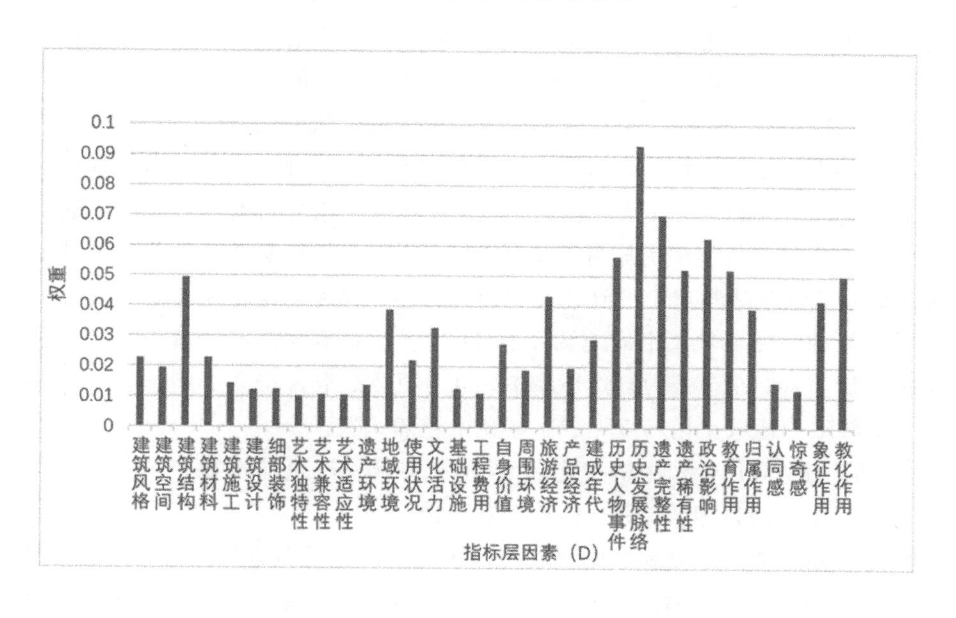


图 5.3　指标层权重分析图

## （四）杨家岭红色建筑遗产综合价值评估的权重结果分析

杨家岭红色建筑遗产综合价值评估的32个指标层的权重指标分析如下：

排序第一的是历史价值中的历史发展脉络(D23)。杨家岭是中共中央在延安的重要驻地之一，杨家岭红色建筑遗产不仅是延安近代历史发展的物质载体，更是中国近代红色革命历史发展的物质载体，其具有重要的历史文化价值。

排序第二的是历史价值中的遗产完整性(D24)。杨家岭红色建筑遗产完整性关系到能否展现革命遗产所承载的红色文化历史，革命遗产完整性欠缺，不仅其历史价值降低，还会影响历史的还原度，阻碍遗产的保护利用的可持续性。

排序第三的是社会价值中的政治影响(D26)。杨家岭作为中共中央、中共中央组织部、统战部、宣传部等行政单位的所在地，党中央老一辈领导人在杨家岭提出过许多党内和后辈学习的政治理论。

排序第四的是历史价值中的历史人物事件(D22)。延安精神是中国共产党在延安时期培育形成的革命精神，人们通过革命历史人物的各种事迹和重要历史事件牢记延安精神，革命历史人物事件是吸引游客(访客)的重要因素。

排序第五的是历史价值中的遗产稀有性(D25)。杨家岭红色建筑遗产位于黄土高原，特殊的地理地貌营建了独具特色的红色建筑遗产，使得杨家岭红色建筑遗产具有稀有性，并在红色建筑遗产中独树一帜。

从以上排序中可以看出，杨家岭红色建筑遗产排序靠前的价值指标基本都在非物质文化价值准则层中，并且杨家岭红色建筑遗产所具有的非物质文化要略重要于其所对应的物质文化，这与红色建筑遗产所承载的特定历史文化有关，人们更多的是通过红色建筑遗产感受精神情感上的文化，达到中国文化的认同。所以，在杨家岭红色建筑遗产保护及利用中，必须注重非物质文化的保护利用，通过各种方式展示红色文化的内涵。

在物质文化准则层中，排序第八的是建筑价值中的建筑结构(D3)。杨家岭红色建筑遗产中的中共中央大礼堂、中共中央办公厅等红色建筑遗产，建筑功能多样，建筑风格中西融合，尤其是建筑结构既有近代大跨度结构，又有地域特色窑洞拱券结构，独具匠心。

排序第九的是经济价值中的旅游经济(D19)。杨家岭是延安红色文化旅游的必去地点之一，激活杨家岭红色建筑遗产的红色文化旅游特色，有利于发展区域经济。

排序第十二的是环境价值中的地域环境(D12)。延安地区特殊的黄土地貌见证了影响中国命运的重大事件，在艰苦的自然环境中，自力更生、艰苦奋斗的精神营造了杨家岭红色建筑遗产，特殊的地域文化环境形成了特色红色建筑遗产。

排序第十三的是利用价值中的文化活力(D14)。延安红色建筑遗产的当代活化是红色建筑遗产可持续发展的目标，有利于传承延安精神。

杨家岭红色建筑遗产综合评估的目的是保护利用红色建筑遗产。在本次的评估中，为了可持续保护利用延安杨家岭红色建筑遗产，调整各指标关系，形成以历史风貌保护为目标、以建筑遗产保护为目标、以区域持续发展为目标的建筑遗产保护利用策略。

## 二、杨家岭红色建筑遗产的保护利用策略

### （一）注重地域文化

在以环境价值为目标的情况下，延安红色建筑遗产保护利用受遗产环境、地域环境的影响。由于人们对地域的感情反映了地域归属感和认同感，因此延安红色建筑遗产的环境价值是重要的指标，它对红色建筑遗产的保护利用较为重要。

杨家岭红色建筑遗产位于黄土高原地区，黄土文化以淳朴、厚重著名，因此遗产保护利用应充分体现地域文化特色、延安古城历史风貌格局和空间肌理。延安红色建筑遗产保护利用设计中应对地域文化作提炼，如对延安宝塔山、延河、窑洞、剪纸、秧歌、腰鼓等进行符号处理，以黄色和灰色为主色调，黄色体现了地域的色彩，灰色体现了历史沧桑的色彩，通过以上设计手法增加地域文化场所的识别性。

### （二）注重空间设计

在以建筑价值为目标的情况下，延安红色建筑遗产保护利用受建筑结构、建筑材料、建筑风格、建筑空间等因素的影响。由于战时延安红色建筑对大跨度、大空间、新时代建筑风格的历史语境需求，因此延安红色建筑遗产的建筑价值是重要的指标，它对红色建筑遗产的保护利用较为重要。

杨家岭红色建筑遗产中的中共中央大礼堂旧址、中共中央办公厅旧址，在建筑结构、建筑材料、建筑风格中充分体现了延安红色建筑遗产在历史语境下的建筑空间布局、建筑风格的因地制宜的设计理念。延安红色建筑遗产保护利用设计中，应注重因地制宜的设计理念，提升建筑空间的历史体验感，通过以上设计提升红色建筑遗产的标识性。

### （三）注重生态设计

在以生态价值为目标的情况下，延安红色建筑遗产保护利用受自身价值和周围价值的影响。由于延安地处生态脆弱地区，因此自身生态价值和周围生态环境是红色建筑遗产可持续发展的重要目标，它对红色建筑遗产的保护利用较为重要。

杨家岭红色建筑遗产是延安历史文化名城生态景观格局中的重要节点，肩负连接和贯通延安生态网络的重任。因此在红色建筑遗产保护利用设计中应建立生态环境景观设计理念，注重场地地形坡度生态设计，注重丰富和谐的景观视线设计，进行立体层次的植物搭配，通过以上设计手法改善延安红色建筑遗产的景观生态格局。

# 第三节　延安枣园红色建筑遗产的使用后评估

枣园红色建筑遗产是延安红色文化遗产的重要组成部分。本节以枣园红色建筑遗产为例，采用使用后评估法进行评估，通过使用者在枣园红色建筑遗产的行为活动中的统计和评估，得到使用者对枣园红色建筑遗产的综合满意程度，为枣园红色建筑遗产的保护利用提供优化路径。

## 一、枣园红色建筑遗产的使用后评估

### (一) 枣园红色建筑遗产

枣园红色建筑遗产坐落于延安市城西约7.5千米处。1943年，中共中央领导人先后迁驻枣园。在枣园居住期间，中共中央领导人开展了一系列运动，其中整风运动和大生产运动影响深远，《为人民服务》的讲话传承至今。在此期间筹备的中共七大会议工作等见证了全民族抗战的最终胜利。枣园红色建筑遗产在近代中国历史上发挥着巨大的作用。

枣园红色建筑遗产有礼堂、石窑、瓦房等历史建筑，研究价值高。随着延安的发展，其逐渐成为一个园林式的、主题性强的革命纪念地，它已成为传播革命传统和红色文化的教育基地。枣园红色建筑遗产历史文化氛围浓厚，场所感强，环境优美，四季景色秀丽，蕴含丰富的历史价值，代表延安精神，吸引着来自各地的访客，作为延安城市的公共景观，发挥着独特的社会效益。

### (二) 枣园红色建筑遗产的使用后评估

#### 1. 评价因子的选择

本次评估以枣园红色建筑遗产作为研究对象，探究主体感受者与枣园红色建筑遗产之间的相互关系。调研问卷的数据采集包括：一是针对主体感受者的性别、来源、年龄、来访次数、受教育程度、职业分布、来访方式等数据进行统计；二是构建枣园红色建筑遗产的评价因素集，统计主体感受者对枣园红色建筑遗产的满意度。由于国内针对使用后评价因子的提取还没有一个确定的体系，因此研究对象、关注角度及侧重点的不同会导致评价因子的差异性较大。在枣园红色建筑遗产评估中，考虑人、红色建筑遗产及遗产环境要素之间的相互关系，将评估因素划分为历史文化、环境景观、基础设施、保护管理四个方面，选取其中的18个评价因子，通过反馈数据对枣园红色建筑遗产进行满意度和差异性分析，得出较为直观、系统、全面的结论。这些结论可运用到枣园红色建筑遗产的保护利用策略中。

#### 2. 评估模型的建立

依据直接线索和间接线索建立枣园红色建筑遗产的使用后评估模型。评价因子中的间接线索是主体感受者的认知，即历史文化、环境景观、基础设施、保护管理四个物质评价因子。评价因子中的直接线索是主体感受者的感受，反映了主体感受者的满意度，直接线索和间接线索共同反映枣园红色建筑遗产的现状。在间接线索的物质因子和直接线索的情感感知因子的综合考虑下得出最终的评估结果(见图5.4)。

#### 3. 评价因子的检测

使用后评价因子检测需要进行量表信度检测。量表信度检测包含两方面的检测，即量表稳定性的检测和量表一致性的检测。量表稳定性反映量表结果是否具有可靠性，量表一致性则反映量表是否具有稳定性。量表稳定性是使用者在不同的时间和地点对同一份量表进行填写，验证其评价结果是否存在差异，评价结果差异愈小，表明量表的稳定性愈高。量表一致性是使用者对相同问卷进行填写，验证问卷的结果是否存在相关性，评估结果的正相关愈高，则表明量表的可靠性愈高。量表稳定性和量表一致性都较高的评估结果，其评估的可信度愈高且量表测量的标准误差愈小。

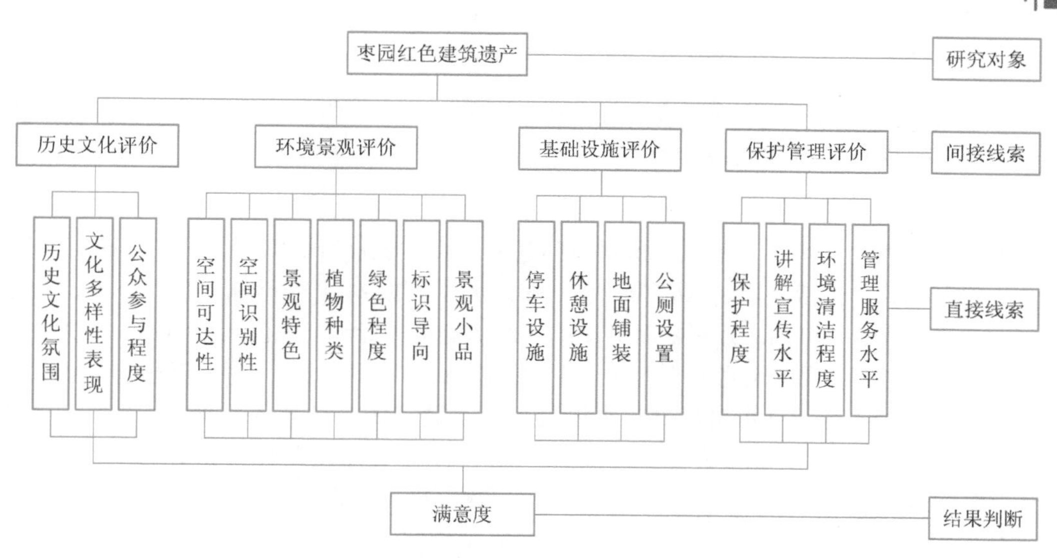


图 5.4 枣园红色建筑遗产的使用后评估模型

枣园红色建筑遗产的调研问卷的检测采用 KMO(Kaiser-Meyer-Olkin)检测、Bartlett 检测及 α(Cronbach's alpha)信度系数检测。在问卷检测中需要验证变量之间的相关性和偏相关性，使用 KMO 和 Bartlett 检测方法，确保检测因子的客观性。注：量表中的变量相关性愈强，则偏相关性愈弱。

在 KMO 检测和 Bartlett 检测中，KMO 检测值一般在 0～1 之间。当 KMO 统计量接近于 1 时，表示较为适合做因子分析；当 KMO 值达 0.7 以上时，表示可以做因子分析；当 KMO 值不到 0.5 时，表示不适合做因子分析，需要应用其他分析方法去验证。

枣园红色建筑遗产中使用后评估模型选取 18 项评价因子，通过对评价因子进行 KMO 检测，将 KMO 的值作为判定标准，得到的结果显示 KMO 值为 0.742，大于 0.7，数据适合进行因子分析(见表 5.3)。

表 5.3 KMO 和 Bartlett 度量

| 取样足够度的 KMO 度量 | | 0.742 |
|---|---|---|
| Bartlett 检测 | 近似卡方 | 2423.605 |
| | df | 136 |
| | Sig | 0 |

使用后评估量表的可靠性分析中，运用 SPSS 软件对评估量表进行可靠性分析，通过分析 α 的值来评估量表的可靠性。在分析量表数据时，若 α 系数在 0.8～0.9 之间，则表明量表选取的评价因子的内部一致性较高，表示量表可靠。枣园红色建筑遗产的系数 α=0.831，证明量表可靠(见表 5.4)。

表 5.4 量表可靠性分析

| Cronbach's alpha | 基于标准化的 Cronbach's alpha | 评价因子项数 |
|---|---|---|
| 0.831 | 0.831 | 18 |

## （三）枣园红色建筑遗产的使用后评估过程

调研采用问卷及深度访谈形式。调研时间选在十一国庆假期人流高峰时期，问卷发放300份，回收270份，有效率为90%。

### 1. 使用者情况分析

对枣园使用者的情况通过发放的调研问卷和深度访谈进行数据记录：一方面对使用者的特性进行调研，包括来访者（访客）性别、来访次数、来源、年龄分布、职业分布、受教育程度、来访方式七个方面；另一方面对使用者的满意度进行调研，包括很满意、较满意、一般满意、不满意、非常不满意五个等级。以上调研数据汇总统计后，对数据进行分析。

从使用者的数据统计中可以看出枣园红色建筑遗产的来访者的特性。在性别比例上，男性游客占57%，女性游客占43%，可以看出男性较女性偏爱程度相对更高[见图5.5(a)]；在来访次数比例上，首次来访者占67%，数次来访者占33%，可以看出游客大多首次来延安[见图5.5(b)]；在访客来源比例上，外地游客占69%，本地占31%，可见外地游客居多[见图5.5(c)]；在访客年龄分布比例上，20～40岁的共占71%，40～50岁以上的共占29%，可见访客中青年较多[见图5.5(d)]；在职业分布比例上，干部和学生共占58%，工人和农民共占16%，可见访客的文化素质较高[见图5.5(e)]；在访客受教育程度比例上，本科及以上学历共占56%，可见访客的受教育程度较高[见图5.5(f)]；在来访方式比例上，自驾和自由行共占72%，旅行团占15%，附近居民占13%，可见访客中选择自由行或者自驾的较多[见图5.5(g)]。综上可见，枣园红色建筑的访客多为中青年，以干部和学生为主，受教育程度普遍较高，且大多首次来延安，选择自由行或自驾来延安。

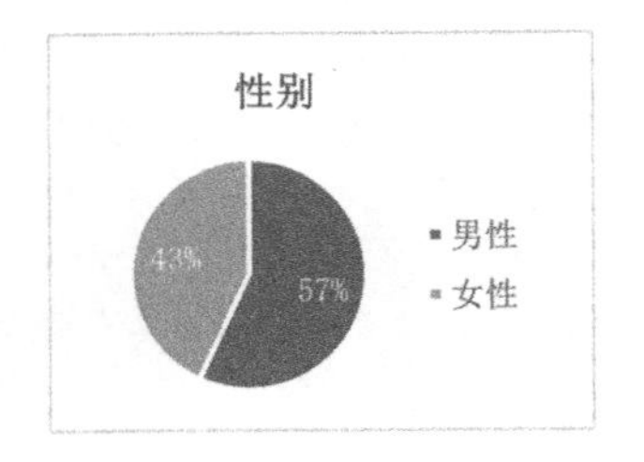


(a) 访客性别

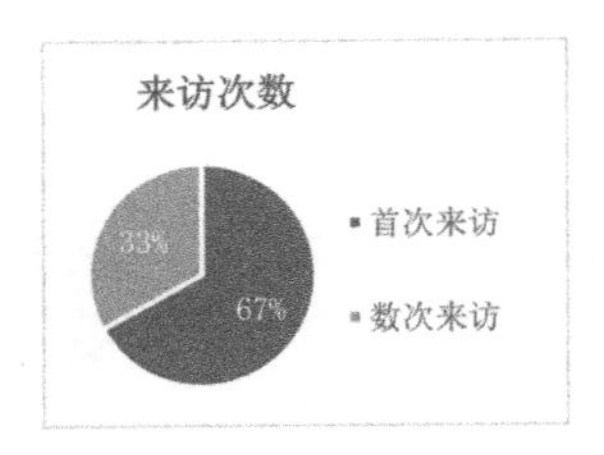


(b) 来访次数

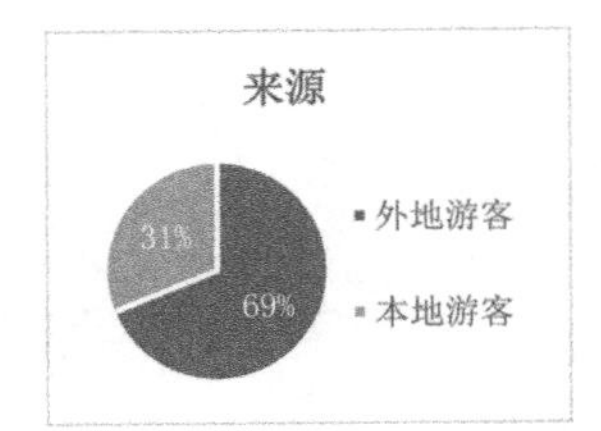


(c) 访客来源

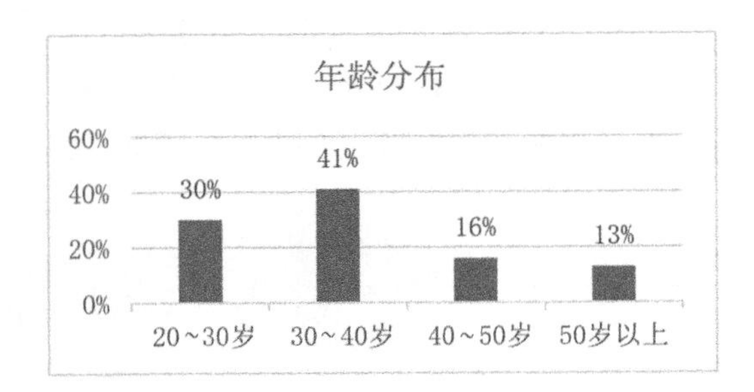


(d) 访客年龄分布

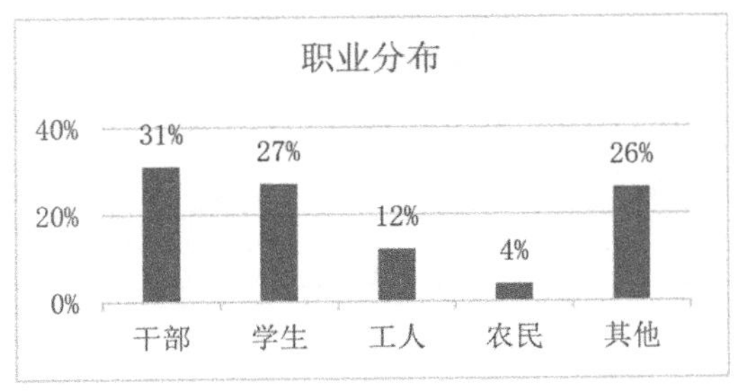


(e) 访客职业分布

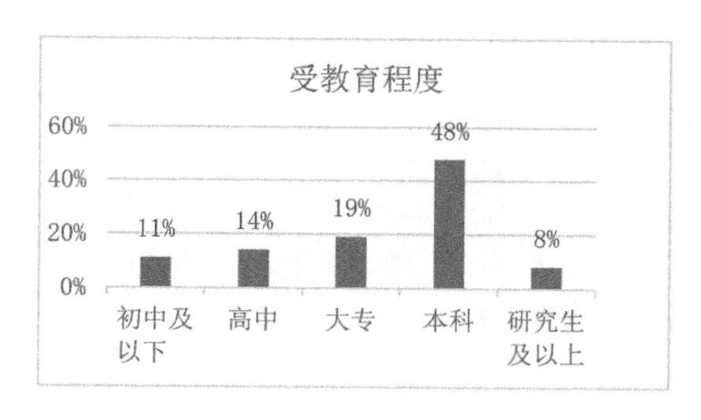


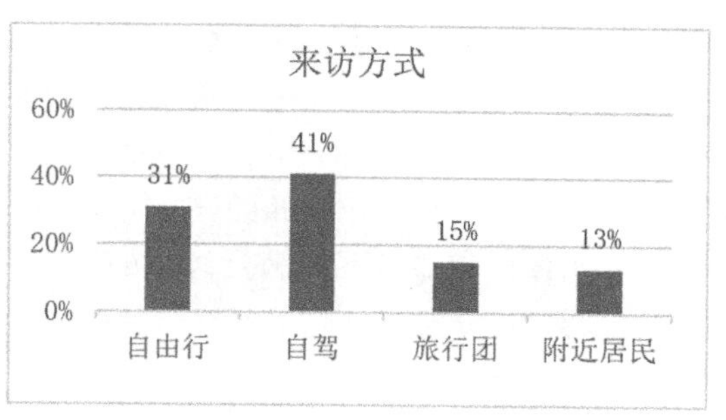


(f) 访客受教育程度

(g) 访客的来访方式

图 5.5　使用者情况分析

2. 评价因素均值分析

延安红色建筑遗产的满意度均值分析采用李克特量表法，将使用者满意度分为五个等级，分别是很满意、较满意、一般满意、不满意、非常不满意，分别赋值 5～1。通过统计可见，访客对枣园红色建筑遗产的景观特色、历史文化氛围的评价分数高于 4.0，结果显示较满意；但对红色建筑遗产的标识导向、休憩设施、公厕设置的评价分数低于 3.0，结果显示不满意(见图 5.6)。

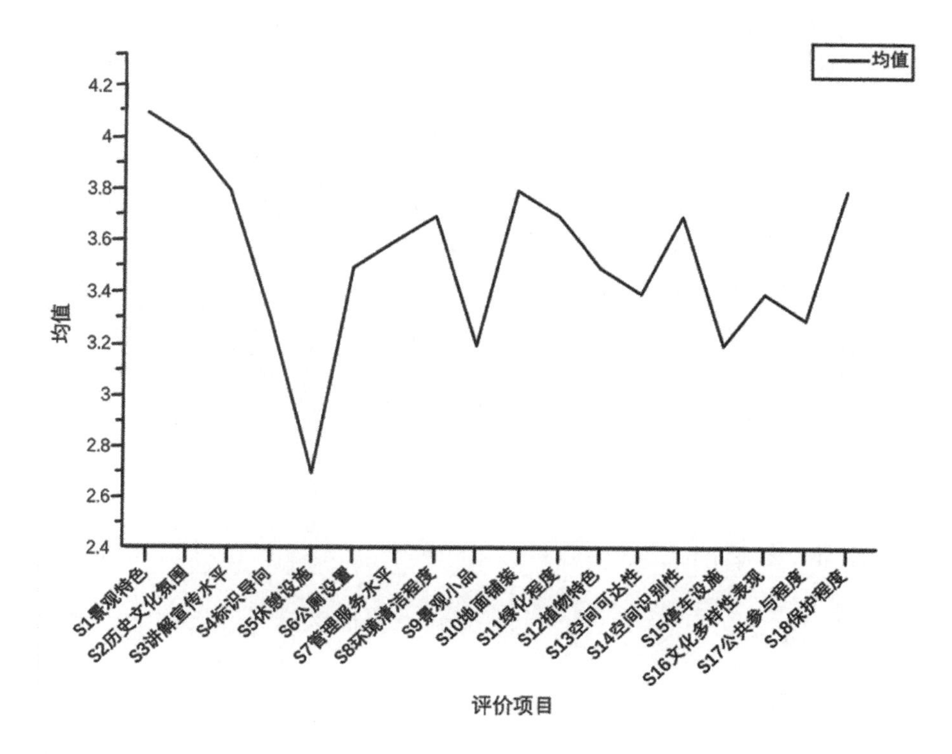


图 5.6　均值分析图

访客对枣园红色建筑遗产的基础设施评价结果不满意，原因有如下三点：一是枣园红色建筑遗产由于自身的地理位置，交通路网以单行道为主，造成内部交通不便；二是枣园红色建筑遗产的地形存在高差，分布较散且坡度较大，部分访客因身体不便而无法到达；三是人流量较大时，枣园红色建筑遗产的基础设施不能满足大量访客的需求。

枣园红色建筑遗产标识导向、休憩设施、公厕设置使用后评估结果不满意，其原因有如下三点：一是枣园红色建筑遗产的景观空间的标识导向引导性较弱；二是枣园红色建筑遗产的休憩设施较少，不能满足访客的停坐需求；三是枣园红色建筑遗产内公厕设置的硬件设施较弱、数量较少，不能充分满足特殊访客群体的使用需求。

### 3. 差异显著性分析

从调研问卷中对枣园红色建筑遗产的访客性别、来访次数、受教育程度、职业及游客来源进行统计，选取不同因子作为自变量进行单因素方差分析，分析差异显著性，检验访客对枣园红色建筑遗产的满意度是否有差异，得出访客对满意度的影响程度。运用SPSS20软件，分析差异性 $P$ 值，若 $P>0.05$，表示差异性较小；若 $0.01<P<0.05$，表示有差异；若 $P<0.01$，表示有显著差异(见表5.5)。

表5.5　差异显著性分析表

| 评价因子 | 自变量 | 性别<br>$P$ 值 | 来访次数<br>$P$ 值 | 受教育程度<br>$P$ 值 | 职业<br>$P$ 值 | 来源<br>$P$ 值 |
|---|---|---|---|---|---|---|
| 历史文化评价 | 历史文化氛围 | 0.458 | 0.009 | 0.439 | 0.010 | 0.071 |
| | 文化多样性表现 | 0.553 | 0.012 | 0.211 | 0.102 | 0.421 |
| | 公众参与程度 | 0.318 | 0.197 | 0.018 | 0.680 | 0.421 |
| 环境景观评价 | 空间可达性 | 0.144 | 0.003 | 0.002 | 0.000 | 0.452 |
| | 空间识别性 | 0.754 | 0.036 | 0.233 | 0.002 | 0.001 |
| | 景观特色 | 0.085 | 0.063 | 0.511 | 0.223 | 0.351 |
| | 植物种类 | 0.195 | 0.106 | 0.615 | 0.683 | 0.410 |
| | 绿化程度 | 0.698 | 0.016 | 0.563 | 0.211 | 0.107 |
| | 标识导向 | 0.089 | 0.097 | 0.554 | 0.617 | 0.669 |
| | 景观小品 | 0.451 | 0.441 | 0.572 | 0.115 | 0.001 |
| 基础设施评价 | 停车设施 | 0.285 | 0.000 | 0.009 | 0.076 | 0.218 |
| | 休憩设施 | 0.070 | 0.616 | 0.000 | 0.240 | 0.000 |
| | 地面铺装 | 0.303 | 0.872 | 0.164 | 0.057 | 0.393 |
| | 公厕设置 | 0.553 | 0.074 | 0.102 | 0.258 | 0.183 |
| 保护管理评价 | 保护程度 | 0.463 | 0.141 | 0.054 | 0.017 | 0.083 |
| | 讲解宣传水平 | 0.544 | 0.261 | 0.106 | 0.612 | 0.500 |
| | 环境清洁程度 | 0.670 | 0.000 | 0.416 | 0.630 | 0.267 |
| | 管理服务水平 | 0.920 | 0.473 | 0.009 | 0.302 | 0.498 |

以访客的性别、来访次数、受教育程度、职业和来源五个为自变量进行单因素方差分析，针对18项评价因子进行不同使用者的差异显著性分析，分析结果如下：

(1) 性别差异性 $P>0.05$，得出性别对枣园各项要素的满意度评价的差异性较小。

(2) 来访次数差异性 $P<0.01$，得出来访次数对历史文化氛围、空间可达性、停车设施、环境清洁程度的满意度评价有显著差异；来访次数差异性 $0.01<P<0.05$，得出来访次数对文化多样性表现、空间识别性、绿化程度的满意度评价有差异。

(3) 受教育程度差异性 $P<0.01$，得出受教育程度对空间可达性、停车设施、休憩设施、管理服务水平的满意度评价有显著差异；受教育程度差异性 $0.01<P<0.05$，得出受教育程度对公共参与程度的满意度评价有差异。

(4) 职业差异性 $P<0.01$，得出职业对空间可达性、空间识别性的满意度有显著差异；职业差异性 $0.01<P<0.05$，得出职业对历史文化氛围、保护程度的满意度评价有差异。

(5) 访客来源差异性 $P<0.01$，得出访客来源对空间识别性、休憩设施的满意度有显著差异；访客来源差异性 $0.01<P<0.05$，得出访客来源对景观小品的满意度评价有差异。

综上可知，访客的来访次数、受教育程度、职业和访客来源对延安红色建筑遗产满意度评价都有显著差异性，而性别对延安红色建筑遗产满意度评价差异性较小。

#### 4. 访客行为活动分析

##### 1) 人流量分析

样本的人流量调研选取访客的高峰期，样本时间在 2017 年 10 月 2 日到 4 日，在枣园红色建筑遗产的四个地点统计访客人流量，统计地点分别是主入口、毛泽东旧居、刘少奇旧居以及铜像广场，统计时间从 7:45 到 17:00，单位时间为 15 分钟。可以看出，上午人流量随时间递增，单位时间增长在 100～300 人，上午 10:00 左右达到最高峰，上午 10:30～12:00 逐渐减少，上午访客人流量累计为 12 551 人次；下午人流量随时间递减，下午 14:30～16:30 最多，之后逐渐减少，下午访客人流量累计 727 人，高峰期全天访客人流量为 22 154 人。

总体来看，访客人流量上午高于下午，访客聚集最多的是主入口处，单位时间内访客人流量最高达到 1051 人；访客聚集第二多的在铜像广场和毛泽东旧居，单位时间内访客人流量分别达到 882 人和 715 人；访客聚集第三多的在刘少奇旧居，单位时间内访客人流量达到 482 人(见图 5.7)。

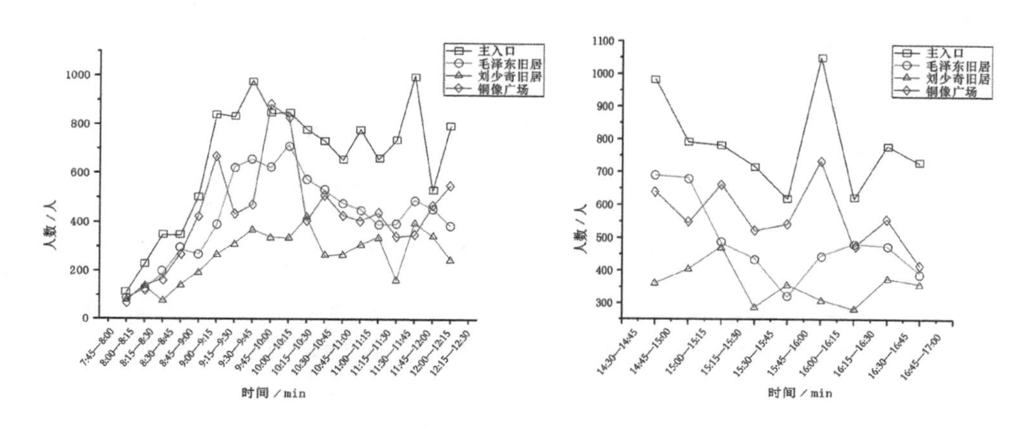


图 5.7　访客人流量分析图

通过人流量分析可以看出，枣园红色建筑遗产访客人流量较大且较容易集聚，因此枣园红色建筑遗产需要提供足够的公共空间及休憩设施，以满足访客的需求，增加访客对红色文化的互动体验感。

2）行为活动分析

对枣园红色建筑遗产进行访客的环境行为研究，分析访客在枣园红色建筑遗产的行为活动，总结访客的行为特征，可为营造高品质的公共空间提供参考。枣园红色建筑遗产的访客人群主要是中青年，行为活动有参观、拍照留念、参与文化活动、休憩等。如图5.7所示，访客参观主要聚集在名人旧居处，访客拍照留念主要聚集在铜像广场，参与文化活动主要聚集在铜像广场，休憩主要聚集在主入口和毛泽东旧居。

枣园红色建筑遗产四个地点的停留时间统计汇总如表5.6所示。访客停留时间最长的是毛泽东旧居，停留4～15分钟，平均停留7.17分钟；访客停留时间较长的是刘少奇旧居，停留2～7分钟，平均停留4.58分钟；访客停留时间较短的是铜像广场，停留2～7分钟，平均停留3.5分钟；访客停留时间最短的是主入口处，停留1～3分钟，平均停留2.2分钟。停留时间最长的毛泽东旧居人流量较大，旧居中的八角亭提供了休憩场所，因此参观休憩的时间最长；停留时间最短的主入口，人流较大且没有休憩场所，多数访客不做过多停留，停留时间最短；其余地点访客停留进行参观、拍照留念，停留时间适中。

表5.6　枣园四个活动点访客的行为活动统计表

| 地点 | 停留时间/分钟 | 行为活动 | 行为特征 |
|---|---|---|---|
| 毛泽东旧居 | 4～15分钟，平均7.17分钟 | 参观、听讲解、拍照、休憩 | 伟人旧居人流量大，参观、听讲解、拍照、休憩的访客较多 |
| 刘少奇旧居 | 2～7分钟，平均4.58分钟 | 参观、听讲解、拍照 | 名人旧居人流量较大，参观、听讲解、拍照的访客多 |
| 铜像广场 | 2～7分钟，平均3.5分钟 | 拍照、参与文化活动 | 广场人流量较大，不定期有文化活动，参观、拍照的访客多 |
| 主入口 | 1～3分钟，平均2.2分钟 | 拍照 | 入口人流量大，停留访客少 |

## （四）枣园红色建筑遗产的使用后评估结果分析

本节在枣园红色建筑遗产的使用过程中，采用使用后评估法，从枣园红色建筑遗产的历史文化评价、环境景观评价、基础设施评价、保护管理评价四个方面将其划分为18项评价因子，建立枣园红色建筑遗产的评价因素库。

一是在枣园红色建筑遗产满意度的统计中，采用李克特量表法，访客对红色建筑遗产的历史文化氛围、景观特色的评价结果显示较满意，但对枣园红色建筑遗产的基础设施中

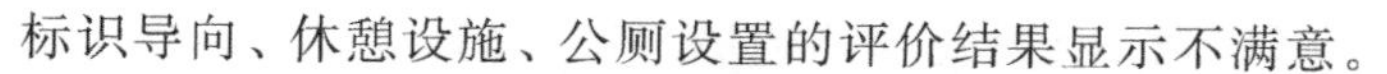
标识导向、休憩设施、公厕设置的评价结果显示不满意。

二是在枣园红色建筑遗产的访客差异性的统计中，采用 SPSS20 方法，访客来访次数、受教育程度、职业和访客来源对延安红色建筑遗产满意度评价都存在显著的差异性，但访客的性别对枣园红色建筑遗产满意度的评价差异性较小。

三是在枣园红色建筑遗产的访客行为活动的分析中，访客人流量较大且较容易停留的毛泽东旧居，有八角亭等提供休憩场所，访客人流量较大且不过多停留的刘少奇旧居和铜像广场未提供休憩场所。可见足够的公共空间及休憩设施是人流量多和停留的重要因素。

## 二、枣园红色建筑遗产的保护利用策略

### （一）注重历史文化氛围

在枣园红色建筑遗产使用后评估中，历史文化氛围评价是影响访客满意度的重要因素之一。由于延安快速的城镇化发展，枣园红色建筑遗产周边的商业建筑不断增加，枣园红色建筑遗产的历史文化环境的完整性遭到一定的损坏，这极大地削弱了人们对枣园红色文化的识别和价值认知，而强调枣园红色建筑遗产的红色文化内涵及内在精神的归属感对红色建筑遗产保护利用较为重要。

枣园红色建筑遗产应控制周边城市风貌，强调延续本区域特色的红色文化内涵，注重延续枣园红色建筑遗产特有的黄土丘陵沟壑空间格局，突出保护枣园红色建筑遗产整体环境景观和红色文化氛围，将无形的文化与有形的建筑遗产空间相结合，传承延安红色文化特色。

### （二）注重空间可达性

在枣园红色建筑遗产使用后评估中，空间可达性评价是影响使用者满意度的重要因素之一。可达性越高的遗产，其历史风貌的认知度也就越高，其承载的延安精神和红色文化内涵就越容易被访客所认知。而强调枣园红色建筑遗产的空间可达性，能够增强访客对红色文化内涵及价值全方位的认知，有利于产生较高的信任度和追随度，进而提升对枣园红色建筑遗产的满意度。

枣园红色建筑遗产受黄土高原丘陵沟壑地貌的影响，应注重枣园内部空间可达性的设计，突出枣园内部空间的便捷交通，进行交通空间的细节设计，增加访客对红色建筑遗产的满意度。

### （三）注重景观特色可持续性

在枣园红色建筑遗产使用后评估中，环境景观特色是影响使用者满意度的重要因素之一。地域景观特色有助于增加人文情怀，留下历史的记忆，增添红色文化遗产的景观价值，尤其是对地域乡土景观的营造，有利于遗产的生境营造，提升枣园红色建筑遗产的生态景观格局。

枣园红色建筑遗产应尽量保留原有植物，尤其是乡土树种，应注重环境景观的空间层次设计，突出枣园红色建筑遗产原有的古树，进行生态景观设计，提升访客对环境景观的满意度。

### （四）注重管理服务水平

在枣园红色建筑遗产使用后评估中，管理服务水平是影响使用者满意度的重要因素之一。提高管理服务有助于访客增加对红色建筑遗产体验的好感度，同时增加基础设施的配备，尤其是休憩设施、停车交通及公厕的设置，有利于遗产公共空间的完善，提升枣园红色建筑遗产的管理服务水平。

枣园红色建筑遗产应增加公共基础设施的设计及建设，尤其是公共空间的基础设施设计，增加景观节点、集散空间，最大限度提供公共活动空间，提升公共服务水平。

# 第六章 延安红色建筑遗产的保护

《礼记·中庸》中“凡事豫则立，不豫则废”表达了筹划和规划的重要性。延安红色建筑遗产的保护及利用工作也需要进行规划(即规划层面上的延安红色建筑遗产的保护)。

## 第一节 延安红色建筑遗产在规划层面的保护

### 一、建筑遗产保护在规划层面的原则和体系

建筑遗产保护规划的核心任务是建筑遗产的有效保护和合理利用，以遗产本体的有效保护为核心，统筹遗产地的用地布局、设施配套、经济发展、社会认可等多方面的发展需求。建筑遗产保护规划不同于常见的规划，是属于底线型规划，以保护建筑遗产原状、控制建设性破坏为目标，在衔接上位规划的同时，对有损于建筑遗产保护的内容提出调整和建议。

建筑遗产保护规划的基本原则是因地制宜、切实有效，应在遵循相关法规和专业技术规范的基础上，兼顾保护和发展的总体方向，开展个案研究，针对不同建筑遗产保护对象的历史文化价值特色和现状发展的主要矛盾，具体问题具体分析，提出因地制宜的规划对策。根据上述原则，建筑遗产保护规划应遵循调查研究、综合评估、设定目标、规划措施的基本工作流程。调查研究主要包括历史研究、现状调查以及相关上位规划的解读；综合评估包括凝练历史文化价值特色，评估建筑遗产与环境的现状，提出需要解决的问题和潜在威胁，明确需要保护的物质和非物质建筑遗产；设定目标包括对建筑遗产保护、利用传承及可持续发展的近期与远期愿景；规划措施包括确定建筑遗产保护区划，制定各类保护对象的保护要求，提出环境的整治措施及道路交通和公共设施的建设规划。

建筑遗产在保护规划层面上分为两大体系：一个是历史文化名城的保护规划(简称名城系列保护规划)，一个是文物保护单位的保护规划(简称文物系列保护规划)。两大系列的保护规划受不同主管部门的管理，其所依据的法律、法规、规范性文件也存在区别，规划对象、技术规范和资质类型也都存在不同(见表 6.1)。

建筑遗产保护规划的两大体系是不同的规划类型，其法定对象及法定概念也有所不同。名城系列保护规划中的历史文化名城、历史文化名镇名村要求单独编制规划，类似于各级总体规划的专项规划，而历史文化街区和历史建筑纳入历史文化名城加以保护。文物系列保护规划的文物保护单位，如全国重点文物保护单位和一部分重要的省级文物保护单位通常要求单独编制保护规划，而其余省级文物保护单位、市县级文物保护单位和一般不可移动文物纳入历史文化名城名镇名村的保护规划，或者是历史文化街区的保护规划加以保护(见表 6.2)。

表 6.1 建筑遗产保护规划的两大体系对照表

| 体系 | 名城系列保护规划 | | | 文物系列保护规划 | |
|---|---|---|---|---|---|
| 法律依据 | 《中华人民共和国城乡规划法》<br>《中华人民共和国文物保护法》<br>《历史文化名城名镇名村保护条例》 | | | 《中华人民共和国城乡规划法》<br>《中华人民共和国文物保护法》<br>《中华人民共和国文物保护法实施条例》 | |
| 主管部门 | 规划主管部门(会同文物主管部门) | | | 文物主管部门(会同相关部门) | |
| 规划对象 | 历史文化名城 | 历史文化名镇、名村 | 历史文化街区 | 全国重点文物保护单位 | 大遗址 |
| 技术规范 | 《历史文化名城保护规划标准》(2018) | 《历史文化名城名镇名村保护规划编制要求(试行)》(2012) | 《历史文化名城名镇名村保护条例》(2008) | 《全国重点文物保护单位保护规划编制要求》(2005) | 《大遗址保护规划规范》(2015) |
| 资质类型 | 城乡规划 | | | 文物保护 | |

表 6.2 建筑遗产保护规划的两大体系中法定保护对象及其概念

| 保护规划体系 | 法定对象 | 法定概念 |
|---|---|---|
| 名城系列保护规划 | 历史文化名城 | 保存文物特别丰富并且具有重大历史价值或者革命纪念意义的城市，由国务院核定公布为历史文化名城。延安属于第一批国家历史文化名城 |
| | 历史文化名镇名村 | 保存文物特别丰富并且具有重大历史价值或者革命纪念意义的城镇、街道、村庄，由省、自治区、直辖市人民政府核定公布为历史文化街区、村镇，并报国务院备案。国务院建设主管部门会同国务院文物主管部门可以在已批准公布的历史文化名镇、名村中，严格按照国家有关评价标准，选择具有重大历史、艺术、科学价值的历史文化名镇、名村，经专家论证，确定为中国历史文化名镇、名村 |
| | 历史文化街区 | 经省、自治区、直辖市人民政府核定公布的保存文物特别丰富、历史建筑集中成片、能够较完整和真实地体现传统格局和历史风貌，并具有一定规模的区域 |
| | 历史建筑 | 经市、县级人民政府确定公布的具有一定保护价值，能够反映历史风貌和地方特色，未公布为文物保护单位，也未登记为不可移动文物的建筑物、构筑物，是城市发展演变历程中留存下来的重要历史载体 |
| 文物系列保护单位 | 文物保护单位 | 古文化遗址、古墓葬、古建筑、石窟寺、石刻、壁画、近代现代重要史迹和代表性建筑等不可移动文物，根据它们的历史、艺术、科学价值，可以分别确定为全国重点文物保护单位，省级文物保护单位，市、县级文物保护单位 |
| | 一般不可移动文物 | 世界文化遗产中的不可移动文物，应当根据其历史、艺术和科学价值依法核定公布为文物保护单位。尚未核定公布为文物保护单位的不可移动文物，由县级文物主管部门予以登记并公布 |

名城系列保护规划目标是保护历史文化名城名镇名村和历史文化街区的历史格局、街巷肌理、物质遗产以及传统风貌，并强调改善生产生活条件，以及传承和展示传统生产生活方式。名城系列保护规划的矛盾在于城市空间格局保护、城市风貌保护、历史文化街区保护与城市整体用地、交通、经济发展之间的矛盾，应当在动态发展中寻求平衡。

文物系列保护规划目标是保护文物本体及其周围环境不受自然和人为因素的破坏与影响，同时满足合理且适度的展示利用需求。大部分文物保护单位规模相对较小，功能相对简单，在保护文物本体及其环境的同时需要协调一定范围内的用地发展和交通问题。

延安是历史文化名城，分布着众多的文物保护单位，在延安红色建筑遗产保护规划中，当保护规划对象相互重叠时，原则上按照保护要求高的规定执行。一般而言优先考虑文物保护单位的保护范围和建设控制地带、其次是历史文化名城名镇名村和历史文化街区的核心保护范围和建设控制地带。

延安红色建筑遗产是建筑遗产的重要组成部分，因此延安红色建筑遗产的保护规划参照建筑遗产保护规划的两大体系，分别是延安历史文化名城保护和延安红色建筑遗产保护。

## 二、延安红色建筑遗产在规划层面的保护

延安是国务院在 1982 年公布的第一批国家级历史文化名城，延安拥有大量的革命文物和红色历史建筑。因此，既要重视名城系列的保护规划，又要重视文物系列保护规划以及红色历史建筑的保护规划，我们在保护延安历史文化名城的基础上，最大限度地保护革命文物、红色历史建筑的物质本体，努力保存其真实性(见图 6.1)。

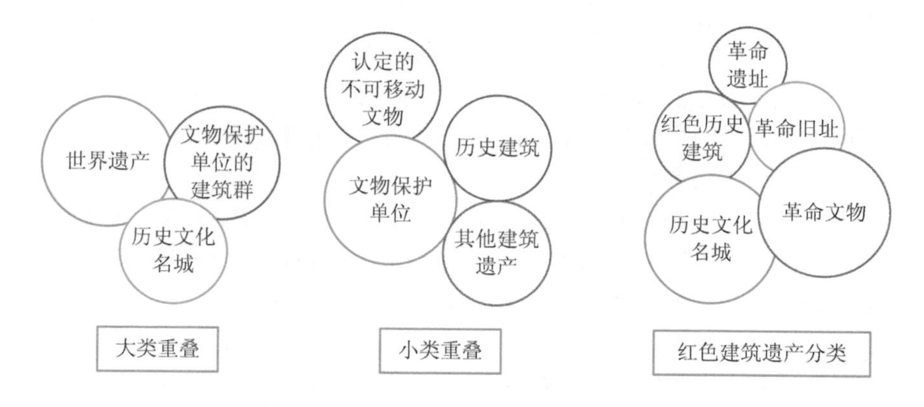


图 6.1　红色建筑遗产分类图示

### (一) 保护框架

延安历史文化名城保护分为物质形态保护和非物质形态保护，物质形态保护主要是城市整体风貌、历史城区、文物保护单位三个方面，非物质形态保护主要是地方传统文化、民俗及民间工艺两个方面(见图 6.2)。

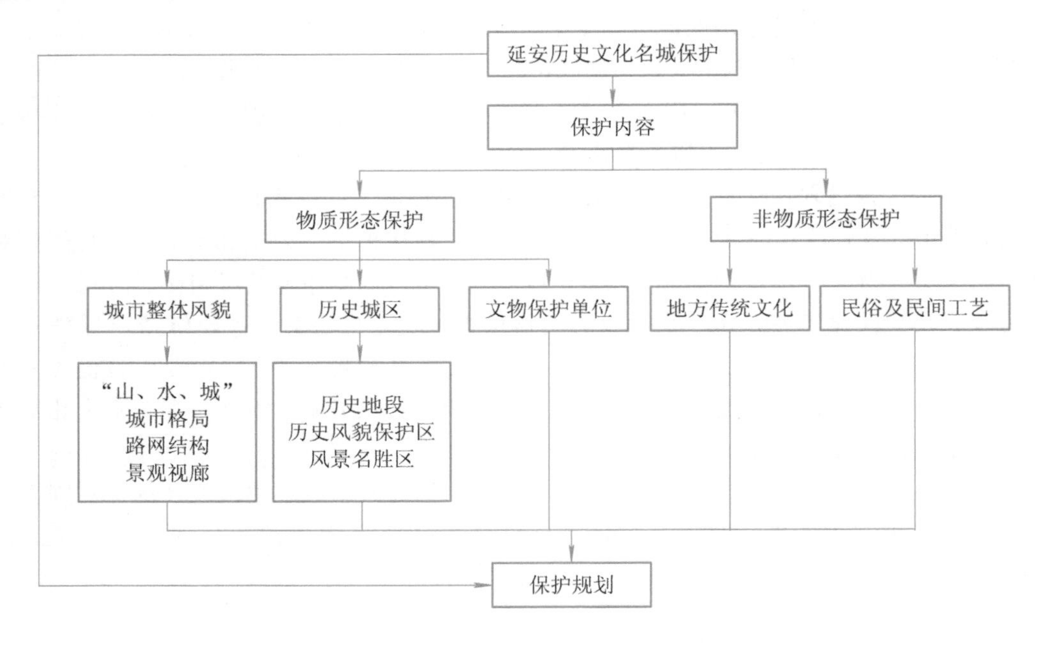


图 6.2 延安历史文化名城保护框架图

## （二）现状分析

### 1. 区位分析

延安的地理区位：延安位于黄土高原中南部、陕西的北部，距陕西省会西安约 371 千米，属黄河中游地区，延安市辖宝塔区、安塞区、延长县、延川县、子长市、志丹县、吴起县、甘泉县、富县、洛川县、宜川县、黄龙县、黄陵县 13 个区县。延安古称延州，历来是陕北地区的政治、经济、文化和军事中心，是兵家必争之地，有"塞上咽喉""军事重镇"之称，被誉为"三秦锁钥，五路襟喉"。延安城区依托着凤凰山、清凉山、宝塔山与延河、南川河，形成了独特的"Y"形城市构架。

延安的交通区位：延安道路交通受延安城市"三山两河"的空间格局的影响，城内道路系统形成"Y"形格局，顺延河、南川河呈枝状蔓延。210 国道横穿延安城区，环城公路分布在城区附近，铁路、公路、飞机为主要运输方式。延安市域南部的 G309 国道，贯通延安与甘肃、宁夏、山西等地的联系。延安的铁路客运可直达北京、石家庄、郑州、上海、南京、无锡、苏州、西安、榆林、神木、安康等城市。延安 210 国道纵贯延安全境，包茂高速公路纵贯延安南北，向北可以直达榆林、包头，向南至西安约三个半小时到达。延安机场位于延安市区东二十里铺，有往返于西安、北京、太原等城市的航班。延安火车站位于市区的七里铺，连接南北干线的包西铁路和西延铁路段，加强了延安向南与西安、延安向北与榆林、内蒙古之间的交通联系。延安长途汽车站位于东关大街，毗邻延安火车站，每天有发往西安、榆林、包头、宝鸡、兰州、银川、太原、洛阳、石家庄、北京等省内外大中城市的长途客车。延安对外交通规划中的太中银铁路是横贯黄土高原东西向的重要经济带，是延安东连沿海经济带，西进大西北的重要通道，对延安经济的跨越式发展十分有利(见图 6.3)。

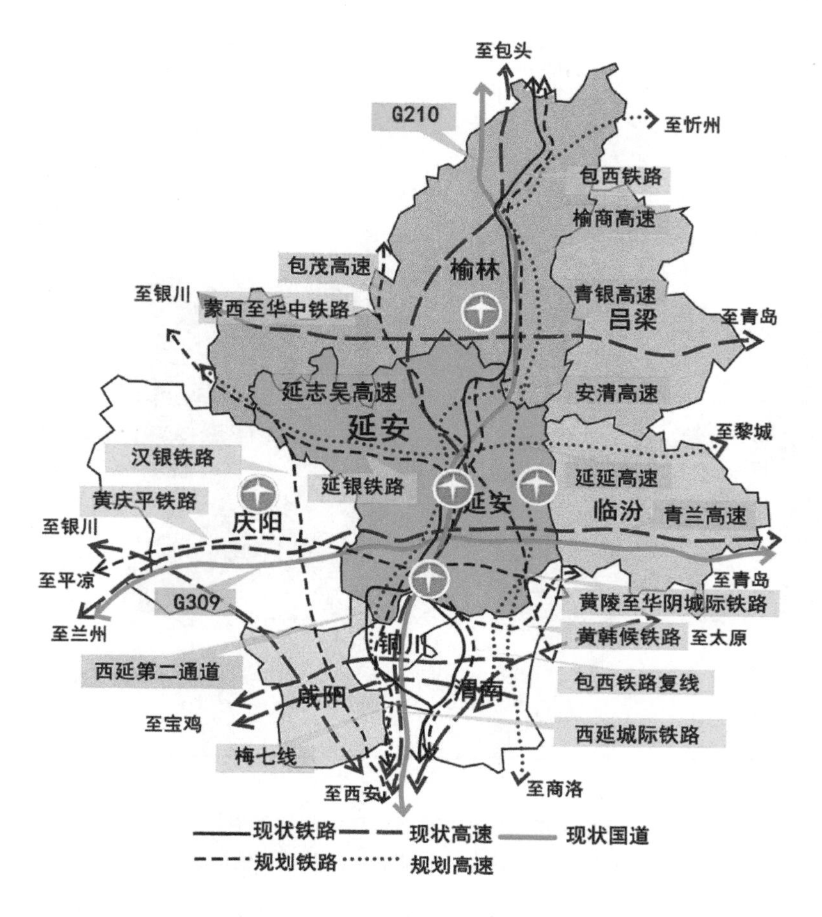


图 6.3 延安对外交通规划图

资料来源：《延安市城市总体规划(2015—2030)》，上海同济城市规划设计研究院编制.

延安的经济区位：延安生态环境脆弱，经济总体水平偏低，但能源、矿产等自然资源丰富。延安市位于西部大开发区域的东中部，向西是资源丰富的西部经济区，向东是城市化水平高的泛沿海南北经济发展带，它处于承东启西的位置。

延安市位于南北地势落差的交界处，向北是广袤的黄土高原，其正在不断加大退耕还林、优化产业格局，矿产资源丰富，生态建设成效显著；向南是陕西中部以西安为中心的关中城市群，关中城市群已成为我国西部地区拥有高新技术产业开发带和星火科技产业带，是西北乃至西部地区的发展优势区域，形成了高等院校、科研院所、国有大中型企业相对密集且能够辐射西北经济发展的高新科技产业密集区，延安处于贯通南北的特殊位置。

西部大开发为延安经济发展注入了新的血液，从红色旅游到新经济产业发展规划见证了西部大开发实施以来延安的奋斗历程。特殊的地理位置决定了延安不仅是中国城市经济发展西进的门户之一，也是南北经济关中城市群经济发展的重要节点(见图 6.4)。

从国家战略看，延安地处关中平原城市群、呼包鄂榆城市群及宁夏沿黄城市群、山西中部城市群的地理中心位置，该区域在城市规模、经济潜力、资源条件、城市建设条件等方面具有优势。延安随着包茂(包头—西安—茂名)高速公路的全线贯通，开通南侧(青

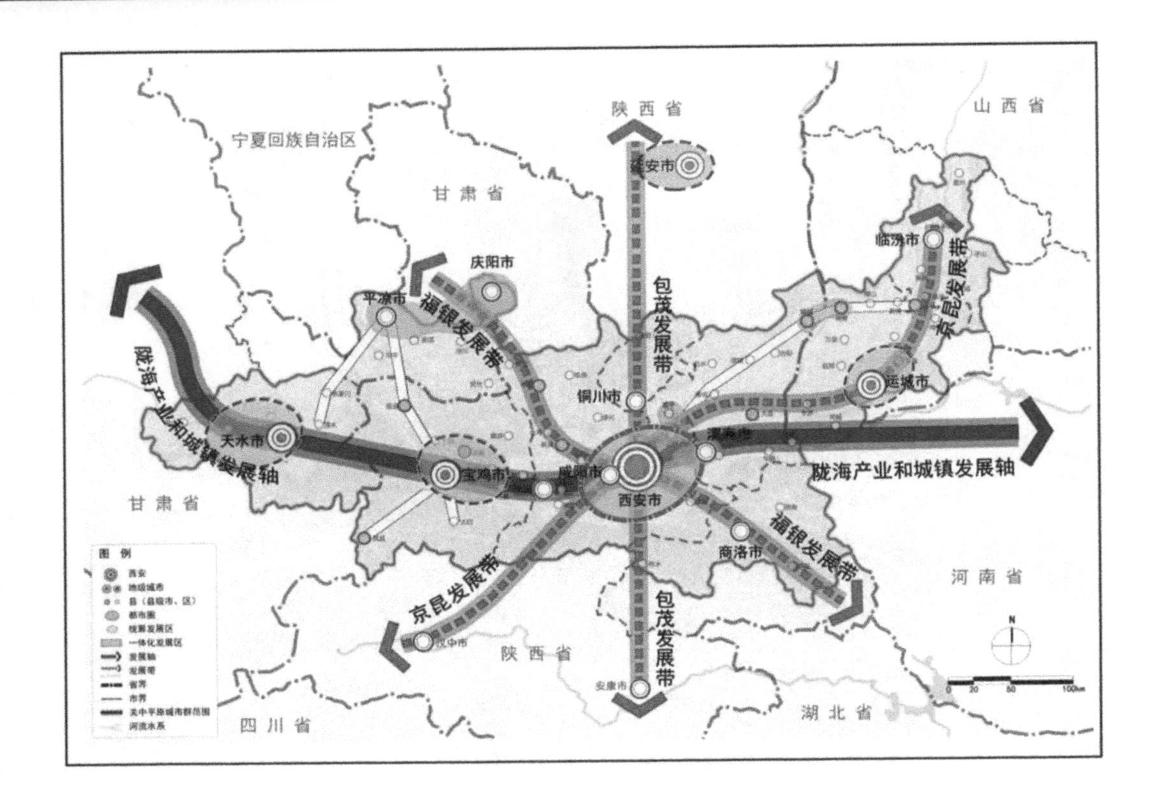


图 6.4　关中平原城市群空间格局图

资料来源:《关中平原城市群发展规划》国家发展改革委，住房城乡建设部联合印发.

岛—延安—喀什)和北侧(青岛—济南—石家庄—太原—银川)的两条东西方向干道。随着西包铁路的提速，延安将成为商贸、旅游区域中心城市，延安与南部西安、北部榆林、东部山西和西部甘肃宁夏等地之间的经济、文化联系加强，将成为西部地区重要的经济增长极。

从区域战略看，延安处于陕甘宁经济区。陕甘宁经济区是西部地区的新经济增长带，延安是中国革命圣地和中华人民共和国的摇篮，这里诞生了光辉的毛泽东思想，孕育了伟大的延安精神，是中国共产党的传家宝，是中华民族宝贵的精神财富。陕甘宁老区留下了大量的红色建筑遗产，随着区域经济合作加强，推动红色旅游资源共享，推进红色资源利用建设，是陕甘宁重要的经济举措(见图 6.5)。

延安城区受“三山夹两河”空间环境的影响，中心城区的用地规模有限。随着城市更新改造的进程，延安城区的城市建设密度和建筑高度越来越高，历史文化名城保护的压力越来越大。同时，城市空间规模的扩张也严重威胁革命文物的保护，尤其是革命文物周边环境受到威胁，如延安西北川受到城市开发的影响，建筑密度和建筑高度不断攀升，西北川大量的革命文物周边环境都受到影响。甚至由于多种原因，全国重点文物保护单位周边环境也遭到破坏，这既损害了原有的传统风貌环境，也影响了延安革命圣地的光辉形象。延安城区依然存在一些安全隐患，威胁着革命文物的保护。城市防洪能力不能满足防洪要求，如宝塔山、清凉山的部分地区存在滑坡隐患，革命文物随时有被破坏的威胁(见图 6.6)。

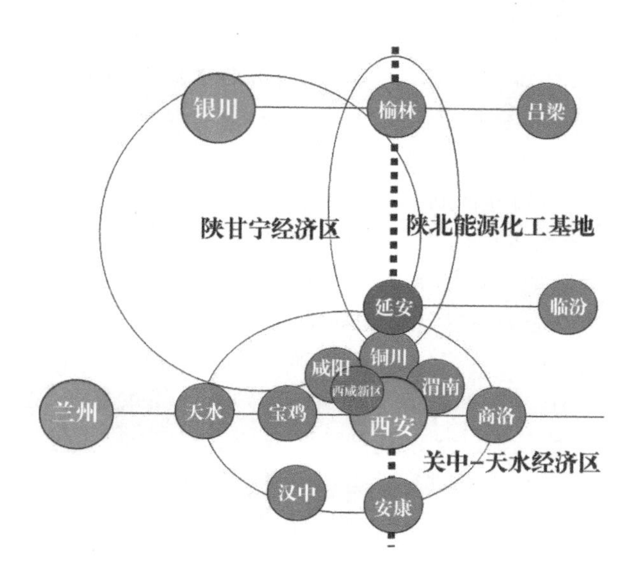


图 6.5　延安经济发展战略图

资料来源：《延安市城市总体规划(2015—2030)》，上海同济城市规划设计研究院编制.

图 6.6　延安城区空间发展问题现状图

延安需要集中红色文化资源优势，充分利用城市区位的优势条件，加快交通等基础设施建设，进行生态环境治理，完善红色文化旅游配套；实施文化产业转型，突破地域限制，营造山川秀美的生态环境，形成走出去、引进来的良好发展模式，带动区域经济的发展。

2. 历史文化分析

延安属边陲重镇，向来是群雄必争之地，各朝历代均在这里设过郡、州、府衙，留下了丰富的历史文化遗产，如城墙、城门、钟楼、鼓楼、教堂、土城、烽火台等。延安历史文化名城是我国北方地区山水城市的典范，它依山而建、以山为屏、临水造城，呈梅花状分布，充分利用山水的自然生态条件，形成山、水、城三位一体的延安历史文化名城。

首先，延安城的选址因地制宜，巧妙地融入了“天人合一”，采用与自然和谐共处的传统理念，形成了依山傍水、“三山对峙，二水中流”和“五花莲城”的城市格局，是我国城市发展史的重要代表。其次，延安城的军事文化色彩浓厚，数千年一直为西北边塞重镇，特别是宋金时期，是宋与西夏和金与西夏对峙相争的前线指挥部，有府城、围城、望寇台、烽火台等军事设施，也成就有如范仲淹、沈括、狄青等名臣良将的千古功业。再次，延安崇文之风蔚然，传统文化繁荣，如嘉岭书院、府学、文昌阁、柳湖、迎薰亭、杜甫祠、摩崖石刻和文人墨客的吟咏唱和，都散发着浓郁的文化气氛。此外，延安多种文化包容，有书院和文庙等儒家文化，有太和山和神仙洞等道家文化，有石窟和宝塔等佛家文化，兼有基督教堂和天主教堂等西方基督教文化，并且民间文化丰富多样，有如陕北民歌、秧歌、鼓乐、说书、道情、剪纸、雕刻等陕北特色的非物质文化。最后，延安拥有大量典型的红色建筑遗产，1937 至 1947 年，延安作为陕甘宁边区的首府，是中共中央所在地，是中国人民解放斗争的总后方，这里经历了全民族抗日战争、整风运动、大生产运动、中共七大和解放战争等一系列影响和改变中国历史进程的重大事件，特别是毛泽东等老一辈革命家培育的自力更生、艰苦奋斗、实事求是、全心全意为人民服务的延安精神，是中华民族精神宝库中的珍贵财富，也是全国人民团结一致进行社会主义现代化建设的重要精神支柱。

在延安历史文化的物质层面中，革命文物保护单位 396 处，其中全国重点文物保护单位 28 处，省级文物保护单位 143 处，市县级文物保护单位 94 处，一般不可移动文物 131 处。现将延安建筑遗产按照全国重点文物保护单位、省级文物保护单位、市县级文物保护单位分为三类，以延安 13 个区县的统计结果显示，革命文物保护单位集中分布在延安宝塔区，其次分布在子长市、吴起县等。数据统计发现：全国重点文物保护单位主要分布在宝塔区、子长市，省级文物保护单位集中在宝塔区、子长市，市县级文物保护单位分布较为分散(见表 6.3)。延安革命文物是延安历史文化中的重要资源，应充分了解其保存现状、遗产特征和遗产价值，进行保护规划及展示利用。

表 6.3　延安革命文物数据汇总表

| 延安 | 全国重点文物保护单位 | 省级文物保护单位 | 市县级文物保护单位 | | 一般不可移动文物 | 小计 |
|---|---|---|---|---|---|---|
| | | | 市 | 县 | | |
| 宝塔区 | 18 | 48 | 17 | 5 | 29 | 117 |
| 安塞区 | 1 | 13 | 4 | 0 | 12 | 30 |
| 子长市 | 5 | 28 | 15 | 5 | 23 | 76 |
| 吴起县 | 1 | 8 | 12 | 1 | 13 | 35 |
| 甘泉县 | 0 | 15 | 5 | 0 | 5 | 25 |
| 延川县 | 0 | 6 | 3 | 10 | 5 | 24 |
| 志丹县 | 1 | 7 | 6 | 1 | 7 | 22 |
| 宜川县 | 0 | 4 | 0 | 0 | 13 | 17 |
| 富县 | 0 | 5 | 0 | 0 | 5 | 10 |
| 延长县 | 1 | 2 | 3 | 0 | 11 | 17 |
| 黄龙县 | 0 | 2 | 5 | 0 | 2 | 9 |
| 洛川县 | 1 | 3 | 0 | 0 | 2 | 6 |
| 黄陵县 | 0 | 2 | 1 | 1 | 4 | 8 |
| 小计 | 28 | 143 | 71 | 23 | 131 | 396 |

资料来源：陕西省文物局(http://wwj.shaanxi.gov.cn/)陕西省不可移动革命文物名录，延安市人民政府(http://www.yanan.gov.cn/)第一批延安市文物保护单位范围及建设控制地带。

延安红色建筑遗产的现状分为革命文物和红色历史建筑，革命文物又可分为全国重点文物保护单位，省级文物保护单位，市县级文物保护单位及一般不可移动文物。革命文物现状情况如下：首先，全国重点文物保护单位和省级文物保护单位的保存状态较好，得到了较好的保护和维修。虽然这些文物保护得到较好的修缮和保养，但仍存在窑洞建筑难以克服的墙面返碱和室内潮湿问题，同时革命文物相关的附属部分的保存状态不佳，出现被占用的情况，如延安县委县政府旧址、陕甘宁边区政府旧址、南泥湾革命旧址、中共中央西北局旧址等附属建筑仍被占用，革命文物的附属边缘部分出现建筑风蚀严重、不当改造与建设、不当修缮和维护，边缘建筑的保护存在很大的不确定性破坏因素。其次，市县级文物保护单位的革命文物保存状态不容乐观，这类文物保护单位由于保护力量不足，有些文物保护单位被长期占用，出现建筑老化严重、自行维修甚至推倒新建的毁灭性破坏，如延安中央医院旧址旁新建两层砖混建筑，严重影响了旧址的整体面貌，又如杨家湾民办小学旧址中的建筑，受自然破坏因素的影响，残破损坏严重。最后，延安革命文物保护单位旧址中土窑、砖窑建筑的保护存在很多破坏的不确定因素，尤其是夯土土窑和砖石贴面的土窑洞保护存在不确定的破坏因素。

无级别的红色建筑遗产的保存状态形势严峻。目前延安市有革命文物396处，仍然存在一些未被认定的红色历史建筑，这部分红色历史建筑是延安不可缺少的红色文化资源，是中国共产党红色文化的物质载体。这部分红色历史建筑数量多，规模小且分散，交通不完善，难以进行整体性保护，毁坏较为严重，除少部分被各单位认领外，其余存在着较大的不确定性，有随时被拆除更新的可能，因此少数红色历史建筑面临的保护问题较为严峻。

延安红色建筑遗产保护存在的主要破坏因素有两种：一种是自然破坏因素，水土流失、洪水、山体塌方等灾害破坏，日晒雨淋侵蚀使得室内潮湿、建筑结构的老化及病害等破坏；另一种是人为破坏因素，人为拆除、改建、基础设施建设等破坏。延安红色建筑遗产受自然破坏会出现构件损坏，主要为窑洞贴面檐口糟朽损坏、檐口脱落坍塌、门窗构件糟朽脱落、地面磨损的病害破坏；也会出现潮湿与返碱，主要为室内粉刷潮湿返碱，造成局部粉刷层点状酥碱和片状脱落。延安红色建筑遗产受人为损坏，主要是在城镇改造和新农村建设过程中，破坏红色建筑遗产的真实性和完整性。在遗产保护过程中，由于遗产数量众多，文物保护部门的财力有限，红色建筑遗产所有权与使用权分属多头，使得红色建筑遗产保护面临着复杂与被动的局面，导致被占用或毁坏。

在延安历史文化的非物质层面中，非物质文化包含红色文化教育、红色文化艺术、重要运动、重要会议、红色人物事迹以及具有延安特色的地方艺术如秧歌、说书、唢呐、剪纸、传统工艺和民俗，非物质文化遗产保护的关键在于将无形的非物质文化遗产与有形的城市空间和建筑场所结合起来，根据特定场所的历史文化背景，规划安排适当的非物质文化研究、展示、传承空间和场所，融入城市生活的文化生活和旅游事业。

因此，延安历史文化名城保护规划的内容包括物质形态的保护和非物质形态的保护两个方面。物质形态的保护规划分为城市整体风貌、历史城区和文物保护单位三个层次，非物质的保护分为地方传统文化、民俗及民间工艺的文化展示及传播两个层次。

3. 环境分析

延安城市环境是城市中心建成区和城镇周边的乡村、河谷和山梁沟壑共同形成的环境，随着区域经济的增长，城市和城镇基础设施建设使延安红色建筑遗产所在的原始环境受到影响，遭到一些破坏。延安城区从古代的“五城三山绕城桓”演变为“两横三纵”到现在的“三川交汇”，城市建设主要集中在东川、南川和西北川三条大的平川，由于川道内有延河、南川河穿过，城区建设用地呈狭长的“Y”形。现代延安城市人口迅速增多，城市建设逐渐向川道拓展，并逐步入沟(见图 6.7)。

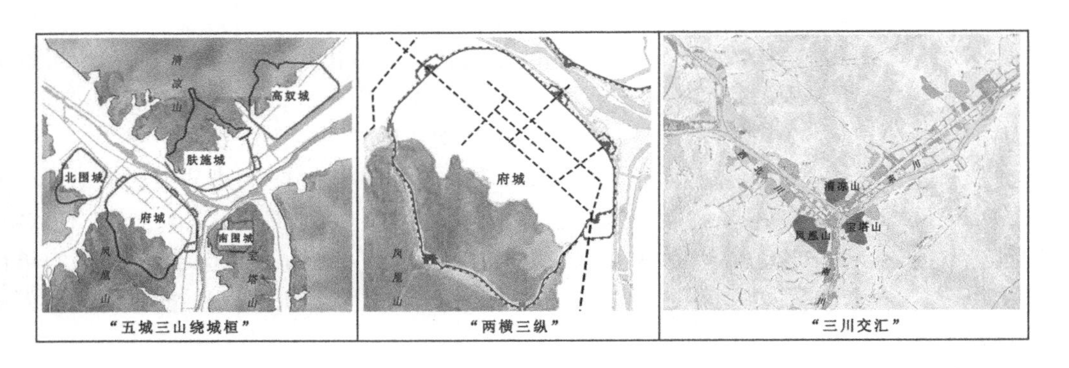


图 6.7　延安城区环境空间的历史演变图

延安城市环境中的历史文化名城和红色建筑遗产的保护压力大。城市呈“线”状布局，东川长度超过 20 千米，宽度不足 1 千米，因此城市环境面临建筑密集、交通设施干扰、不当建筑建设及荒废性破坏等问题。

延安红色建筑遗产周围环境的建筑密集主要有两类情况：一类情况为新建建筑对红色建筑遗产周边环境造成的干扰，主要出现在城区中心地段，如延安城区内建筑数量、体量和高度的增加，对红色建筑遗产形成了强烈的压迫感，如凤凰山革命旧址、陕甘宁边区政府旧址、中央军委通信局(三局)旧址、光华农场旧址等，其已处在水泥建筑的包围之中；另一类情况为红色建筑遗产周边虽为密集建筑，但基本为地域乡土民居形式，如延安中央医院旧址、白求恩国际和平医院旧址、中国医科大学旧址等，这类情况存在环境变化的不确定性。

延安红色建筑遗产交通干扰的情况主要为交通线路穿行红色建筑遗产所在区域；有的是村级公路穿行而过，如王家坪革命旧址、杨家岭革命旧址等都被村级道路穿行；有的是铁路穿行而过，如延安县委县政府旧址被铁路穿行。这些穿行红色建筑遗产的交通线路，后期会有拓宽施工的可能性。

延安红色建筑遗产周围环境的不当建筑建设主要有两种情况：第一种是红色建筑遗产与周边建筑建设之间的不协调，表现为在红色建筑遗产保护范围内进行的乱建，如在陕甘宁边区银行旧址前方新建的高层建筑，在八路军通信材料厂旧址及附属建筑进行的不恰当的改建和重建；第二种是红色建筑遗产景观改造的不恰当，表现为红色建筑遗产环境改造中进行的广场及附属设施的不恰当建设，如凤凰山革命旧址入口大门及景观广场的建设、陕甘宁边区银行旧址的景观广场建设、南泥湾纪念馆前的景观广场建设、《为人民服务》讲话台的景观小品建设等，不当的景观改造建设由于对红色建筑遗产的文化环境内涵的把握不准确，使得景观改造设计风格与红色建筑遗产周围环境协调性较差，因此造成了不可逆转的破坏。

延安红色建筑遗产荒废性破坏主要是延安有部分的红色建筑遗产被荒弃，现处于无人居住和管理的状态。有的是山体滑坡、杂草丛生、边坡坍塌等造成红色建筑遗产及其环境的破坏，如延安县委县政府旧址、白求恩国际和平医院旧址等。这类情况由于红色建筑遗产处于偏僻地段，存在着诸多被破坏和毁灭的可能性。

从以上内容可以看出延安红色建筑遗产保护存在三个问题：一是延安城市建设规模的不断扩大，威胁着红色建筑遗产的本体建筑及环境。有些红色建筑遗产由于规模小，分布散，处于乡镇建筑的包围之中，随着城乡建设中新建建筑的规模不断增加，红色建筑遗产的周边环境空间逐渐压缩，如果红色建筑遗产本身缺乏维护，遗产环境就会破败不堪。二是由于红色建筑遗产周边建筑风格的改变，使得红色建筑遗产及其环境与周围建筑风格不协调。有些红色建筑遗产周边环境的不断翻新，已不同于红色建筑遗产所要求的文化风貌环境，其交通及基础设施的更新改造，一轮又一轮城市建设，使得红色建筑遗产及其环境渐渐孤立。三是红色建筑遗产及环境的荒废较严重。由于延安文物保护单位数量巨大，导致保护力量分散，存在着一些没有实施有效保护管理的红色建筑遗产，造成其闲置和荒废，致使少数红色建筑遗产周围荒草丛生乃至垃圾成堆。以上这些红色建筑遗产及环境出现的问题，十分不利于延安古城保护和城市文脉的延续。

### （三）延安历史文化名城的保护规划

延安历史文化名城保护规划应遵循《历史文化名城保护规划标准(2018)》提出的四项原则，分别是保护历史真实载体的原则；保护历史环境的原则；合理利用、永续发展的原则；统筹规划、建设、管理的原则。第一项保护历史真实载体的原则，文化遗产的根本价值在于“因时光流逝而赋予的价值”，时光不可逆，文物古迹和历史环境不可再生，保护真实的历史遗迹是遗产保护规划的首要目标，谨慎决策破坏历史格局和历史场所精神的建设；第二项保护历史环境的原则，文物古迹保护包含着对一定规模环境的保护，不能与其所见证的历史和其产生的环境相分离，否则可能传达错误的历史信息，在城镇化过程中，由于土地资源稀缺，要制止开发文物古迹历史环境周边的场所；第三项合理利用、永续发展的原则，延续历史文化名城、历史文化街区、历史建筑的居住等适宜功能，改善生活条件和使用舒适度，本身就是合理利用、永续发展的方式，不能急功近利，过分追求经济效益；第四项统筹规划、建设、管理的原则，应遵循因地制宜、统筹管理的原则，历史文化名城所处的环境千差万别，在城市建设和经济社会发展方面，坚持个案研究，采取因地制宜的保护规划，协调各利益的保护和发展需求，统筹各相关行业和部门的技术和管理要求。

#### 1. 延安历史文化名城的保护

##### 1）物质文化的保护

《延安市城市总体规划(2015—2030)》对延安城市性质的定位是：中国革命圣地、历史文化名城、优秀旅游城市、陕甘宁革命老区区域性中心城市、能源化工基地。延安总体规划对延安城市性质延续了“中国革命圣地、历史文化名城”的定位，这一定位是延安在国家城市体系中最重要的定位，强调了延安“优秀旅游城市”的定位，延安既是红色旅游、历史文化旅游和黄土风情文化旅游的主体旅游区，也是陕北地区红色旅游的核心集散地和服务基地，打造旅游城市有助于延安城市的社会经济持续发展，带来延安城市的繁荣。

延安城市总体规划要求在保护古城风貌和空间格局方面，以宝塔山和宝塔为制高点，形成“三山对峙、二水汇流”的红色圣地城市风貌和空间格局；在保护历史城区方面，保护城区核心保护范围、建设控制地带和圣地保护带；在保护历史街区方面，保护历史文化风貌街区，划定三片历史文化风貌保护区，严格保护历史街区内的历史风貌；在保护文物遗迹方面，保护现存的各类文物古迹遗址，对尚未纳入文物保护单位的有历史文化价值的文物古迹，建议文物部门尽快普查，纳入文物保护单位名单。

(1) 延安城市整体风貌的保护。

延安历史文化名城的保护规划从城市整体层面制定保护战略和措施，保护古城、发展新区是历史文化名城保护发展的一大良策，这为延安城市保护提供了思路：首先，进行老城完善，做好旧城改造和历史文化保护工作，改善居住条件，完善老城内生活配套服务和绿地广场等设施，美化老城环境，加强老城路网改造，增加停车场、公共交通等建设；其次，进行城市新区建设，集中布置城市公共服务设施，带动新区发展和旧城改造，塑造现代化城市中心形象。

延安城市整体风貌的保护从保护延安老城风貌、延续延安山水城市格局、控制城市核心保护区域、凸显延安圣地元素方面实施。在保护老城风貌上，老城区留出一千米的生态绿地保护带，形成“圣地保护带”，严格控制新建和改建建筑，控制建筑高度和建筑风貌，形成独具延安特色的老城保护区，新区建设除退让老城保护区一定的距离外，交通和基础设施等的建设不能从“圣地保护带”穿过；在延续延安山水城市格局上，保护延河、南川河、西川河的主要河流景观以及凤凰山、宝塔山、清凉山形成的山地绿楔景观；在控制延安核心保护区域上，加强对山水绿楔空间的控制，严格有序控制城市高度和色调，构筑具有延安特色的、融汇古今的现代化城市整体风貌；在凸显延安圣地要素上，依托历史文化和名人等元素，通过红色文化创意、革命历史展览、民俗节庆等将圣地要素展示出来，通过建筑符号和城市小品等加以宣传和强化。

延安城市空间肌理的保护从老城空间肌理、延续延安山水空间肌理、控制城市核心空间肌理、凸显红色文化空间肌理方面实施。在保护老城空间肌理上，老城周边留出一千米的生态绿地保护带，形成“视线保护通廊”，严格控制延安城市视线保护通廊，控制嘉陵桥头—宝塔山，清凉山石窟(新华社革命旧址)—宝塔山，延河大桥—宝塔山，王家坪革命旧址—宝塔山，凤凰山古城遗址(革命旧址)—宝塔山，南桥桥头—宝塔山的保护视线通廊间距，新区建设退让老城保护区一定的距离，交通和基础设施等建设不从“视线保护通廊”穿过；在延续延安山水城市的肌理上，加强对延河、南川河、西川河等城区主要河流的景观空间营造，加强对凤凰山、宝塔山、清凉山形成的山地“绿楔”空间的营造，突出延安山水城的特征，以“景在城中、城在景中”为城市风貌控制要求，加强山水“绿楔”的空间营造，塑造独具黄土高原特色的中小尺度的山水环境，构建延安多层次的山水空间格局；在控制城市核心空间肌理上，在老城区周围建设与历史文化风貌相协调的景观空间，在新区营造现代城市景观空间，严格控制滨水地区、城市绿楔、临山地区的城市空间尺度，有序控制建筑高度和建筑色调，构筑历史空间和现代空间有机融合的城市空间肌理；在凸显红色文化空间肌理上，将红色文化融入城市景观空间的建设，给居民提供健康愉悦的文化生活环境，推进红色文化创意产业发展。

(2) 延安历史城区的保护。

延安经历了城市的快速发展后，古城发生了一些变化，如古城墙的残缺和三山地区的高楼林立。根据《历史文化名城名镇名村保护条例》要求，历史文化街区、名镇、名村应确定核心保护范围和建设控制地带。核心保护范围指由历史建(构)筑物和其风貌环境所组成的地段。规划确定延安历史城区核心保护范围包括：枣园革命旧址、杨家岭革命旧址、王家坪革命旧址、凤凰山革命旧址、宝塔山革命旧址、清凉山革命旧址、桥儿沟地区。建设控制地带指为确保核心保护范围的风貌、特色的完整性在其外围划定的必须进行建设控制的地区。延安历史城区建设控制地带包括历史城区保护范围内除去核心保护范围的其他所有区域。

延安历史城区保护内容有四个方面。第一是调整城区功能，切实保护三山地区的历史文化遗产和历史环境，城市发展重心向东川转移，在东川桥儿沟构建新的城市中心，缓解西北川和三山地区的建设压力；第二是调整城区的交通设施，城区的交通组织以疏解交通为主，由于城市中心区的转移，利用东川、南川河和西北川的沟谷地形成环路，既疏解了三川地区的交通压力，又提高了三川之间的交通便捷，最大限度地降低交通对延安古城的干扰；第三是对城区山水环境的保护，保护清凉山、宝塔山和凤凰山三山的自然景观地貌，严禁开发建设，禁止在延河、南川河随意更改河道、随意作盖板处理，填河建房，保护三山两河沿线区域内的历史地段、文物古迹，对周边建设进行严格控制；第四是对城区视线景观通廊的保护，宝塔山是延安中心城区的视觉控制点，也是中国革命的象征，控制重要观景点与宝塔山之间的视觉通廊，提出延安中心城区的三山地区建筑高度不得超过 24 米的保护规划控制措施。

《延安市城市总体规划(2015—2030)》根据延安市文物古迹价值和保存完整程度，延安划分了西北川西段历史文化街区、西北川东段历史文化街区和桥儿沟历史文化街区共三个历史街区。历史街区的保护规定如下：在历史文化街区的核心保护范围内不得新建、扩建道路，特殊情况下对现有道路进行扩建，应经过所在地文物主管部门同意后，尽量保持原有的道路格局。严格保护区域内文物建筑，对于风貌较好的历史建筑不得随意拆除，如需要局部改造，应由城乡规划主管部门会同同级文物部门批准。建设控制地带内允许进行构建物的新建、改建，但应该符合保护规划确定的建设控制要求。

西北川西段(枣园)历史文化街区的保护区范围是东至包茂高速公路，西至延园中学，南和北至山体，保护区总面积约 185 公顷。保护原则是在保护区范围内严格控制任何新的建设项目，对历史街区内与历史风貌不协调的建筑和设施，进行改建或拆除，加强山体及枣园革命旧址周边区域绿化。

西北川东段(杨家岭)历史文化街区的保护区范围是南至清凉山，北至延安大学，西至延河，东至西北川东侧山体山脊，保护区总面积约 250 公顷。保护原则是严格保护区内的文物和历史环境，加强山体绿化，适当增加公共开放空间，控制保护区内的建筑高度、体量及细部装饰，严格控制文物的空间视廊通畅。

桥儿沟历史文化街区的保护区范围是桥儿沟内，东西宽约 200 米，南北长约 800 米，面积 25.6 公顷。保护原则是严格保护区内文物和历史环境，控制保护区内的传统居住建筑，严格控制区内建筑的形式、体量、高度及改建。

(3) 延安文物保护单位的保护。

《全国重点文物保护单位保护规划编制审批办法》(2004)提出：“尽可能减少对文物本体的干预，保存文物本体的真实性，注重文物环境的保护和改善，保护文物本体及其环境的完整性。”《中华人民共和国文物保护法实施条例》(2017)规定：“文物保护单位的保护范围，是指对文物保护单位本体及周围一定范围实施重点保护的区域。”根据《中华人民共和国文物保护法(2017年修正本)》规定：“文物保护单位的保护范围内不得进行其他建设工程或者爆破、钻探、挖掘等作业。但是，因特殊情况需要在文物保护单位的保护范围内进行其他建设工程或者爆破、钻探、挖掘等作业的，必须保证文物保护单位的安全，并经核定公布该文物保护单位的人民政府批准，在批准前应当征得上一级人民政府文物行政部门同意；在全国重点文物保护单位的保护范围内进行其他建设工程或者爆破、钻探、挖掘等作业的，必须经省、自治区、直辖市人民政府批准，在批准前应当征得国务院文物行政部门同意。”“在文物保护单位的建设控制地带内进行建设工程，不得破坏文物保护单位的历史风貌；工程设计方案应当根据文物保护单位的级别，经相应的文物行政部门同意后，报城乡建设规划部门批准。”从以上条款可以看出，文物保护单位的保护范围内的建设活动由文物管理相关部门严格把关，保护范围是严格限制建设的区域；而建设控制地带内的建设活动的审批权在住房和城乡建设主管部门，相对而言较为灵活。

文物保护单位保护是以不可移动文物的保护为前提，必须坚持“保护为主、抢救第一、合理利用、加强管理”的文物工作方针。延安红色建筑遗产主要有两类，一类属于革命文物，一类属于红色历史建筑。革命文物是被国家认定，分为全国重点文物保护单位、省级文物保护单位、市县级文物保护单位三类，其中全国重点文物保护单位的红色建筑遗产，需要严格执行文物保护单位的保护范围。延安中心城区中属于全国重点文物保护单位的有枣园革命旧址、王家坪革命旧址、杨家岭革命旧址、陕甘宁边区政府旧址、陕甘宁边区参议会旧址、凤凰山革命旧址、中国共产党六届六中全会旧址、清凉山旧址、中共中央党校旧址、中共中央西北局旧址、陕甘宁边区银行旧址、芦山峁遗址等，属于省级文物保护单位的有王皮湾新华广播电台播音室旧址、延安中央医院旧址、杜公祠石窟等，属于市县级文物保护单位的有延安市杨家湾民办小学旧址、凤凰山麓史沫特莱旧居等(见表6.4)。

表6.4 中心城区部分重点文物保护范围一览表

| 文物保护单位名称 | 保护范围 | 建设控制地带 |
|---|---|---|
| 枣园革命旧址 | 延园；中央社会部、中央医务所墙基外延10米；《为人民服务》讲话台广场；后沟礼堂、水草湾毛泽东旧居及院子外延50米 | 东至枣园镇政府西墙基，南至延定公路南50米，西至枣园苗圃西墙，北至社会部一室背后50米，包括枣园村，后沟部分不作为建设区域，不划建设控制地带范围，应保持周边自然风貌 |
| 王家坪革命旧址 | 军委参谋部院；军委政治部院；军委桃园；东至花豹山山坡王稼祥旧居背墙外10米，桃园东侧外墙基，南至桃园南侧外墙基，西至脑畔山山腰叶剑英旧居西墙外10米，朱德旧居围墙墙基，王家坪小学操场东界，旧址大门外道路西侧道沿，北至脑畔山山腰叶剑英旧居北墙外10米，面积约3.96公顷 | 东至市工商局院西墙基，南至延河北岸河堤，西至延安革命纪念馆住宅楼西墙外35米，东、北两面至山峰主脊，面积约29.5公顷 |

续表一

| 文物保护单位名称 | 保护范围 | 建设控制地带 |
| --- | --- | --- |
| 杨家岭革命旧址 | 重点保护区：东至中央统战部旧址东石渠(包括毛泽东种过的菜地)，南至中央大礼堂南墙基外山峰主脊，西至旧址大门外岗楼西墙基，北至中央宣传部旧址外，中央花园为围墙墙基外10米。东西长450米，南北150米，面积约为6.75公顷。<br>一般保护区：东边从毛泽东劳动过的地至拐沟100米，南边从中央大礼堂至山顶300米，西边从旧址大门到公路210米，北边从旧址大门至延大理化楼110米，从宣传部旧址至山峁200米 | 东南至市委党校，西南至延河边，西北至延安大学东围墙以西50米，东北至山脊，面积约12.2公顷 |
| 陕甘宁边区政府旧址 | 东至南关街西侧道沿，南至2号旧址外扩10米，西至7号窑洞向西外扩10米，北至1号旧址外扩5米，总面积1.25公顷 | 东到大街，南北至保护区范围以外30米，西至保护区范围外15米 |
| 陕甘宁边区参议会旧址 | 东至南关街北侧道沿，南至广场绿化边界，北至老干部活动中心前，西北方向至大礼堂西北山墙外扩5米，总面积约为0.95公顷 | 东至南关街东侧道沿，南至延安市人民政府北侧道路北道沿，西至山峰主脊，北至延安市公安局南侧围墙墙基，总面积约为4.2公顷 |
| 凤凰山革命旧址 | 革命旧址围墙内，面积1.5公顷 | 东南至北二巷西道沿，西南至凤凰山山峰主脊，西北至延安宾馆家属院西北侧围墙墙基，东北到市中心街北侧道沿，面积约12公顷 |
| 中国共产党六届六中全会旧址 | 重点保护区：东至教堂东侧的道路，南至陶瓷厂四层砖混楼南，西至原工作人员住房背墙，面积1.27公顷。<br>一般保护区：东至教堂东侧的道路东道沿，南至常青路南侧道沿，西至后山山脚，北至原陶瓷厂北围墙，面积约4.3公顷 | 东至一般保护区外延70米，西至陶瓷厂背后山桥儿沟中学北围墙，北至陶瓷厂北围墙北扩70米，面积约10.85公顷 |
| 清凉山旧址 | 东至清凉山东山峁，南至延安新闻纪念馆广场，北至清凉山主峰，西北至琉璃塔，面积3.52公顷 | 东至新闻纪念馆以东50米，南至延定公路，西至清凉寺以西130米，北至清凉山主峰以北120米。面积16.4公顷 |

续表二

| 文物保护单位名称 | 保 护 范 围 | 建设控制地带 |
| --- | --- | --- |
| 中共中央党校旧址 | 中共党校校部围墙以东至延安师范学校范围，以南至延安教育学院围墙，以西至山体（约20米），以北至新修的公共厕所围墙（约20米）；中央党校政治部院落围墙以东至紧邻的陡坎，以南至林业品管理公司围墙，以西至山体（约20米），以北至窑洞（约20米）中央党校大礼堂旧址 | 大礼堂院落围墙西侧与北侧的道路（约20米），东南至延安教育学院围墙，校部旧址山上土窑洞，校组织部旧址院落外延20米 |
| 中共中央西北局旧址 | 旧址位于较高处的山体上，故范围为院以东高程为990.7的道路约70米，以西60米的水沟，面积约0.4公顷 | 北至高家园子山体，东南至马家湾路沿，西南至金属建材公司，西北至西沟，面积约为13.2公顷 |
| 陕甘宁边区银行旧址 | 东至①号旧址东山墙墙基外扩24米，南至西市路道路北道沿，西至②号旧址西侧墙基外扩22米，北至③号旧址北侧窑畔，总面积0.82公顷。<br>重点保护内容：①号旧址，陕甘宁边区银行营业厅旧址，为二层立面仿欧式砖石建筑；②号旧址，陕甘宁边区银行行长办公室旧址，为4孔石窑洞；③号旧址，陕甘宁边区银行工作人员办公室旧址，为8孔土窑洞 | 东至保护区范围内绿化广场东侧外扩105米，南至西市路路南道沿外扩30米，西至保护区西侧范围外扩60米，北至北侧山峰主脊，总面积3.68公顷 |
| 芦山峁遗址 | 重点保护区：以山顶石堆为中心，东西20米，南北30米范围。<br>一般保护区：重点保护区边缘向四周延伸30米以内范围 | 中心四周各处外延200米 |
| 王皮湾新华广播电台播音室旧址 | 重点保护区：播音室和动力机房。<br>一般保护区：播音室四周5米范围内，动力机房四周10米范围内 | 以旧址本体外延100米 |
| 延安中央医院旧址 | 重点保护区：现存3孔石窑，石质大门一座。<br>一般保护区：三孔石窑四周5米范围，石质大门四周5米范围 | 石质大门一般保护区边缘以外15米范围以内 |
| 杜公祠石窟 | 重点保护区：围墙以内。<br>一般保护区：围墙以外，东至5米，南至五十三医院围墙，西至5米，北至3米 | 东至杜公祠脑畔上第一排居民窑洞，南至道路，西至马路人行道，北至房管局居民楼的南墙，（现有上山台阶归保护范围内，上山路走居民楼背后便道） |

续表三

| 文物保护单位名称 | 保护范围 | 建设控制地带 |
| --- | --- | --- |
| 杨家湾民小旧址 | 重点保护区：窑前10米、左右15米范围。<br>一般保护区：重点保护区边缘以外10米范围 | 中心四周各面外延100米 |
| 凤凰山麓<br>史沫特莱旧居 | 重点保护区：两孔石窑本身。<br>一般保护区：两孔石窑四周5米以内范围 | 旧址保护区为中心四周各外延100米 |

文物保护单位的保护严格遵照《中国文物古迹保护准则》(2015)的规定，“保护措施是通过技术手段对文物古迹及环境进行保护、加固和修复，包括保养维护与监测、加固、修缮、保护性设施建设、迁移以及环境整治。”针对枣园革命旧址、王家坪革命旧址、杨家岭革命旧址、陕甘宁边区政府旧址等文物保护单位的保护，首先应明确保护等级及保护区范围，然后具体问题具体分析，针对性地提出保护建议。参考如下：

枣园革命旧址是全国重点文物保护单位，现有中共中央书记处小礼堂旧址、中共中央办公厅行政办公室旧址、中央军委总参作战部作战室旧址、中央机要室旧址、中共中央社会部一室旧址、中共中央社会部二室旧址等行政办公类型红色建筑遗产，以及毛泽东、朱德、周恩来、刘少奇、任弼时等中央领导同志的旧居类型红色建筑遗产，西北角有毛泽东《为人民服务》讲话台旧址。枣园革命旧址的重点保护范围为延园，中央社会部、中央医务所墙基外延10米；《为人民服务》讲话台广场，后沟礼堂、水草湾毛泽东旧居及院子外延50米。枣园革命旧址的建设控制地带为东至枣园镇政府西墙基，南至延定公路南50米，西至枣园苗圃西墙，北至社会部一室背后50米，包括枣园村，后沟部分不作为建设区域，不划建设控制地带范围，应保持周边自然风貌。保护建议：沿枣园革命旧址围墙外围种植树木，遮挡背后的民房；在建设控制地带内，加强对现有民居的环境整治，保留较好的窑洞，拆除搭建的民房、柴棚。在《为人民服务》讲话台背后的山上原则上禁止任何建设；禁止随处倾倒垃圾，设立垃圾堆放点，对垃圾实行统一管理、清运。

王家坪革命旧址是全国重点文物保护单位，现有中共中央军委礼堂旧址、中共中央军委会议室旧址、中共中央军委总政治部组织部旧址、中共中央军委总政治部会议室旧址、延安华侨救国联合会旧址等行政办公类型红色建筑遗产，以及毛泽东、朱德、彭德怀、叶剑英、王稼祥等中央领导同志的旧居类型红色建筑遗产。王家坪革命旧址的重点保护范围为军委参谋部院、军委政治部院、军委桃园，东至花豹山山坡王稼祥旧居背墙外10米，桃园东侧外墙基，南至桃园南侧外墙基，西至脑畔山山腰叶剑英旧居西墙外10米，朱德旧居围墙墙基，王家坪小学操场东界，旧址大门外道路西侧道沿，北至脑畔山山腰叶剑英旧居北墙外10米，面积约3.96公顷。王家坪革命旧址的建设控制地带为东至市工商局院西墙基，南至延河北岸河堤，西至延安革命纪念馆住宅楼西墙外35米，东、北两面至山峰主脊，面积约29.5公顷。保护建议：整理王家坪革命旧址以北的环境，修建至叶剑英旧址的上山道路，拆除道路上的民房，在道路以北种植树木，遮挡药检所大楼；在建设控制地带内禁止再增加任何与革命旧址无关的项目。

杨家岭革命旧址是全国重点文物保护单位，现有中共中央大礼堂旧址、中共中央办公厅旧址、中共中央统战部旧址、中共中央宣传部旧址、中共中央机要局旧址、中共中央机关事务管理局旧址、中共中央组织部旧址等行政办公类型红色建筑遗产，以及毛泽东、朱德、周恩来等中央领导同志的旧居类型红色建筑遗产，院内有毛泽东当年参加劳动的田地和中央花园。杨家岭革命旧址的重点保护区为东至中央统战部旧址东石渠(包括毛泽东种过的菜地)，南至中央大礼堂南墙基外山峰主脊，西至革命旧址大门外岗楼西墙基，北至中央宣传部旧址外，中央花园为围墙墙基外 10 米。东西长 450 米，南北 150 米，面积约为 6.75 公顷。杨家岭革命旧址的建设控制地带为东南至市委党校，西南至延河边，西北至延安大学东围墙以西 50 米，东北至山脊，面积约 12.2 公顷。保护建议：整修杨家岭入口道路，整治革命旧址周围的环境，拆除入口道路两侧的临时性建筑；控制周边区域的建筑高度。

陕甘宁边区政府旧址是全国重点文物保护单位，它的重点保护范围为东至南关街西侧道沿，南至 2 号旧址外扩 10 米，西至 7 号窑洞向西外扩 10 米，北至 1 号旧址外扩 5 米，总面积 1.25 公顷。它的建设控制地带为东到大街，南北至保护区范围以外 30 米，西至保护区范围外 15 米。保护建议：严禁在旧址山体进行任何建设，加强山体绿化，限制建设控制区内的建筑高度三层以内，建筑风格及色彩应与革命旧址相协调。

陕甘宁边区参议会旧址是全国重点文物保护单位，它的重点保护范围为东至南关街北侧道沿，南至广场绿化边界，北至老干部活动中心前，西北方向至大礼堂西北山墙外扩 5 米，总面积约为 0.95 公顷。它的建设控制地带为东至南关街东侧道沿，南至延安市人民政府北侧道路北道沿，西至山峰主脊，北至延安市公安局南侧围墙墙基，总面积约为 4.2 公顷。保护建议：严禁在旧址山体进行任何建设，加强山体绿化，限制建设控制区内的建筑高度三层以内，建筑风格及色彩应与革命旧址相协调。

凤凰山革命旧址是全国重点文物保护单位，有凤凰山中共中央组织部旧址、中共中央机要科旧址、红军总参谋部旧址、防空洞旧址等行政办公类型红色建筑遗产，以及毛泽东、朱德、周恩来等中央领导同志的旧居类型红色建筑遗产。凤凰山革命旧址的重点保护范围为围墙内，面积 1.5 公顷。凤凰山革命旧址的建设控制地带为东南至北二巷西道沿，西南至凤凰山山峰主脊，西北至延安宾馆家属院西北侧围墙墙基，东北到市中心街北侧道沿，面积约 12 公顷。保护建议：严禁在东南侧凤凰山上进行建设，加强山体绿化，限制建设控制区内的建筑高度三层以内，建筑体量不宜过大，色彩宜庄重古朴，与旧址协调。

中国共产党六届六中全会旧址是全国重点文物保护单位。它的重点保护范围为东至教堂东侧的道路，南至陶瓷厂四层砖混楼南，西至原工作人员住房背墙，面积 1.27 公顷。它的建设控制地带为东至一般保护区外延 70 米，西至陶瓷厂背后山桥儿沟中学北围墙，北至陶瓷厂北围墙北扩 70 米，面积约 10.85 公顷。保护建议：对革命旧址内环境进行整理，拆迁旧址内无关建筑，加强内部绿化，保护革命旧址以东的山体，严格控制山体上的建设。

#### 2) 非物质文化遗产的保护

延安历史文化名城不仅包括物质层面的文物及建筑遗产保护，还包括非物质层面的保护，如陕北民歌、陕北秧歌、陕北说书、剪纸、传统手工技艺、民俗等，它们和物质层面的文物及建筑遗产相互依存，相互烘托，共同反映着延安的历史文化积淀，是延安珍贵的历史文化遗产和城市特色的重要组成部分(见表 6.5)。由于受现代流行文化的冲击，一些文化形式如陕北道情已经面临失传的危机，建议相关各级部门予以扶持，使传统的非物质文化得以保护及传承。

表 6.5　非物质文化遗产名录

| 类　别 | 项目名称 | 地　点 | 级　别 |
| --- | --- | --- | --- |
| 传统音乐 | 陕北民歌★ | 陕西省延安市 | 国家级第二批 2008 |
| 传统舞蹈 | 安塞腰鼓★ | 陕西省安塞区 | 国家级第一批 2006 |
| | 洛川蹩鼓★ | 陕西省洛川县 | 国家级第一批 2006 |
| | 秧歌(陕北秧歌)★ | 陕西省绥德县 | 国家级第一批 2006 |
| | 鼓舞(宜川胸鼓)★ | 陕西省宜川县 | 国家级第二批 2008 |
| 曲艺 | 陕北说书★ | 陕西省延安市 | 国家级第一批 2006 |
| | 陕北道情★ | 陕西省延安市 | 国家级第二批 2008 |
| 传统美术 | 剪纸(安塞剪纸)★ | 陕西省安塞区 | 国家级第一批 2006 |
| | 面花(黄陵面花)★ | 陕西省黄陵县 | 国家级第二批 2008 |
| | 建筑彩绘(陕北匠艺丹青)★ | 陕西省 | 国家级第二批 2008 |
| 传统手工技艺 | 甘泉豆腐与豆腐干制作技艺 | 延安市甘泉县 | 省级第一批 2007 |
| | 窑洞营造技艺<br>(陕北窑洞营造技艺)★ | 陕西省延安市宝塔区 | 国家级第三批 2011 |
| 民俗 | 黄帝陵祭典★ | 陕西省黄陵县 | 国家级第一批 2006 |
| | 延安老醮会 | 王宁宇 | 省级第一批 2007 |

(注：序号前标注“★”为已入选国家级非物质文化遗产名录的项目)

对于已列入《非物质文化遗产名录》的非物质文化遗产，严格按照《国家级非物质文化遗产保护与管理暂行办法》的规定进行保护。建立各级保护名录和档案库，制定保护规划，对于尚未定级的非物质文化遗产，应做系统的普查，收集信息，记录整理，经专家核定后，划分保护级别。选取较高级别的遗产资源，申报国家级、省级非物质文化遗产，对濒危的非物质文化遗产项目立即采取抢救性措施。

政府建立非物质文化的保护与传承机制，鼓励民间文化保护工作。由政府文化部门组织民间艺人开展活动，鼓励艺人收徒授艺，进行民间艺术传承活动。开展非物质文化遗产的学校教育，充分利用新闻媒体、社会文化场馆和学校，从三个层面加强对非物质文化遗产保护的教育和宣传。第一个层面加大对民间艺人联谊会、民间传承组织、传统文化传承活动的扶持力度，充分发挥文化研究会、文化研究院、博物院等非物质文化遗产研究机构和团体的作用，进一步深度保护和开发民族民间文化资源；第二个层面加大对非物质文化保护专项资金的财政投入，发掘和保护延安非物质文化资源；第三个层面广泛吸纳社会资金参与保护，开展非物质文化重大项目的保护研究，进行珍贵资料与实物的征集、收藏、陈列演示，传承人、传承单位、民族民间文化艺术之乡的培育与资助。

### 2. 延安历史文化名城的符号保护

通过对延安历史文化名城的符号特征解析可知，延安有着优秀的自然风貌、历史文化、空间格局和建筑遗产，每一项资源都有无法替代的形式、内涵以及意义。对于延安城市符号的保护策略主要从符号的传递与意义、内涵与实质、表现与形式、制度与措施四个层面提出(见图 6.8)。

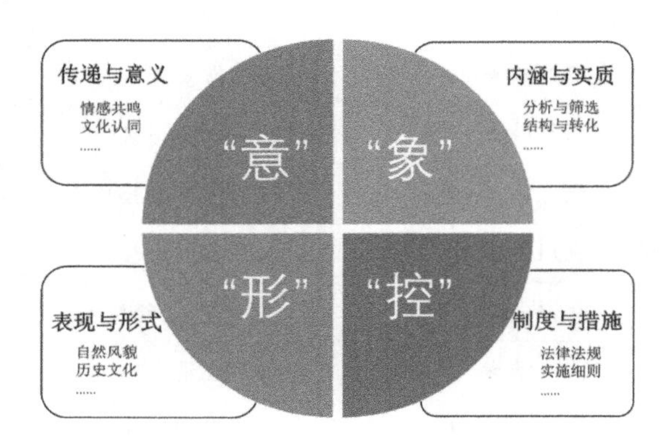


图 6.8　延安历史文化名城符号保护的四元结构图

1）延安历史文化名城符号的立“意”

“意”是城市符号的意义与传递。当前许多历史文化名城的建设存在“重形式轻意义”的问题，导致了城市趋同化的问题，延安也不例外。符号的形式和意义并非一一对应，尤其是具有丰富内涵的延安历史文化名城符号，因此就要求在设计中必须深入研究符号的表意结构，通过正确的手段来传递符号内涵。此外，城市符号还追求更深一层的意义，如何引起观者的情感共鸣及认同，需要以人的实际生活为基础，运用符号解构、重组等多种手段，研究符号形成秩序和节奏，引领人们去感悟城市符号所表达的意蕴。

2）延安历史文化名城符号的选“象”

“象”是城市符号的内涵与实质。在规划设计中，对“象”的筛选与转化至关重要。符号的转化主要体现在两个方面：一方面是保护符号意义的独特性，防止其淹没于诸多意象特征之中；一方面是防止符号意义产生“歧义”，让观者曲解真正的意思。因此符号的解构需要深入而彻底，剔除特征不明显的无效“象”，用一个精选“象”来承担多种意义。例如，宝塔山就是典型的“一物多征”意象，它既是延安历史文化名城的标志性建筑，也是延安精神的体现，还象征着悠久的华夏文明与地域文化。

3）延安历史文化名城符号的整“形”

“形”是城市风貌要素的展现。“形”的整治与塑造要从城市整体的自然风貌、历史文化、空间格局、建筑遗产等方面下手。在自然风貌方面，塑形过程中要充分尊重地形、利用地形并改造地形，以此来营造延安黄土风情的意象；在历史文化方面，物态、行为和精神三种形式缺一不可，在保护现有物态文化的同时，也应注意行为和精神文化的“可视化”表达；在空间格局方面，系统地控制建设总体高度，打开视觉通廊，塑造与建设顺应山体的形态，延续城市文脉，形成丰富多样的城市形态；在建筑遗产方面，建筑遗产本体的保护与周边环境的保护利用，应以延续现状、缓解损坏为目标，实现保存建筑遗产历史信息的真实性和周边环境的整体性。

4）延安历史文化名城符号的管“控”

城市符号的保护是一个长期过程，城市符号的合理利用也是一种保护。“意”“象”及

“形”是城市符号的研究过程和技术手段，而“控”是保护利用工作开展的前提和基础，“控”能为保护利用工作的落实提供法定依据，强调政府制定相应的法律法规、规章制度和实施细则、建立城市的文化遗产评估体系、健全文化遗产的保护体系等，以此来实现延安历史文化名城的长效保护与合理利用。同时还应强化公众参与，提高公众对延安城市文化的了解与认同，激发大众的保护意识，鼓励公众监督与自我监督。

由于在城市建设过程中出现了历史文化断层，城市风貌表现出趋同化的现象，因此探索城市历史文化的保护利用变得十分必要。将符号学的方法运用到延安历史文化名城的保护利用研究中，针对延安城市符号进行剖析，提出延安历史文化名城符号应从自然风貌、历史文化、空间格局、建筑遗产四个方面开展符号的提取及解构，突出城市符号的深层含义、构成关系及组合形式。总结出延安城市符号应从传递与意义的立“意”环节、内涵与实质的选“象”环节、表现与形式的整“形”环节、措施与制度的管“控”环节进行保护利用的策略建议，使城市符号的保护利用不只是停留在模仿和生搬硬套上，而是在外在形式和内在含义的协调与统一基础上，创造出富于时代特征和文化特色的名城意象。

## （四）延安红色建筑遗产的保护理念与对策

### 1. 保护理念

延安红色建筑遗产的保护从整体性、真实性、持续性和多元性方面进行保护规划。

整体性保护包含四个方面：一是延安红色建筑遗产本体的结构体系、建筑遗产材料及自身细部等的保护；二是对其周边历史环境要素的保护；三是对与其相关的历史事件、精神思想、名人古迹等非物质文化信息进行保护；四是对与延安红色建筑遗产相关的历史物件及生产工具等可移动遗产的保护等。

真实性保护不仅是指延安红色建筑遗产及其环境的物质载体，还指其从古至今传递的历史信息。因此真实性保护包含两个方面，一方面是延安红色建筑遗产的物质载体所携带的真实性历史信息，另一方面是延安红色建筑遗产及其环境体现出来的红色记忆信息。

持续性保护是在持续开展延安红色建筑遗产的文物保护单位认定工作的基础上，不仅保护革命文物的本体及传统风貌和红色建筑遗产的本体及传统风貌，还保护红色历史建筑及传统地域环境，加大基础设施建设资金投入，采取多项政策措施，满足大众的品质生活需求，实现延安历史文化名城的可持续发展。

延安红色建筑遗产的多元性保护不是“为了保护而保护”，而是最大限度地发挥延安红色建筑遗产的多元价值，在其遗产价值不损坏的前提下，活化遗产，鼓励创新性地利用，引导延安红色建筑遗产实现文化效益、社会效益和经济效益的有效融合。

### 2. 保护对策

#### 1）延安红色建筑遗产的本体保护

延安红色建筑遗产包括了物质层面和非物质层面的保护，在延安红色建筑遗产的本体保护方面，可采取保存、日常维护保养、防护、加固和修复的五种保护方式。第一种保存是保护和维持延安红色建筑遗产的现状，主要针对具备多种价值且现存良好的延安红色建筑遗产。以上此类遗产无须人为的直接干预，只需采取有效的保护措施，保证其不会受到损坏即可。第二种日常维护保养是对延安红色建筑遗产的本体以及周围环境进行定期的监测，并做好相关的记录，能够及时地掌握风险并予以排除，消除遗产的风险隐患。在延安红色建筑遗产的保护中，日常维护保养是间接干预的方式，这也是延安红色建筑遗产保护中较为关键的环节。第三种防护是对延安红色建筑遗产的预防性防护，对延安红色建筑遗产进行日常监测工作基础上，在对监测记录的数据进行详细的分析上，探明以上遗产损毁、衰老的规律，同时对延安红色建筑遗产在风化腐蚀、环境污染、温度等方面的风险进行评估，尽量避免对遗产的建筑本体进行较大干预。第四种加固是利用相关的建筑遗产保护加固技术，一方面加强原建筑中各个构件之间的联系，恢复其建筑材料原有的功能和强度，以保证建筑的整体性，这是延安红色建筑遗产直接干预的保护方式；另一方面通过加固处理，为建筑局部提供支撑，或者建立新的结构体系，改变建筑物原有的受力状态，确保建筑物稳定性良好。因为加固是对延安红色建筑遗产进行的直接干预，所以只有当判定建筑结构受到损毁，或者是建筑材料失去原有功能时，才能采用加固手段。第五种修复是对建筑物进行维修，恢复其原来面貌，是一种对建筑遗产直接干预的保护方式。在修复过程中需注意，对于具有较高价值的延安红色建筑遗产应坚持在不改变遗产原状的基础上，通过传统的修复手段以及现代化修复技术等，并结合遗产的原本风貌特征，选择适宜的修复材料，以保证能够明显地识别，确保遗产的历史可读性，将延安红色建筑遗产恢复到健康、良好的状态，这将延长其遗产的寿命。

除此之外，延安红色建筑遗产还应探索其生土建筑遗存的保护，如土窑洞的保护与修缮，传统的土窑修缮方式既有延续夯土的做法，也有抹灰保护墙面的做法，还有通过灌缝勾缝修补墙体裂缝的做法，探索新型保护修缮技术，不仅能增加延安红色建筑遗产的使用年限，还能增强延安红色建筑遗产修缮的可识别性。

2）延安红色建筑遗产的环境保护

建筑遗产的环境保护应遵循真实性原则、完整性原则、可读性原则和可持续原则。延安的遗产保护可以分为两个系列，即历史文化名城系列和文物保护单位系列，针对不同的保护对象，采取不同的保护方法。历史文化名城的保护应遵守核心保护范围和建设控制地带的要求；文物保护单位的保护，应遵守保护范围和建设控制地带的要求。可见，建筑遗产的环境具有和建筑遗产同样的多元化价值，在延安红色建筑遗产的环境保护中应严格保护城市整体风貌、控制历史文化环境、保护红色文物及其环境等，妥善利用各种自然资源和人文资源，整治、恢复和展示原有历史文化元素，挖掘城市的历史文化内涵，体现延安历史文化名城的历史文化风貌。

## 第二节 延安红色建筑遗产的保护案例

### 一、杨家岭红色建筑遗产的保护

#### （一）规划层面的杨家岭革命旧址的保护规划

##### 1. 规划原则

杨家岭革命旧址位于延安城西北约 3 千米处，是中共中央 1938 年 11 月至 1947 年 3 月所在地。中共中央在此期间开展了大生产运动、整风运动，召开了中共七大、延安文艺座谈会。杨家岭革命旧址有中共中央大礼堂、中共中央办公厅、中共中央组织部、中共中央宣传部、中共中央统战部、毛泽东旧居、朱德旧居、周恩来旧居、刘少奇旧居等红色建筑遗产，并有毛泽东当年参加劳动的菜地旧址(见图 6.9)。

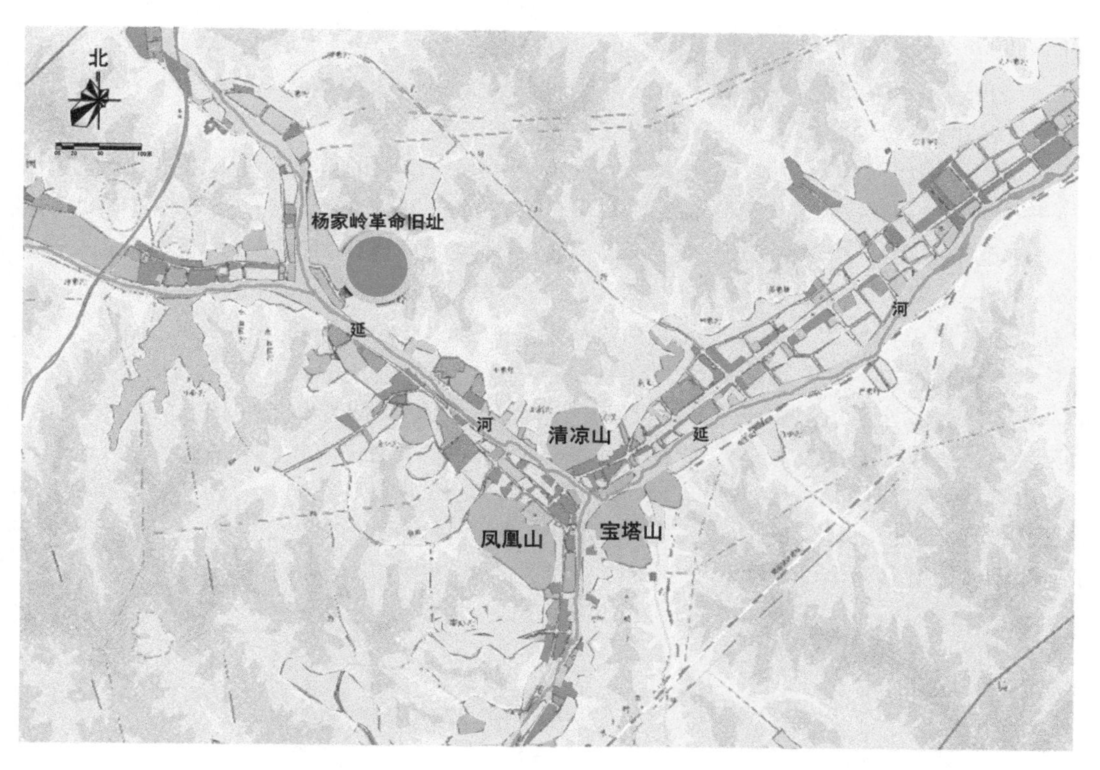


图 6.9　杨家岭革命旧址在延安市域范围的位置

资料来源:《延安革命遗址群首批保护项目规划——杨家岭旧址规划》，陕西省城乡规划设计院编制.

延安杨家岭革命旧址依据《延安市城市总体规划(2015—2030)》“圣地延安、生态延安、幸福延安”的总体规划目标，结合革命旧址保护、景点旅游和旅游住宿，将其建设成为集纪念、游览、爱国主义教育、特色住宿为一体的旅游项目。

针对杨家岭革命旧址的现状，《延安市城市总体规划(2015—2030)》提出“改善生态环境，促进资源综合利用，保护历史文化遗产，保持地方特色”的规划原则，把改善生态环境放在首位，在尊重与保护自然生态格局的前提下，进行合理有序的开发和景观创意，创造人与自然的和谐环境，全面提高黄土高原地区的环境品质；促进资源综合利用，在保护自然资源与人文资源的基础上，注重资源保护和利用的良性机制，保持生态脆弱地区的资源可持续发展；保护历史文化遗产，在保护现有革命旧址的基础上，进行红色建筑遗产的稀有价值挖掘，完善红色建筑遗产的保护；保持地方特色，充分发挥和利用地域自然景观和文化景观的优势，突出地方文化景观元素特征，彰显黄土高原的地域特色；在以上规划原则的基础上，进行杨家岭革命旧址及其周围环境的保护规划，将其建设成为集纪念、游览、爱国主义教育为一体的红色文化遗产旅游圣地。

## 2. 保护规划

### 1）规划范围

《延安市城市总体规划(2015—2030)》确定延安城市性质为中国革命圣地、历史文化名城、优秀旅游城市、陕甘宁革命老区区域性中心城市、能源化工基地、黄土风情文化特色鲜明的红色旅游城市。城市总体空间结构为“一核、两环、两心、多片区”，“一核”是以延安中心城为核心，“两环”指中心城区的公路外环与城市内环路，“两心”是城市新中心与老城中心，“多片区”为中心综合发展区和外围功能发展区。

《延安市城市总体规划(2015—2030)》规定了杨家岭革命旧址的保护范围、建设控制地带。杨家岭革命旧址的重点保护范围为东至中央统战部旧址东石渠(包括毛泽东种过的菜地)，南至中央大礼堂南墙基外山峰主脊，西至旧址大门外岗楼西墙基，北至中央宣传部旧址外，中央花园为围墙墙基外 10 米，东西长 450 米，南北宽 150 米，面积约为 6.75 公顷。延安杨家岭革命旧址的一般保护区为东边从毛泽东劳动过的地至拐沟 100 米，南边从中央大礼堂至山顶 300 米，西边从旧址大门到公路 210 米，北边从旧址大门至延大理化楼 110 米，从宣传部旧址至山峁 200 米。杨家岭革命旧址的建设控制地带为东南至市委党校，西南至延河边，西北至延安大学东围墙以西 50 米，东北至山脊，面积约 12.2 公顷。

根据《延安市城市总体规划(2015—2030)》保护范围的规划原则，结合杨家岭革命旧址的现状情况，对杨家岭革命旧址保护规划如下：整修杨家岭入口道路，整治旧址周围的环境，拆除入口道路两侧的临时性建筑，控制周边区域的建筑高度(见图 6.10)。

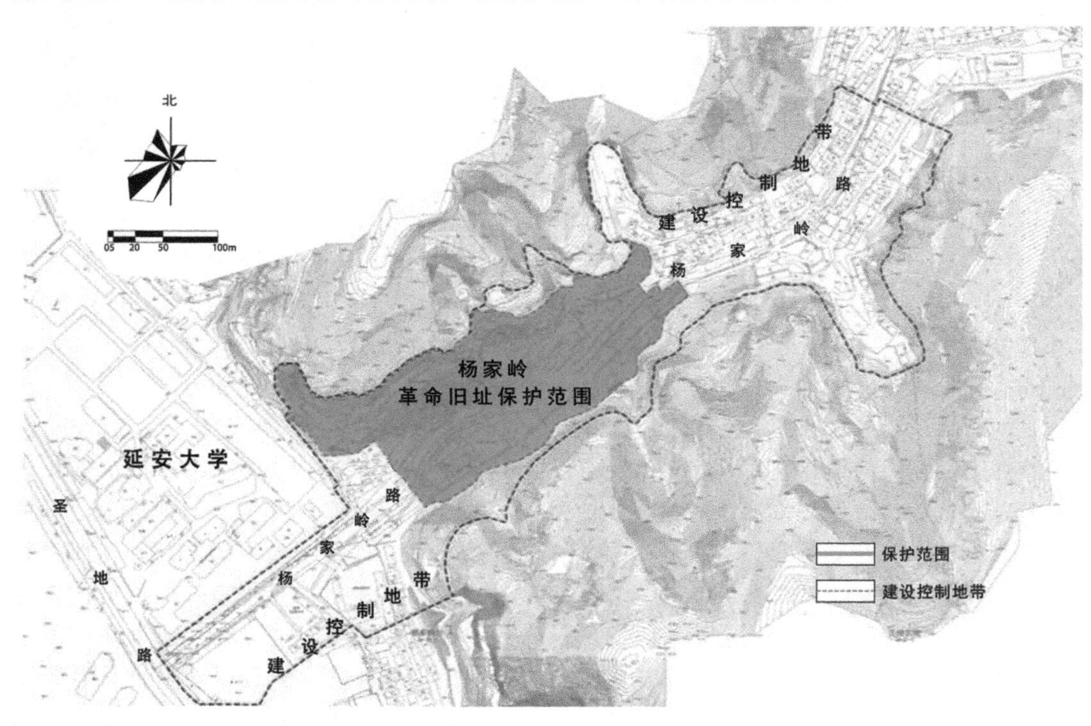


图 6.10 杨家岭革命旧址保护规划范围图
资料来源：《延安革命遗址群首批保护项目规划——杨家岭旧址规划》，陕西省城乡规划设计院编制.

2）功能分区规划

杨家岭革命旧址保护规划根据《延安市城市总体规划（2015—2030）》中对杨家岭革命旧址保护范围的规定，依据其在延安旅游规划专题中对“中国红街”的旅游主题形象的规划目标，结合杨家岭革命旧址的现状，杨家岭革命旧址划分为五个功能分区，分别是入口展示区、游客服务中心、核心保护区、文化商业区、景观绿化区（见图 6.11）。

入口展示区：拆迁原有的违章建筑，扩大杨家岭革命旧址的入口空间。

游客服务中心：重新进行游客服务中心的功能布局，增加共享的公共空间，形成复合型的公共服务空间。

核心保护区：注重杨家岭革命旧址的建筑本体及周围环境保护与修复，保护红色建筑遗产的特色，营造具有红色文化特征的环境景观。

文化商业区：结合杨家岭红色建筑遗产的中西合璧的建筑风格，进行共享空间和红色文化空间的融合设计，营造红色文化艺术主题的商业街区。

景观绿化区：美化山体，整治环境，修复杨家岭革命旧址的生态绿色基底。

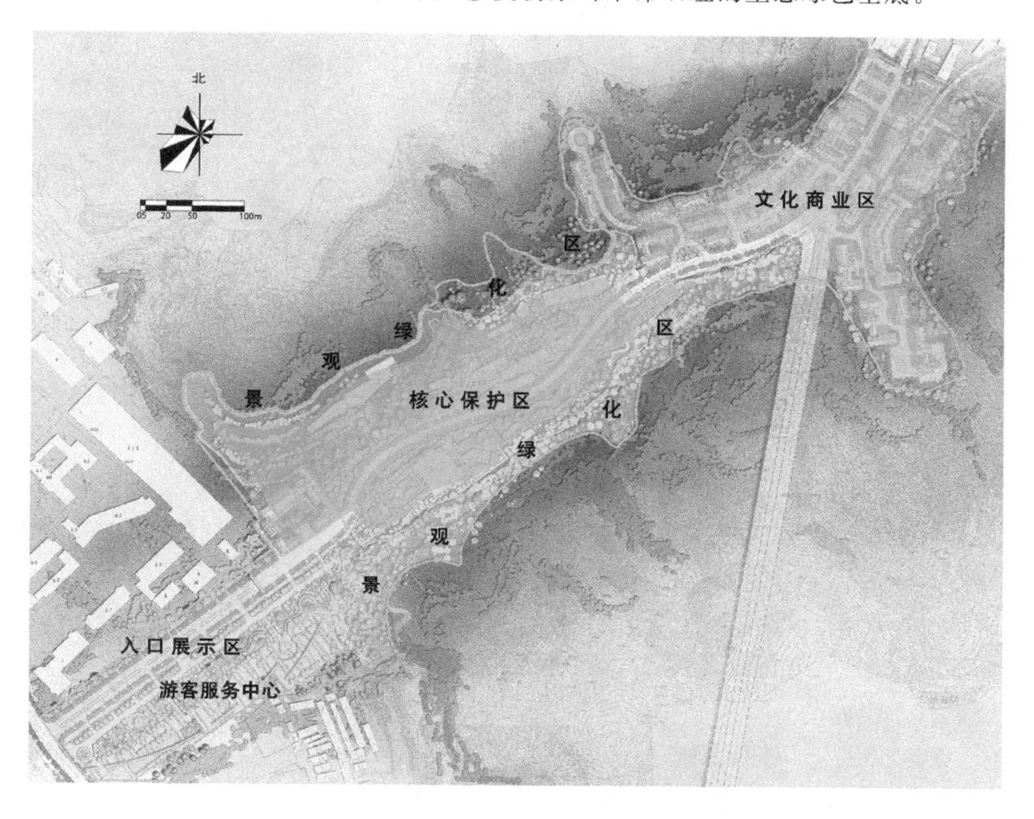


图 6.11　杨家岭革命旧址的功能分区图

资料来源：《延安革命遗址群首批保护项目规划——杨家岭旧址规划》，陕西省城乡规划设计院编制.

3）道路规划

杨家岭革命旧址中的道路规划，拓宽原有的主路，增加支路和小路。规划的主路为 9 米，支路为 6 米，小路为 3～5 米，力求道路系统既具有通畅性又具有停留性（见图 6.12）。

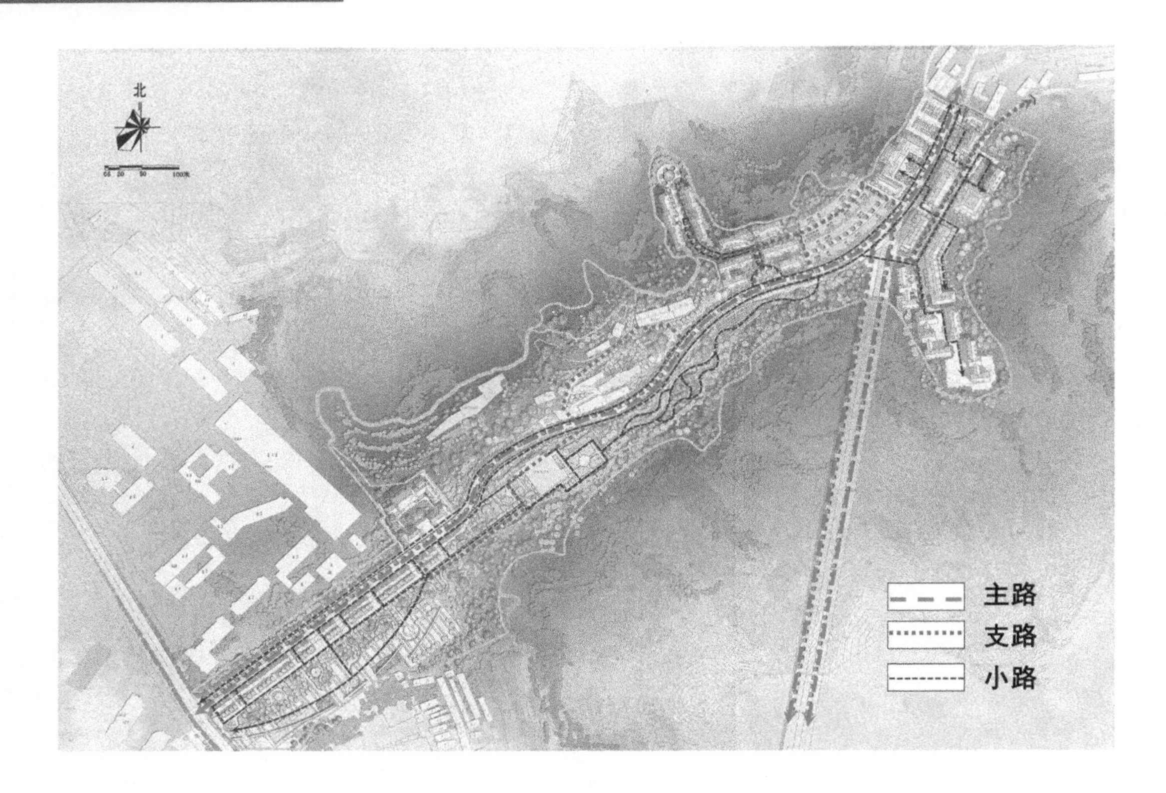


图 6.12　杨家岭革命旧址的动态道路交通图
资料来源：《延安革命遗址群首批保护项目规划——杨家岭旧址规划》，陕西省城乡规划设计院编制.

（1）动态交通——车行、人行系统。

根据功能分区的不同，杨家岭革命旧址道路分为主路、支路、小路三个级别，以确保人车分行，为访客提供良好的游览环境。

主路：主要车行道，规划宽度为 9 米，地表面材料为混凝土。

支路：主要步行道，临时可作为备用车行道，规划宽度为 6 米，与主路构成杨家岭革命旧址内的游览主线，并与其他各处相连接，地表面材料为粗粒柏油。

小路：主要步行道，它与主路、支路和革命旧址内的各处相连接，满足革命旧址之间的内部游览需要，规划宽度为 3～5 米，地表面材料考虑防滑，采用鹅卵石、石板、汀步等进行铺装。

（2）静态交通——停靠系统。

杨家岭革命旧址规划设置两处地面停车场，一处位于革命旧址内的东北角，另一处位于革命旧址的东南角，两处共设置停车位 134 个，供访客使用（见图 6.13）。

访客通过圣地路到达杨家岭革命旧址，在入口广场处转乘电瓶观光车进入革命旧址。旅游大巴车返回圣地路通过杨家岭隧道到达文化商业区的停车场等待游客。革命旧址分别在入口处和出口处设置关卡，人车分流的同时也避免了私家车通过杨家岭革命旧址，私家车也从杨家岭隧道分流出杨家岭革命旧址，确保杨家岭革命旧址畅通有序的交通。

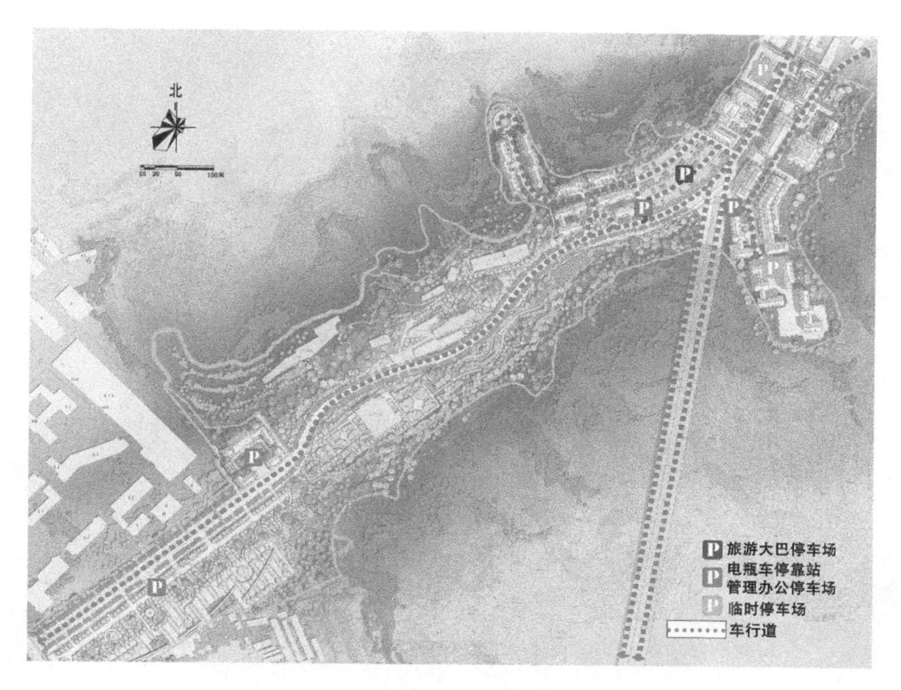


图 6.13　杨家岭革命旧址的静态道路结构图

资料来源：《延安革命遗址群首批保护项目规划——杨家岭旧址规划》，陕西省城乡规划设计院编制.

4）景观结构规划

杨家岭革命旧址的景观结构为“绿带联五区，景观互渗透，绿核镶宝地，建筑筑风情”，将其打造为以杨家岭革命旧址中共中央大礼堂为代表，西方建筑风格和地域建筑风格相融合的具有延安独特风貌的绿色生态景观(见图 6.14)。

图 6.14　杨家岭革命旧址的景观结构图

资料来源：《延安革命遗址群首批保护项目规划——杨家岭旧址规划》，陕西省城乡规划设计院编制.

## （二）杨家岭红色建筑遗产的环境景观设计

### 1. 环境景观现状

杨家岭红色建筑遗产的现状：有中共中央大礼堂、中共中央办公厅、毛泽东旧居、周恩来旧居、刘少奇旧居、朱德旧居等。中共中央大礼堂是中西合璧的建筑风格，领导人旧居为地域建筑风格的窑洞，其建筑风格独具特色(见图 6.15)。

杨家岭红色建筑遗产的保护状况：红色建筑遗产经过修葺，整体保护状况良好，安防、消防设施较全，领导人旧居房屋顶部的部分木结构干裂及变形，部分窑洞门窗构件缺失，需要加强日常维护，且红色建筑遗产缺少公共景观空间(见图 6.16)。

图 6.15　杨家岭红色建筑遗产现状

图 6.16　杨家岭红色建筑遗产的公共设施

杨家岭红色建筑遗产的周边环境：入口处掺杂了大量的商业建筑及少量的宾馆和学校，杂乱无章，旧址湮没于其中；周边环境缺乏配套的服务设施，如游客服务中心及休息设施；现状的交通环境人车混流；环境景观缺乏文化特色(见图 6.17)。

杨家岭红色建筑遗产的展示状况：现状展示采取静态陈列的方式，对领导人旧居、中共中央大礼堂、中共中央办公厅等以原状陈列和教育型展示为主。在展示形式上，红色建筑遗产采用“图片＋文字”的静态展示形式，对党中央在杨家岭的历史进行了梳理和阐述。在展示内容上，红色建筑遗产展示以实物展示的方式为主，缺少动态展示(见图 6.18)。

图 6.17　杨家岭红色建筑遗产的周边环境

图 6.18　杨家岭红色建筑遗产的展示标识

通过对杨家岭红色建筑遗产环境现状的调查，结合杨家岭红色建筑遗产的综合价值评估研究，对杨家岭红色建筑遗产的环境景观设计提出以下思路：

延安杨家岭红色建筑遗产有丰富的历史价值、社会价值、精神情感价值、建筑价值、利用价值、艺术价值、环境价值、生态价值和经济价值，在其环境景观设计中，注重挖掘杨家岭红色建筑遗产的历史价值、社会价值、精神情感价值和建筑价值的同时，也要注重开发其经济价值、利用价值、环境价值、生态价值和艺术价值，只有多层次的价值相辅相成，才能共同作用，促进其环境景观设计的可持续性。

杨家岭红色建筑遗产的综合价值评估结果显示，使用者对杨家岭红色建筑遗产的价值评估中，非物质文化价值要略高于物质文化价值，这与红色建筑遗产所承载的特定历史文化有关。人们通过杨家岭红色建筑遗产的客观物质载体的展示，真实感受红色建筑遗产所体现的革命精神，增强了人们对中国红色文化的情感认同。因此在杨家岭红色建筑遗产的环境景观设计中，必须注重非物质文化的设计要素，通过各种方式展示红色文化的内涵。

综上，延安杨家岭红色建筑遗产的环境景观的现状，存在着对红色建筑遗产及其周围环境的文化内涵认知不足、利用不到位的问题，因此需要对其进行合理的优化设计。

### 2. 环境景观设计

根据《延安市城市总体规划(2015—2030)》的规定，杨家岭红色建筑遗产及其环境的总体风貌定位为红色文化特色。杨家岭红色建筑遗产的环境景观设计需要注重红色文化基调、红色建筑风貌与延安地貌特色相契合的红色景观空间的营造，因此杨家岭红色建筑遗产的环境景观设计应当在保护整体风貌环境的前提下，将红色文化融入景观设计，营造出浓郁的红色文化氛围，从而激发访客的爱国情怀。

#### 1）设计主题

设计主题从两个方面入手：一是杨家岭红色建筑遗产的保护方面，对红色建筑遗产进行最小干预的设计；二是杨家岭红色建筑遗产的空间再生方面，对景观空间进行红色文化叙事的设计。

在杨家岭红色建筑遗产的保护方面，尊重杨家岭红色建筑遗产的物质本体现状，保持原有的红色建筑风格、建筑结构及建筑材料，采用最小干预的设计手法，注重保护地域的生态基底，以本地乡土植物为主，最大程度地契合红色建筑遗产的整体风貌环境，以此缅怀先辈，感悟历史。

在杨家岭红色建筑遗产的空间设计方面，杨家岭红色建筑遗产位于黄土高原的河谷川地，狭窄的空间无法更好地凸显红色文化磅礴的气势与氛围，因此设计注重红色建筑遗产的空间体验，在公共空间采用叙事手法进行功能布局及景观节点空间设计，让使用人群有充分的互动参与，进行红色文化体验，使红色文化深入人心。

#### 2）设计思路

延安传统文化包含了华夏文化、军事文化、黄土文化、红色文化，尤其是红色文化造就了延安近代历史上不可磨灭的文化记忆。设计以黄土高原地貌形态为灵感，以红色文化为基底。设计根据现有的川道地形特征，加上黄土高原的地域文化元素，形成方案的平面布局。设计在现有的川道地形上，以杨家岭红色建筑遗产为中心，对红色建筑遗产周边的景观环境进行整合，拆除违规的新建建筑，提供足够的景观界面、互动场地、立体景观等。以上是杨家岭红色建筑遗产环境景观设计的总思路。

设计以叙事的手法将场地分为三个空间，分别是"前序""玄关""记忆"。"前序"空间是入口处广场，作为与城市街道空间的缓冲地带，同时"前序"空间也是居民、访客使用的公共活动广场，它提供了大尺度的公共活动空间；"玄关"空间是"前序"广场与杨家岭红色建筑遗产内部空间的衔接部分，通过"玄关"将人们的革命记忆慢慢唤醒，渐渐进入红色文化主题，怀念那段艰苦的革命记忆，学习先辈的革命精神；"记忆"空间是杨家岭红色建筑遗产的内部公共活动空间，通过植被的立体设计、道路的人车分流设计，给访客提供观赏、漫步和停留的空间(见图 6.19)。

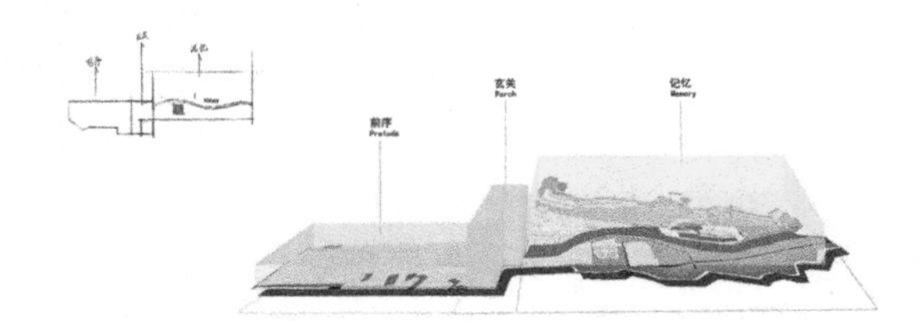


(a) 环境景观空间序列的示意图

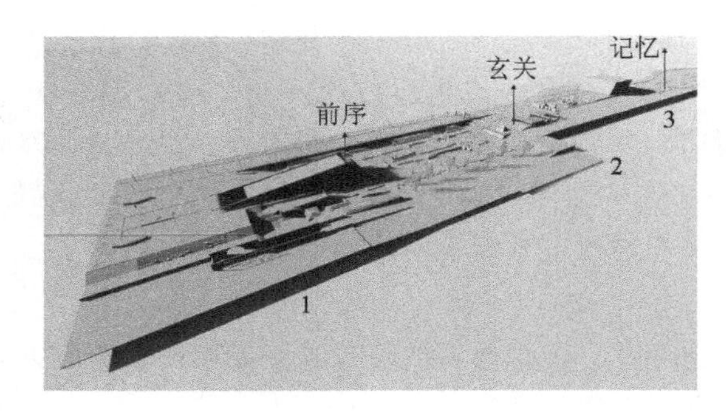


(b) 环境景观空间序列的设计图

图 6.19 环境景观的空间序列图

3) 设计方案分析

(1) 景观结构。

杨家岭有众多的红色建筑遗产，场地内部流线关系复杂。设计根据场地的地形关系、人流密度以及周围环境，在场地的西南方向、东北方向设计了两个入口。为了更好地服务于访客，将车行路线和步行路线进行人车分流，满足不同访客人群的各种使用需求。

设计通过两条轴线将场地贯穿，将六个节点空间连接，满足亲水、休闲、娱乐、漫步等功能需求。六大特色空间分别是入口空间、观景空间、互动空间、绿植广场、纪念长廊和休憩广场。各景观节点串联而成，贯穿始终，形成丰富的叙事性观赏路线(见图 6.20)。

(2) 景观道路交通。

场地内的景观道路依据空间节点的分布，设计了不同的游览路线。不同等级道路将场地内的各节点空间连接，使内部空间相互连通以方便人群穿行，为访客提供多样的路线选择，给访客舒适自在的空间体验。景观的主要空间节点将观景台与主入口广场连接为一条主游览路线，引导人群参观杨家岭红色建筑遗产(见图 6.21)。

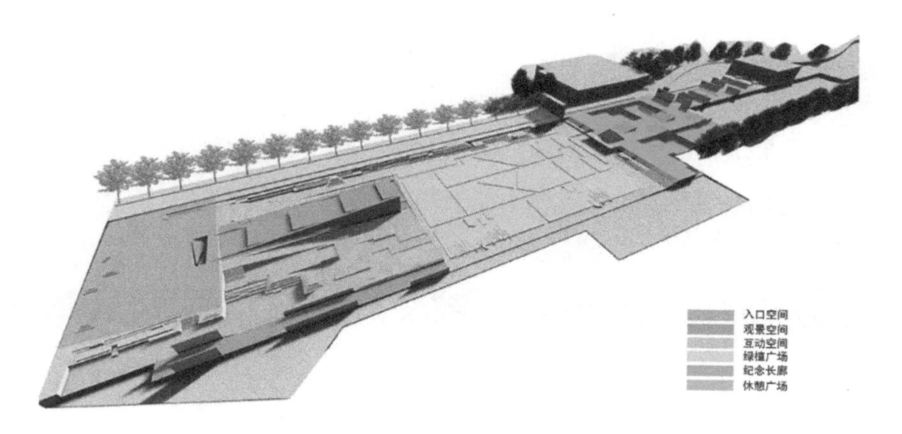


图 6.20　景观结构图

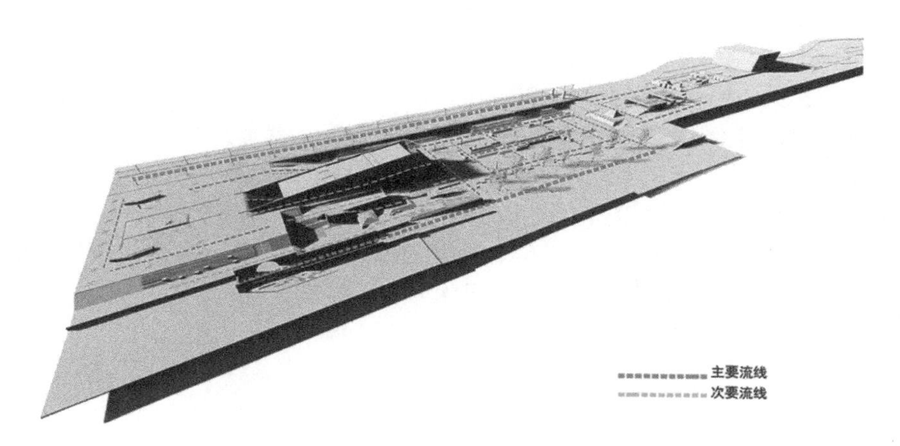


(a) 交通节点连接分析图

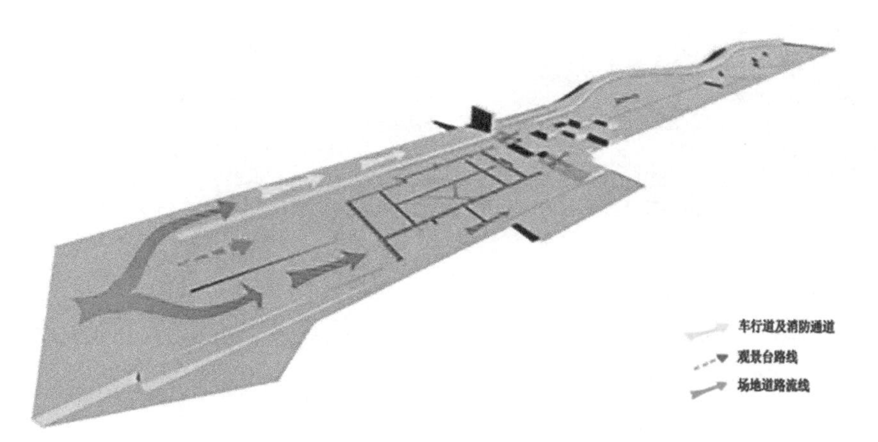


(b) 交通道路分析图

图 6.21　景观道路交通分析图

(3) 景观视线。

在场地环境景观设计过程中，视线是一个重要的设计因素，景观视线要求场地的任意空间节点都能有较好的视线观看点，最大程度地做到步移景异。根据景观视线设计了不同的游览路线，并设置了休憩区以及观景空间，为游客提供最佳的游览体验(见图 6.22)。

图 6.22　视线分析图

(4) 景观节点。

本方案共设 11 个景观节点，分别为入口广场、观景平台、绿植广场、纪念长廊、光影长廊、漫步观景、造型楼梯、镜面水景、休憩栈道、休憩广场、休憩节点。其中以入口广场、观景平台、绿植广场、纪念长廊、休憩广场及漫步观景六个节点为核心游赏空间。这些节点围绕"前序、玄关、记忆"三大分区进行空间分布。"前序"以观景平台为主要节点，以入口广场、绿植广场、造型楼梯、镜面水景、光影长廊等为次要节点来进行空间组合，形成对外和对内的连接空间。"玄关"空间设计以纪念长廊为主要节点，辅以休憩广场为次要节点，对"前序"空间和"记忆"空间起承上启下的作用，红色文化的氛围在此逐渐浓厚。"记忆"空间设计以漫步观景为主，为杨家岭红色建筑遗产的内部景观提供立体化的植物配置，满足不同使用人群因体能差异所产生的不同休憩观景需求(见图 6.23)。

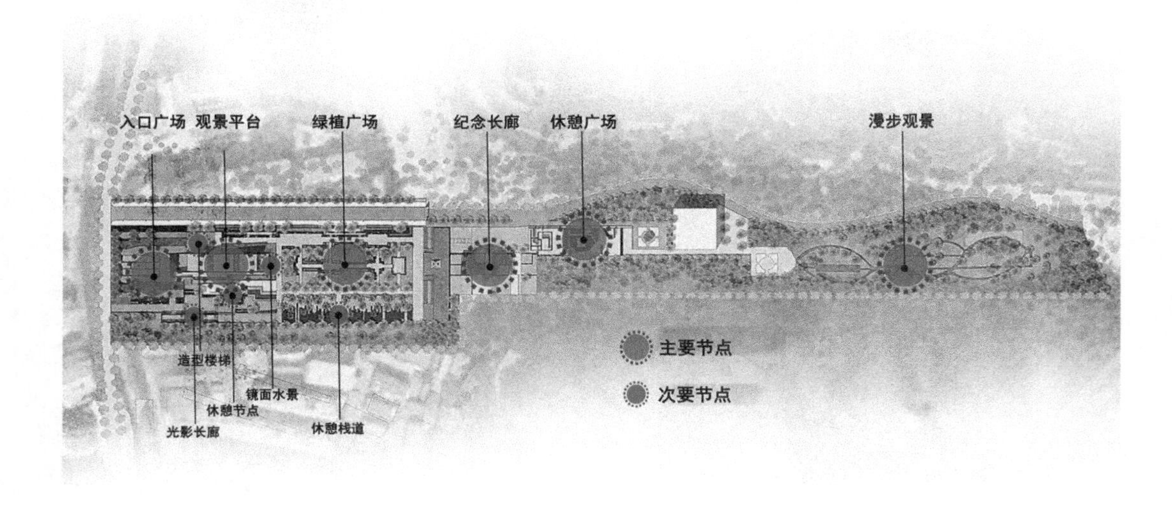


图 6.23　景观节点分布图

① 入口广场。

入口广场连接延大路和圣地路，与延安大学老校区一墙之隔。考虑到拥挤的周围环境，在入口处打造一个地标性质的大尺度城市绿色广场，一方面为周边居民提供日常休闲活动场所，另一方面为场地奠定红色文化的基调。入口广场不仅营造舒适美观的游赏环境，同时改变访客对延安河谷川道狭窄、拥挤的固有印象，提升整体城市风貌。

整体使用造型严整的乔木进行列植，形成静谧庄严的树阵，同时穿插布置休憩设施和镜面水景，形成山水相依、天地人和的景观氛围。在铺装颜色、尺度、质感和图形等方面结合延安地域特色，以本地石材、砖为主要铺装材料(见图 6.24)。

(a) 休憩设施

(b) 树阵空间

(c) 镜面水景

(d) 铺装景观

图 6.24　入口广场

② 观景平台。

观景平台采用下沉式广场的设计，建筑形体由此向两端逐渐升高，好像一个火炬从地底生长而出。空间平面采用字母“H”形，顺应地形向场地的内部逐渐打开，接壤内部空间的郁郁葱葱，将场地内无限风光尽收眼底，同时自然而然地融入场地外的自然环境。

观景平台顶部是场地内的视线最高点，立于平台之上可俯瞰整个场地的内部景色，感受杨家岭红色建筑遗产厚重的历史韵味(见图 6.25)。

(a) 观景平台上的内部空间

(b) 观景平台上的外部空间

(c) 观景平台下的外部空间

(d) 观景平台下的内部空间

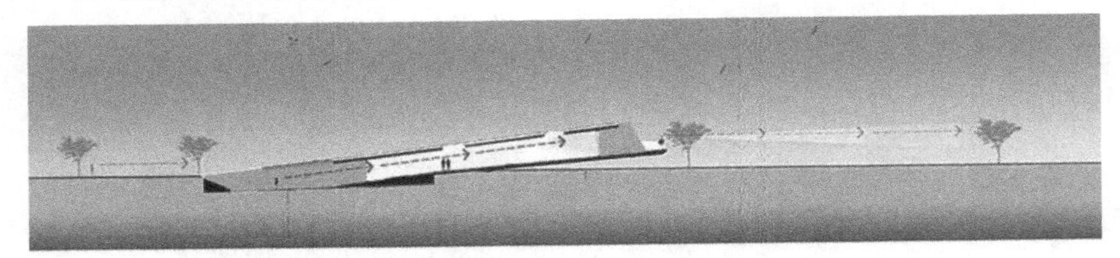

(e) 观景平台视线分析

(f) 观景平台阳光分析

图 6.25 观景平台

③ 绿植广场。

绿植广场将黄土高原沟壑层叠的地貌形态作为场地设计的要素，采用乡土植物与层叠的石材及砖进行搭配，不同材料的质感碰撞，相映成趣。其不仅丰富了视觉层次，还为场地中增添一抹舒适、惬意的绿色，同时采用线性照明对场地进行灯光渲染，休憩设施遍布其中，为场地的夜景增添了活力。

绿植广场是一个下沉空间，下沉高度为 3 米。考虑到广场的排水，利用场地的坡度进行雨水的收集，并在雨水汇集点设置绿植种植园(见图 6.26)。

(a) 绿植广场轴线

(b) 绿植广场细部

(c) 绿植广场细部

(d) 绿植广场细部

图 6.26　绿植广场

④ 纪念长廊。

纪念长廊将杨家岭红色建筑遗产内的红色革命的伟人事迹、战争故事进行数字媒体技术展示设计，互动式地向访客传达红色革命精神。长廊也为访客提供一个休憩空间，使访客能够沉浸式地体验红色文化。

长廊采用金属和石材相结合的廊架，石材的天然质感与场地红色建筑遗产的材质相同，金属材质具备流动的反射美感，同时采用线性光的照明，使长廊的内外空间与红色建筑遗产及其周围环境相融合，为访客提供丰富的视觉观赏体验(见图 6.27)。

(a) 纪念长廊细节

(b) 纪念长廊细节

图 6.27　纪念长廊

⑤ 休憩广场。

休憩广场是一个休憩、学习、娱乐、参观的多功能广场，它考虑了不同年龄段的差异化需求，提取了黄土高原窑洞建筑的立面形式，作为休憩空间的分隔墙，墙底部能预制供人们休憩的设施设备，也可直接将休息椅放在墙的外部，同时也可作为红色文化创意雕刻墙，这种设计不仅为访客提供了休憩的空间归属感，还增加了休闲空间的红色文化氛围(见图 6.28)。

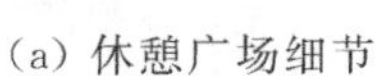

(a) 休憩广场细节

(b) 休憩广场细节

(c) 休憩广场细节

(d) 休憩广场细节

图 6.28　休憩广场

(5) 景观小品。

将杨家岭红色建筑遗产中的红色建筑物本体和非物质革命文化进行提取，将此处发生的重大事件、伟人事迹及毛泽东同志在此所著的系列文章如《关于若干历史问题的决议》《中国革命和中国共产党》《新民主主义论》等内容进行提取，将其运用在入口广场及内部核心观景广场的景观树池的铺装上，增添空间的红色文化氛围，让访客在红色革命根据地随时随地都能感悟延安精神。材质以石材、不锈钢金属为主，颜色以灰色为主色调，黄色和红色为点缀色，符合整个场地颜色基调和空间性质(见图 6.29)。

(a) 景观树池铺装示意图

(b) 景观树池铺装示意图

图 6.29　景观树池示意图

(6) 景观植被。

延安地势为西北高东南低的丘陵地貌，地处黄河的中游地区，平均海拔在 1200 米左右，属于黄土高原丘陵沟壑区；植物分布较为平均，种类较少，植物多样性不足，大多为外来引进植物种类，对藤蔓类的植物运用极少；种植手段和绿化方式较为单一，需要增加垂直绿化并增加植物的多样性。

植物配置应符合延安的气候环境，选择耐寒与耐旱的植物，根据场地空间设计，选择乡土植物进行搭配，注重垂直绿化，增加植物配置的立体感，在乔木、灌木、地被类植物的选择上，进行多种类的搭配；同时完善植物系统，形成四季有景可观的游赏空间。

乔木树种的选择：乔木在植物搭配中可以形成上层景观，在其选择上需要贴合场地的功能及性质。场地主要选用的乔木有圆柏、白皮松、棕榈、樟子松、樱花、沙地柏、紫叶李等(见图 6.30)。

图 6.30　乔木树种的选择

灌木植物的选择：灌木可以与乔木形成从高到低的植物形态。场地属于半山地景观，植物配置中选择的灌木有小叶黄杨、海桐、松针、火棘、枸骨、平枝栒子等乡土植物(见图 6.31)。

图 6.31　灌木植物的选择

地被植物的选择：地被植物选用早熟禾、二月兰、剪股颖、羊胡子草、野牛草、蒲公英等生命力强、耐旱、耐寒的植物(见图 6.32)。

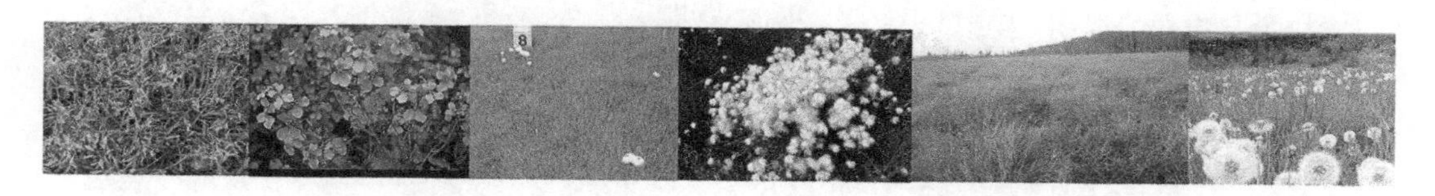

图 6.32　地被植物的选择

在植物的造景中，要充分体现延安的本土特色，选用引进物种的同时融入本地乡土植物树种。在造景中，打造漫步在“树海”中的感受，下沉广场的植物造景采用小乔和灌木搭配，使访客感受到手轻抚可触树梢，脚漫步可踩落叶的游赏体验。在主入口的位置采用大乔，用造型严整的大乔分隔道路和主入口广场，用规则的种植方式点缀入口广场，形成简洁、大气、庄严的空间气氛。在内部节点的景观设计中，采用小乔和灌木点缀，增加场地的空间层次，形成有活力的景观空间。

3. 小结

杨家岭红色建筑遗产的环境景观设计采用最小干预的设计手法，在杨家岭红色建筑遗产保护上，拆除旧址周边杂乱的违章商业建筑，给旧址留出足够的保护范围和缓冲空间。在景观界面中采用空间叙事的设计手法，依托杨家岭的川道地形，以红色文化为基底，设计体验式的互动空间节点和特色景观，力求展现杨家岭红色建筑遗产景观的文化性、生态性、可持续性，传承延安红色文化，弘扬延安精神。

## 二、枣园红色建筑遗产的保护

### （一）规划层面的枣园革命旧址的保护规划

1. 规划原则

枣园革命旧址位于延安城西北约7千米处，是中共中央书记处1943年10月至1947年3月所在地。枣园革命旧址建筑遗产的现状有中共中央书记处小礼堂、中共中央社会部总务处、中央军委总参作战部作战室、中央机要局、毛泽东旧居、朱德旧居、周恩来旧居、刘少奇旧居、任弼时旧居等红色建筑遗产，并有毛泽东《为人民服务》讲话台的旧址(见图6.33)。

图6.33　枣园革命旧址在延安市域范围的位置

资料来源：《延安革命遗址群首批保护项目规划——枣园旧址规划》，长安大学城市规划设计研究院编制.

依据《延安市城市总体规划(2015—2030)》中“圣地延安、生态延安、幸福延安”的总体规划目标，枣园革命旧址作为延安城市文化景观的标志性节点之一，规划形成以游览、观赏为主的爱国主义教育景区。

针对枣园革命旧址的现状，《延安革命遗址群首批保护项目规划——枣园旧址规划》中提出“大、丰、强、全”的规划目标。大是以规模扩大为导向，以枣园革命旧址的红色品牌为基础，以周边红色建筑遗产群为依托，充分拓展红色旅游项目和内容；丰是以丰富的活动为内容，变单一的旅游观光为红色体验、文化体验、风情体验；强是以建设成为具备很强吸引力的旅游区为目标，利用“红火延安”等红色文化的演出，吸引大众；全是以围绕旅游活动的吃住行，健全活动内容和服务设施。在以上规划战略的基础上，进行枣园革命旧址的环境景观设计，将其建设成红色文化领略、红色精神教育、红色艺术体验的延安红色文化旅游区。

### 2. 保护规划

#### 1）规划范围

《延安市城市总体规划(2015—2030)》确定延安城市性质为中国革命圣地、历史文化名城、优秀旅游城市、陕甘宁革命老区区域性中心城市、能源化工基地、黄土风情文化特色鲜明的红色旅游城市。延安城市总体发展战略中提出凸显革命圣地战略，以保护革命旧址为主，彰显革命圣地特色，着力构建优生态、宜行居、有活力、显特色的“圣地延安、生态延安、幸福延安”。

《延安市城市总体规划(2015—2030)》规定了枣园革命旧址的保护范围、建设控制地带。枣园革命旧址的保护范围为延园、中央社会部、中央医务所墙基外延 10 米，《为人民服务》讲话台广场，后沟礼堂、水草湾毛泽东旧居及院子外延 50 米。枣园革命旧址的建设控制范围为东至枣园镇政府西墙基，南至延定公路南 50 米，西至枣园苗圃西墙，北至社会部一室背后 50 米，包括枣园村，后沟部分不作为建设区域，不划建设控制地带范围，应保持周边自然风貌。

根据《延安市城市总体规划(2015—2030)》保护范围的规划原则，结合延安枣园革命旧址的现状，对枣园革命旧址保护规划如下：拆除搭建的民房等违规建筑，保留较好的窑洞建筑，禁止在革命旧址附近的山体上进行任何建设，整治革命旧址周围的环境，禁止设立垃圾堆放点，增加革命旧址周围的绿化种植(见图 6.34)。

#### 2）功能分区规划

枣园革命旧址保护规划根据《延安市城市总体规划(2015—2030)》中对枣园革命旧址保护范围的规定，枣园革命旧址旨在形成以游览、观赏为主的爱国主义教育景区。为了使其成为延安红色文化的重要景观节点，对枣园革命旧址划分了七个功能分区，分别是入口服务区、红色文化追寻区、黄土风情体验区、枣土特产展示区、延安精神展示区、商业区、东方红红色文化体验区，形成了以枣园革命旧址为核心的放射状复合功能结构(见图 6.35)。

入口服务区：拆除原有的临时民房和柴房，增加入口公共空间，增设入口广场、停车场和游客服务中心。

东方红红色文化体验区：设置东方红广场和东方红歌剧院，形成复合功能的公共活动空间，配套餐饮娱乐设施。

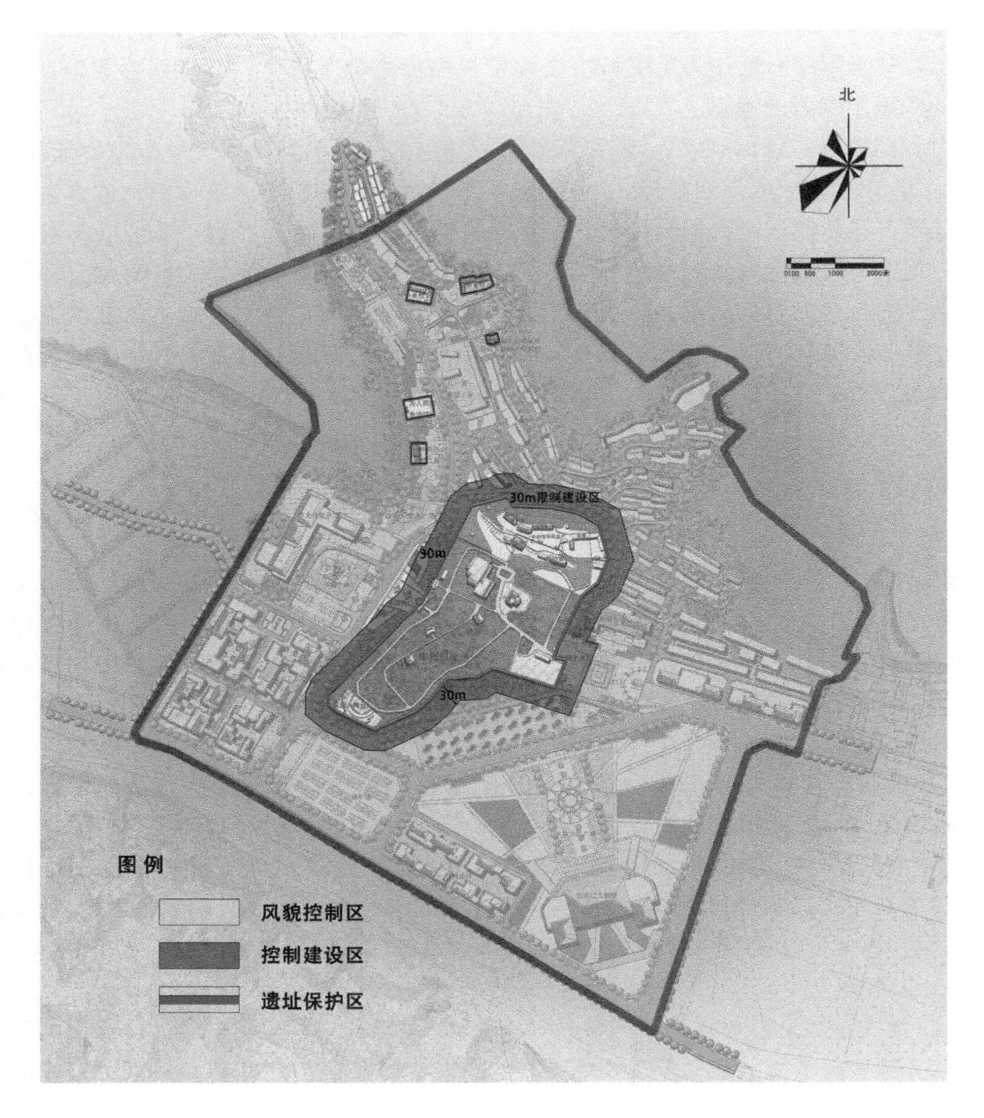


图 6.34 枣园革命旧址的保护规划范围图

资料来源：《延安革命遗址群首批保护项目规划——枣园旧址规划》，长安大学城市规划设计研究院编制。

红色文化追寻区：保护枣园红色建筑遗产，最大限度地真实展示延安时期伟人领袖在枣园办公生活的印记，满足人们探寻红色记忆的需求。

黄土风情体验区：结合枣园革命旧址内的自然地貌，形成以窑洞建筑风貌为主、陕北小吃为辅的黄土风情体验街区。

枣土特产展示区：选取延安土特产食品红枣，展示延安特色食品，建立红色土特产博物馆，全方位展示地域特色食品。

延安精神展示区：以《为人民服务》讲话台为展示主题，进行以红色英雄人物和红色重要事迹为主的红色叙事，弘扬为人民服务、默默奉献、不怕牺牲的延安精神，强化红色教育与感悟。

商业区：旧址西南侧的村民三产用地作为旅游购物商城。

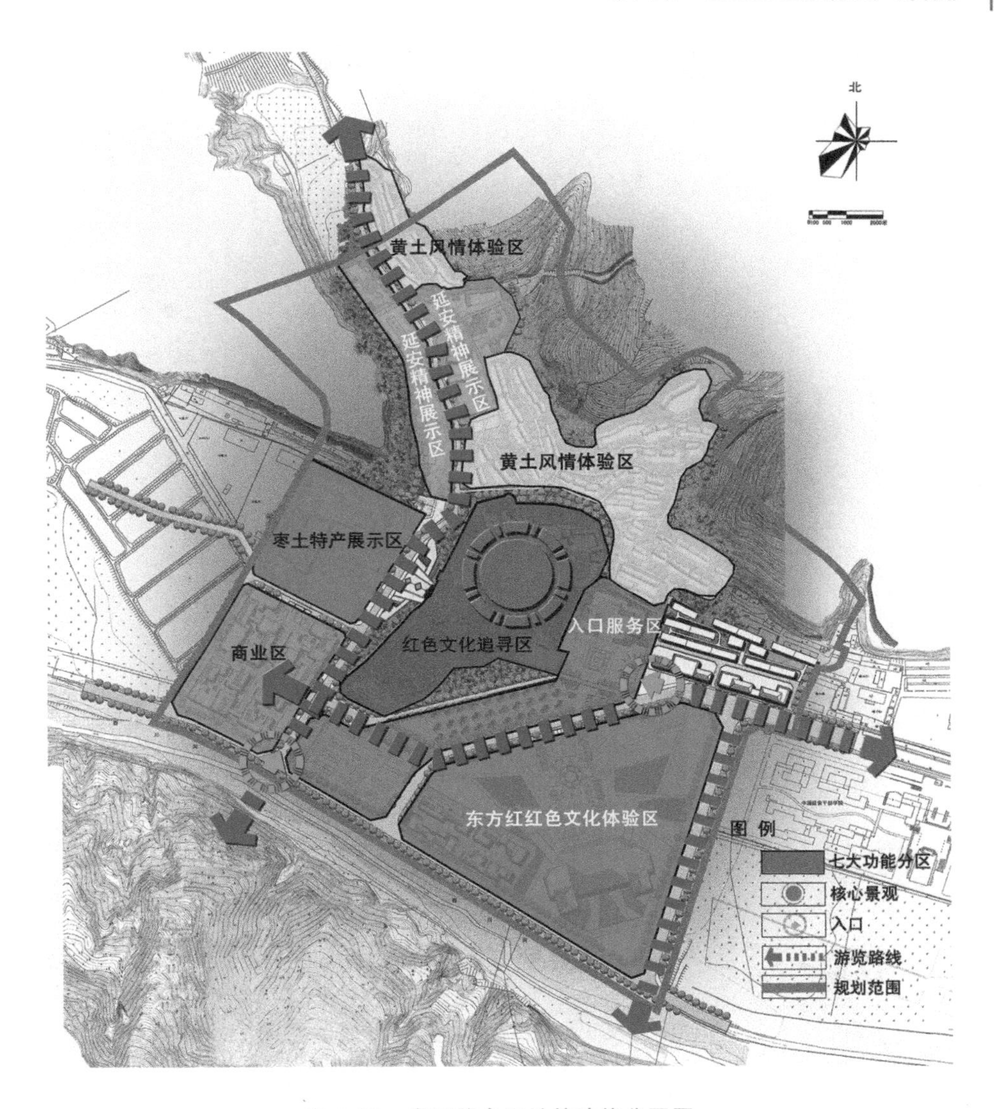


图 6.35　枣园革命旧址的功能分区图

资料来源：《延安革命遗址群首批保护项目规划——枣园旧址规划》，长安大学城市规划设计研究院编制.

3）道路规划

根据枣园革命旧址的场地周边情况，对道路及其周边交通作出以下规划(见图 6.36)：

过境道路：由延安至吴起、志丹方向的过境车流，沿延安干部进修学院的西侧围墙分流至滨河路，由滨河路绕行枣园革命旧址，避免影响革命旧址的内部交通。

车行道路：自干部进修学院西界墙始为车行道路，原东南围墙外延定路的东南方向偏移 50 米，在枣园革命旧址东南围墙处设计呈“Y”形的两条道路，一条道路通往滨河路，另一条道路向西、沿南围墙与枣园六路相接，向北进入延安精神展示区。大停车场设于革命旧址的东南侧入口处，小停车场设在革命旧址西侧的枣土特产展示区。车行主路红线宽 9 米，车行道宽 6 米，两侧人行道宽各 1.5 米，车行支路为 6 米。

步行道路：在枣园革命旧址西围墙增设了西入口，与枣土特产展示区直接连接，同时与延安精神展示区、黄土风情体验区、商业区互相贯连，形成了大停车场、东入口、北区、西入口、枣土特产展示区、延安精神展示区、黄土风情体验区、商业区、小停车场、东方红红色文化体验区的环状游览步行线路，将枣园内的红色建筑遗产和特色文化展示区有机联系起来。

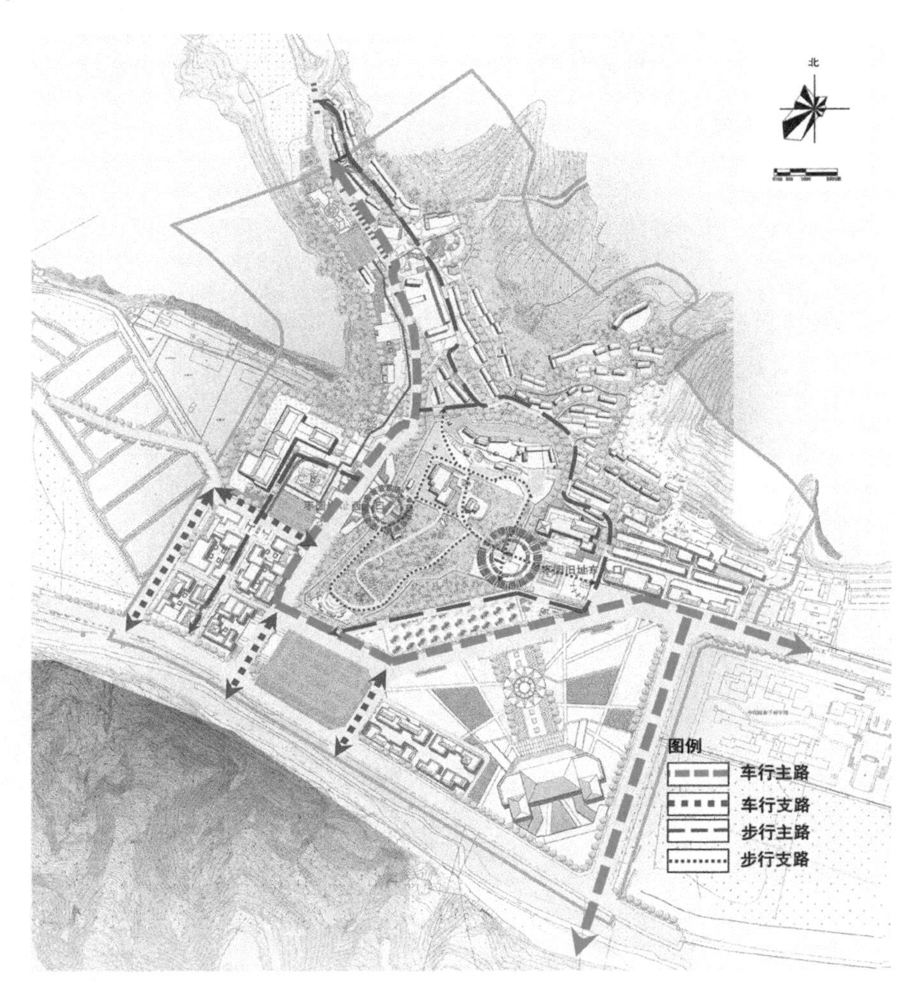


图 6.36　枣园革命旧址的道路交通图

资料来源：《延安革命遗址群首批保护项目规划——枣园旧址规划》，长安大学城市规划设计研究院编制.

4）景观结构规划

枣园革命旧址中各个功能分区的景观节点独具特色，采用不同的表现手法来表达，将枣园革命旧址打造成以中共中央书记处小礼堂、中共中央办公厅行政办公室、名人旧居为核心，具有延安独特黄土风情与红色文化相互融合的文化景观。

## （二）枣园红色建筑遗产的环境景观设计

### 1. 环境景观现状

红色建筑遗产的现状：有中共中央书记处小礼堂、中共中央办公厅行政办公室、中央军委总参作战部作战室、中央社会部、中央机要室、毛泽东旧居、周恩来旧居、朱德旧居、彭德怀旧居、刘少奇旧居、张闻天旧居、任弼时旧居、王稼祥旧居及幸福渠。枣园红色建筑遗产为地域建筑风格，以土木砖混合结构建筑及窑洞建筑为主(见图 6.37)。

图 6.37　枣园红色建筑遗产现状

枣园红色建筑遗产的保护状况：1947 年枣园的一些红色建筑遗产曾被国民党部队破坏，1953 年对破坏的红色建筑遗产进行全面修复。现在的整体保护状况良好，基础设施配备较全，但领导人旧居的部分房屋墙面干裂和门窗构件缺失需要加强日常维护，且存在红色建筑遗产缺少公共景观空间等问题(见图 6.38)。

图 6.38　枣园红色建筑遗产的基础设施

枣园红色建筑遗产的周边环境：现存街区的商业建筑，在风格上同枣园红色建筑遗产不协调；现实环境缺少配套设施，如停车场；周边环境对外交通混乱；现在的入口没有较好的景观广场；环境景观缺少红色文化特色和地域文化特色(见图 6.39)。

图 6.39　枣园红色建筑遗产的周边环境

枣园红色建筑遗产的展示状况：采取静态展示形式，对中共中央书记处小礼堂、中共中央办公厅行政办公室以观赏型展示和教育型展示为主。在展示手段上，采用"图片＋文字"的实物展示，对枣园红色建筑遗产的历史进行了梳理和阐述。在展示形式上，采用建筑实体展示的方式，缺少动态展示(见图 6.40)。

图 6.40　枣园红色建筑遗产的展示标识

延安红色建筑遗产有丰富的建筑价值、艺术价值、环境价值、利用价值、生态价值、经济价值、历史价值、社会价值及精神情感价值，在其环境景观的设计中，在注重挖掘红色建筑遗产的历史价值、社会价值、精神情感价值的同时，也要注重挖掘其环境价值、生态价值、经济价值、利用价值，在多层次价值的基础上，注重其生态景观的可持续性。

在枣园红色建筑遗产的使用过程中，采用使用后评估法，对枣园红色建筑遗产的历史文化、环境景观、服务基础设施、保护管理四个方面进行满意度评价。枣园红色建筑遗产的满意度的统计中，对枣园红色建筑遗产的历史文化氛围的评价结果显示较满意，但对枣园红色建筑遗产的基础设施的标识导向、休憩设施、公厕设置的评价结果显示不满意。在设计中应增加枣园红色建筑遗产的历史文化氛围和基础设施改造，注重枣园红色建筑遗产景观环境的可持续发展，做到将生态与红色文化相结合，保留原有的生态系统。

综上，枣园红色建筑遗产的环境景观现状，存在以单体红色建筑遗产修复为主，缺少对整体环境风貌的控制，导致其周边环境风貌与枣园红色建筑遗产的文化氛围不协调等问题，因此需要进行环境景观的优化设计。

### 2. 环境景观设计

《延安市城市总体规划(2015—2030)》中延安宝塔区是延安红色建筑遗产的核心区，是延安重点保护的核心区域，红色建筑遗产在这一核心区内占据着非常重要的地位。此地旨在形成以游览、观赏为主的爱国主义教育基地，因此枣园红色建筑遗产的环境景观设计以文化展示为主，通过红色文化体验、黄土文化体验、地域风情体验等设计，将场地打造成延安精神教育、红色文化互动、地域艺术体验的"中国第一红色景区"。枣园红色建筑遗产的环境景观设计需要营造不同的文化展示区，以体验红色文化为主，选取契合枣园红色建筑遗产总体风貌的主题，进行方案设计。

#### 1）设计主题

设计以"革命之火与红色记忆"为主题进行红色文化的空间叙事，"革命之火"指该场地是中国红色革命的摇篮，遗留大量的红色建筑遗产，"红色记忆"指该场地发生的一系列红色英雄人物和红色事迹。设计以保护红色建筑遗产为目标，进行景观空间、景观小品、景观植被等环境景观设计，同时利用光影效果，使得设计具有强烈的立体感和空间层次。

#### 2）设计框架

设计以黄土文化作为延安地域文化的特色，方案以延安沟壑纵横的地形作为环境空间设计的出发点。延安的地貌层层叠叠、千沟万壑，其气势恢宏让人膜拜和向往，设计强调黄土高原的地貌特征，同时融合场地的红色文化空间。设计根据场地高差设计了下沉式广场和抬高式广场，形成跌宕起伏的游览路线，增添空间的观赏性和趣味性。设计过程中对枣园红色建筑进行保护利用，在枣园红色建筑遗产前的场地，增设互动性的文化体验空间，使访客在游赏过程中体会场地中蕴含的"艰苦奋斗、独立自主"的延安精神。

设计分为四个主要空间序列，根据场地的不同高差变化，形成丰富的空间层次。第一个空间序列是下沉式广场，提炼延安的黄土高原地貌形态，采用下沉式的树池和镜面纪念墙去缅怀红色英雄人物和革命事迹，为后续的空间设计做铺垫；第二个空间序列是纪念广场，由幸福渠流过到达纪念长廊，追忆革命先辈的革命历程；第三个空间序列是抬高式广场，采用抬高式的阶梯广场，提供大尺度的公共聚集空间，为红色文化、黄土风情、地域特色的展示提供体验空间；第四个空间序列是观景平台，是鸟瞰枣园红色建筑遗产的最佳观景平台，为访客提供难忘的景观空间体验。

#### 3）设计方案分析

（1）景观结构。

场地内采用两条轴线贯穿，设计了四个空间序列，形成以游览、观赏为主的红色教育基地。四个空间序列分别是下沉式广场、抬高式广场、纪念长廊、观景平台(见图 6.41)。

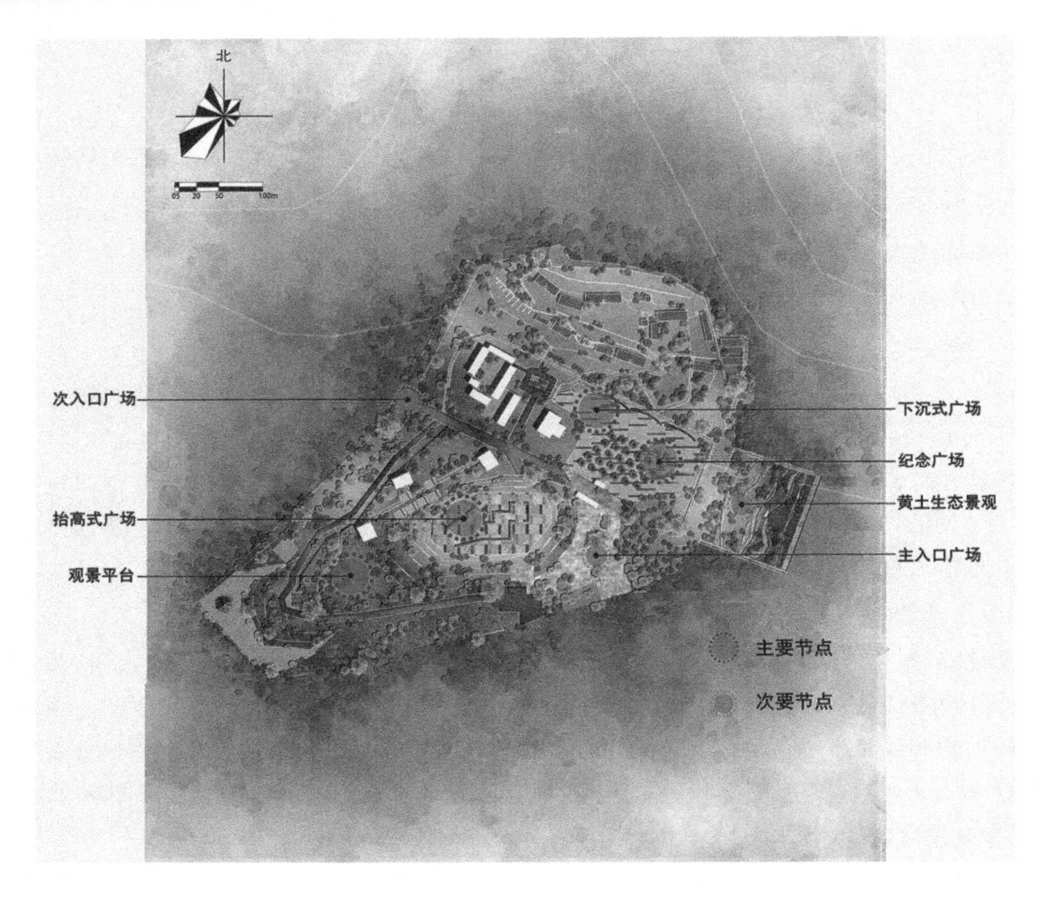


图 6.41　景观结构图

(2) 景观交通。

场地为不规则的多边形，在保护枣园红色建筑遗产的基础上，共设置了两个出入口，主入口位于东边，次入口位于西边。场地根据景观节点的分布，采用环形的游览路线，场地的各节点通过内部道路连接，为访客提供多样的路线选择。四个空间序列作为场地的主要空间节点，引导人群参观场地的各处红色建筑遗产。

(3) 景观视线。

景观视线的优劣会影响访客对于景观空间的视觉体验，场地东北低、西南高，且西南窄而东西宽。根据场地的特点，在枣园红色建筑遗产的密集区设计了下沉式广场空间，下沉式广场既不影响红色建筑遗产的视线通廊，又提供了公共共享和休憩空间，同时在西南区设计了一个观景平台，可以鸟瞰场地的景观全貌。

(4) 景观节点。

场地设计了四个景观节点，分别是下沉式广场节点、抬高式广场节点、纪念长廊节点、观景平台节点，四个主要景观节点由两条轴线串联，贯穿枣园红色建筑遗产的场地，形成完整的叙事性游赏空间。

① 下沉式广场。

下沉式广场的设计初衷是为了突出枣园红色建筑遗产如中共中央书记处小礼堂、中共中央办公厅行政办公室等，下沉式广场上设置了树池座椅，圆柏是广场的主要树种，它不仅高大还具有纪念意义。树池中心设计纪念碑，它的高度超过圆柏，是场地中的最高点，表达了对革命先烈的崇敬之意。

下沉式广场的镜面纪念墙是为纪念在战争中受伤而导致残疾的军人们设置，通过这面纪念墙传达感激之情。纪念墙采用蓝色的玻璃与黑色的花岗岩，蓝色代表延安蔚蓝的天空，黑色代表对军人的深痛怀念。纪念墙玻璃上记载着延安时期的战争故事，形成一个红色文化回忆场所，表达了对革命先辈们的无限缅怀。

枣园西边临近延安职业技术学院，东边与延安无锡枣园中学以及欢乐谷相邻，人流量较大。广场设计为下沉式广场，空间容量大且有一定的空间归属感，满足当地人群和访客的停留、交流和休息等需求。广场铺装以灰色调为主，符合场地纪念性的空间氛围（见图 6.42）。

（a）下沉式广场的圆柏

（b）下沉式广场的纪念碑

（c）下沉式广场的镜面纪念墙

（d）下沉式广场的铺装

图 6.42　下沉式广场

② 抬高式广场。

抬高式广场以延安层层叠叠的沟壑地形为设计理念，设计出逐层抬高的广场空间。广场上的空间采用半围合空间，以迎风飘扬的红旗为主要设计要素，采用以红色为主、黄色为辅的矮墙让访客在此处感悟延安的历史长河，追寻红色遗迹，感受革命足迹，学习延安精神。在广场上共设计两条线路，第一条将广场与观景平台进行连接，第二条将次入口与广场进行连接，站在抬高的广场上将四周的景色尽收眼底(见图 6.43)。

图 6.43　抬高式广场

③ 纪念长廊。

纪念长廊采用树列进行空间的引导，地面的石材上和景观墙上都镌刻着枣园红色建筑和红色革命故事的相关史实，加深访客对枣园红色建筑遗产的印象(见图 6.44)。

(a) 纪念长廊节点的树列

(b) 纪念长廊节点的景观墙

图 6.44　纪念长廊

④ 观景平台。

观景平台是整个场地的核心空间，包括黄土地貌、剪纸艺术及窑洞建筑的展示。在观景平台设计中对延安沟壑起伏的黄土地貌进行提取，设计了一个集休憩、儿童亲子体验为一体的活动空间；将剪纸艺术运用到休憩空间的装置设计中，让访客在休息的同时感受到地域民俗文化的氛围；将窑洞建筑的拱形结构进行提取，设计了一个集红色文化展示、红色文化创意产品体验为一体的展示长廊。观景平台作为场地的最高点，在这里可以鸟瞰整个枣园红色建筑遗产，感受红色文化氛围和延安精神。在观景平台下设置了景观水渠，以动态水作为整个场地的结尾，隐喻“幸福渠”幸福之水永远流不尽(见图 6.45)。

(a) 观景平台节点的儿童活动空间

(b) 观景平台节点的剪纸装置艺术

(c) 观景平台节点的儿童健身场所

(d) 观景平台节点的窑洞结构的展示廊

图 6.45　观景平台

(5) 景观植被。

延安市的地势为西北高东南低，属于黄土高原丘陵沟壑地貌。植物分布较为平均，种类较少，植物多样性不足，大多是外来引进植物种类，种植手段和绿化方式较为单一。

场地的植物配置应符合延安的气候环境，选择耐寒与耐旱的植物。根据枣园红色建筑遗产的保护现状，应增强植物配置的空间层次，进行草皮、灌木、小乔、大乔的植物景观搭配，增强场地内植物多样性的景观绿化效果。

### 3. 小结

枣园红色建筑遗产的环境景观设计采用空间叙事的设计手法，在枣园红色建筑遗产的保护现状基础上，拆除了场地周边的违章建筑，针对场地缺少公共空间的现状，在景观设计中遵循黄土高原千沟万壑的地貌特色，融入红色文化叙事，利用场地的高差变化，设计了下沉式景观空间和抬高式景观空间，力求展现枣园红色建筑遗产景观空间的层次性、多元性及可持续性，感悟并传承延安精神。

# 第七章 延安红色建筑遗产的利用

2018年中共中央办公厅、国务院办公厅颁布的《关于加强文物保护利用改革的若干意见》要求，要从坚定文化自信、传承中华文明、实现中华民族伟大复兴中国梦的战略高度，提高对文物保护利用重要性的认识，增强责任感使命感紧迫感，进一步解放思想、转变观念，深化文物保护利用体制机制改革，加强文物政策制度顶层设计，切实做好文物保护利用各项工作。

## 第一节 延安红色建筑遗产的利用

### 一、建筑遗产的展示性利用

2015年《中国文物古迹保护准则》指出，合理利用是保持文物古迹在当代社会生活中的活力，促进保护文物古迹及其价值的重要方法。我们应当根据文物古迹的价值、类型、保存状况、环境条件等分级、分类选择适宜的利用方式；鼓励对文物古迹进行展示，对其价值作出真实、完整、准确的阐释。

#### （一）建筑遗产展示性利用的作用和意义

遗产展示性利用的作用和意义有以下四点：第一，阐释遗产特征，通过提炼遗产的意义与价值，将遗产的物质要素和非物质要素整体进行阐释，使得文化精神与遗产物质本体有机融合；第二，传承遗产价值，通过展示遗产所承载的价值，阐释不同文化遗产的多样性和突出价值；第三，公共教育功能，通过遗产展示进行公众教育，实现遗产保护的同时产生社会效益；第四，促进遗产保护，一方面通过展示增强公众对遗产价值和保护的认识，激发公众对遗产保护的关注与自觉，另一方面通过展示获得经济效益与社会效益，促进各个相关方的实际受益，促进遗产保护工作的展开。建筑遗产的展示性利用是对历史文化遗产的诠释和展现，是建筑遗产保护的目标。延安红色建筑遗产是中国革命文化的见证，真实、完整地保存红色建筑遗产不仅是对遗产物质本体的传承，更是对延安精神和红色文化价值的延续。

#### （二）建筑遗产展示性利用的主要内容

国际上第一个关于文化遗产阐释和展示的文件是《文化遗产阐释与展示宪章》(2008年)。该文件对遗产阐释和展示作了明确定义。阐释是指一切可能的、旨在提高公众意识、增进公众对文化遗产理解的活动，包含印刷品和电子出版物、公共讲座、现场及场外设施、教育项目、社区活动，以及对阐释过程本身的持续研究、培训和评估。展示指在文化遗产地通过安排阐释信息、直接接触以及展示设施等有计划地传播阐释内容，可通过各种技术手段传达信息，包括(但不限于)信息板、博物馆展览、精心设计的游览路线、讲座和参观讲解、多媒体应用和网站等。

国内专项讲述文物利用展示与阐释的文件是《关于加强文物保护利用改革的若干意见》(2018年)。文件中关于文物利用展示与阐释的内容包括三个方面：

第一，构建中华文明标识体系。深化中华文明研究，推进中华文明探源工程，开展考古中国重大研究，实证中华文明延绵不断、多元一体、兼收并蓄的发展脉络。依托价值突出、内涵丰厚的珍贵文物，推介一批国家文化地标和精神标识，增强中华民族的自豪感和凝聚力。

第二，创新文物价值传播推广体系。将文物保护利用常识纳入中小学教育体系和干部教育体系，完善中小学生利用博物馆学习长效机制。实施中华文物全媒体传播计划，发挥政府和市场作用，用好传统媒体和新兴媒体，广泛传播文物蕴含的文化精髓和时代价值，更好地构筑中国精神、中国价值、中国力量。

第三，完善革命文物保护传承体系。实施革命文物保护利用工程(2018－2022年)，保护好革命文物，传承好红色基因。强化革命文物保护利用政策支持，开展革命文物集中连片保护利用，助力革命老区脱贫攻坚。推进长征文化线路整体保护，加快长征文化公园建设。加强馆藏革命文物征集和保护，建设革命文物数据库，加强中国共产党历史文物保护展示。

从以上文件可以看出，国家强调中国传统文化展示和革命文化展示。

建筑遗产展示性利用的内容包括建筑遗产的物质本体及其环境展示、非物质层面的展示与建筑遗产相关联行为活动衍生的展示。

#### 1. 建筑遗产的物质本体及其环境展示

建筑遗产的物质本体及其环境的物质要素是构成建筑遗产的有机整体，是历史文化信息的载体。建筑遗产的物质本体及其环境要素包括建筑物、建筑群、道路、地形、水体、植物、园林要素、小品及相关联的外部要素。除此之外还包括文献性质内容，如记载有关遗产信息的各类史籍、志书、碑铭、文学作品，以及图像形式的绘画、插图、壁画、彩绘、雕刻、图像、照片及影像。

#### 2. 建筑遗产的非物质层面的展示

遗产的非物质层面以遗产本体及其环境为物质基础，是在社会群体的历史实践过程中出现、演化，与自然及社会环境相适应，包含了各种文化表现形式和场所空间形态，是文化遗产活的灵魂。建筑遗产的非物质层面展示既包括发生在建筑遗产和建筑遗产相关联的环境中的行为、活动、日常生活、劳动、交往、商业、娱乐休闲、节庆演出及活动仪式等，还包括构成建筑遗产要素和建筑遗产相关环境中的场所氛围、空间特质以及景观。

#### 3. 建筑遗产相关联行为活动衍生的展示

建筑遗产相关联行为活动衍生的展示是以遗产研究成果、实施保护工程档案及遗产相关部分的知识与信息为主。建筑遗产相关联行为活动衍生的展示既包括建筑遗产在各个历史时期及相关活动的展示，如动态呈现建筑遗产的形成和变迁，建筑遗产使用者、管理者、政府决策者及相关人文构成遗产地的文化属性，还包括文化象征及精神内涵的展示，借用某种具体形象的事物暗示特定情感、信仰等精神内涵，揭示相关联的文化象征，传递文化精神内涵。

以上建筑遗产展示利用的内容共同构成了一个历史时期及空间地域，不仅丰富了遗产展示的内容和形式，更拓展了展示的广度和深度，有助于形成以建筑遗产为中心，以时间和空间为纽带的遗产信息体系，尊重大众的需求，还原历史场景，重塑场所精神，加强建筑遗产保护利用，具有社会榜样示范作用和思想政治教育意义。

## 二、建筑遗产的功能性利用

建筑遗产的展示性利用与建筑遗产的功能性利用是建筑遗产的两种主要利用方式。前者是给人“看”，后者是为人“用”。不是所有的建筑遗产都具有功能性利用的可行性，建筑遗产的功能性利用分为延续原有功能利用及调整现有功能利用。

延续原有功能利用的建筑遗产一般适用于保存完整，结构无重大破坏，现状利用情况较好的建筑遗产；调整现有功能利用的建筑遗产一般适用于文化创意产业园、特色居住区、商业办公、旅游景点或展览展示类的建筑遗产。

### （一）建筑遗产功能性利用的组成

建筑遗产的功能性利用包含建筑遗产自身及其所蕴含的文化价值，以及由这一价值所带来的社会效益和经济效益。建筑遗产的多维利用包含两个层次：第一层次是建筑的物质形态与非物质形态的展现；第二层次是在古镇古村实现无形资产增值的前提下，利用其品牌效应，带动周边或整个地区的经济、文化发展。因此，建筑遗产的功能性利用不仅包括建筑遗产本身实体及其非物质价值的合理利用，还包括建筑遗产空间范围内的经济、生活系统。建筑遗产保护及利用既能使建筑遗产具有新的活力和生命力，实现可持续发展，又能鼓励公众自觉参与保护利用工作，使建筑遗产融入现代乡村和城市发展中，成为公众生活不可缺少的有机组成部分。

### （二）建筑遗产功能性利用的方式

建筑遗产的功能性利用需要专业的分析思维，在保护规划与科学评估的基础上，进行全方位的现状分析、项目定位、功能分区和用地布局、合理性评价与管理等工作。选择适宜的利用方式是实现建筑遗产合理利用最重要的环节，需要各项工作的配合和协调。

建筑遗产功能性利用方式的基本步骤如下：首先明确建筑遗产对象的现状情况、优缺点、市场情况；其次结合总体规划和保护规划对其进行利用的总体定位，明确消费人群对象；然后进行功能调整分析、功能空间布局、细化分析，判断功能性利用的合理性；最后综合考虑管理方式、实施手段以及文化宣传与推广等。

### （三）建筑遗产功能性利用的分析

在建筑遗产建造初期，人们投入了大量的劳动，在当时的技术手段下，平整地面、设计建筑布局、建造建筑主体、装饰门窗构件、营造景观等活动都凝结着人类的劳动。随着时间的推移，人类在使用和维护当中不断对建筑遗产进行改善、修复甚至重建，不断改善其周边环境。总之，人们在最初建造和后期修复保护中都对建筑遗产不断增加投入资金和劳动，一部分是过去时代赋予了建筑遗产的价值，一部分是在后来各种历史事件与人类需求变化所承载的价值，因此，建筑遗产作为现实存在的物质载体，在满足人们观赏、学习等物质及精神需求的同时，能够让人类更加了解自身的历史，尤其是蕴含稀有价值的建筑遗产，如具有重大历史意义或纪念价值的红色建筑遗产，具有更高的价值。

建筑遗产不仅是历史和文化的产物，更成为一种经济资源，其效用也遵循经济学的边际效用递减规律。因此，建筑遗产对于长期居住在其所在地的人们的边际效益较小，这些人们对建筑遗产的支付意愿较低，而远离该地区的人们对于这些建筑遗产的支付意愿却较高。因此，建筑遗产若不能作为旅游消费的一部分，仅依靠所在区域居民对其进行保护，则所需费用常常难以实现，也不利于建筑遗产的保护。

建筑遗产展示性利用的“非营利性”不等同于不可以营利，应将其理解为“不以营利为目的”。展示性利用的运营情况是不可回避的现实情况，经济效益也是衡量展示性利用方式是否合理的重要指标之一。建筑遗产功能性利用的经济合理性需要满足四个标准：法律上允许、技术上可能、财务上可行和价值最大化。

建筑遗产作为一种特殊的文化资源，会对地方经济产生巨大的影响。延安红色建筑遗产资源具有原创性、稀缺性、不可替代性的特性，如果保护利用做得好，就能产生良好的经济效益和社会效益。在这样的良性循环中，经济发展和社会发展又可以促进红色建筑遗产保护和管理的规范化，这是延安红色建筑遗产保护与发展双赢的可持续道路。

## 第二节 延安王家坪红色建筑遗产的利用案例

### 一、王家坪红色建筑遗产的展示性利用

#### （一）红色文化空间的阐释

文化空间最早源于法国思想大师亨利·列斐伏尔（Henri Lefebvre，1901—1991）的空间生产理论。他认为空间是通过人类主体的有意识活动而产生的，源自人的实践，是一种物质的存在方式，文化空间必须通过时间得以纵向延续和发展。联合国教科文组织于1998年颁布的《宣布人类口头和非物质遗产代表作条例》中将“文化场所”的人类学概念确定为“一个集中了民间和传统文化活动的地点，以及以某一周期（季节、日程表等）或是某一事件为特点的一段时间。这段时间和这一地点的存在取决于按传统方式进行的文化活动本身的存在”。2005年我国国务院办公厅发布的《国家级非物质文化遗产代表作申报评定暂行办法》第3条把“文化空间”定义为“定期举行传统文化活动或集中展现传统文化表现形式的场所，兼具空间性和时间性”。红色文化空间在内涵上包括物质、环境及精神，是红色文化传承的重要基因，也是红色文化展示及传播的重要场所。

红色文化空间中的物质、环境及精神文化，通过人的生理触摸、视觉感知及行为体验交融，形成了红色文化空间的生活文化环境、感知文化情感、精神文化境界的构成要素。红色文化空间的保护目标是实现文化多样性并存、历史文脉传承及空间环境的持续发展，因此红色文化空间研究需要从生活文化空间、感知文化空间、精神文化空间出发，认知三种空间生产的不同特点和功能，即生活文化空间是城乡发展的共享发展过程，感知文化空

间是空间生产和再生产的历史过程，精神文化空间是稀有价值的空间开发过程。因此，应针对王家坪的红色文化空间进行重塑，从静态性展示向动态性展示转变，做好有效配置，构建联动、包容、可持续发展的内在联系，从而实现地域精准脱贫与城乡共享的发展目标。

### 1. 红色文化空间的分类

通过对王家坪建筑遗产从生活文化空间、感知文化空间及精神文化空间三个层次进行梳理，可对王家坪红色文化空间的生产过程进行分类阐释，解析其红色文化空间的文化特征，归纳红色文化空间的文化内容，全面诠释延安精神的内涵及外延(见表7.1)。

表7.1　王家坪红色文化空间的类型

| 文化类型 | | 文化特征 | 文化内容 |
|---|---|---|---|
| 红色文化空间 | 生活文化空间 | 建筑 | 中共中央军委礼堂旧址、毛泽东旧居、周恩来旧居、防空洞、桃林公园 |
| | | 生产 | 大生产运动、生产英雄比赛 |
| | | 教育 | 中国女子大学 |
| | 感知文化空间 | 生活习俗 | 男女平等 |
| | | 政治组织 | 思想建党和制度治党 |
| | | 法律组织 | 陕甘宁边区高等法院、县司法处两级司法机关 |
| | 精神文化空间 | 精神信仰 | 马克思主义 |
| | | 思想概念 | 毛泽东思想的科学概念 |
| | | 节事节庆 | 抗日战争胜利大会、欢迎劳动英雄大会 |
| | | 诗词题写 | 人民救星、艰苦奋斗、独立自主 |
| | | 革命战争 | 保卫延安 |

### 2. 红色文化空间的调研

为了把握当代人对于王家坪红色建筑遗产的文化空间构成要素、审美偏好及消费偏好的总体状况，我们制作和发放了问卷500份，收回488份，获得有效问卷428份，调研年龄18～35岁占66.6%，35～50岁占8.41%，51～65岁占19.6%。这次调研为研究王家坪红色建筑遗产的文化空间提取与利用奠定了坚实的基础。表7.2所示为王家坪文化空间的调研状况。

表7.2　王家坪红色建筑遗产的文化空间调研

| 空间分类 | 文化空间构成要素 | 选项(多选)及占比 |
|---|---|---|
| 生活文化 | 建筑空间 | 中共中央军委礼堂旧址81%、毛泽东旧居57%、周恩来旧居39%、防空洞37%、桃林公园32% |
| | 建筑结构 | 窑洞74%、砖混结构14%、现代结构8%、土木结构5% |
| 感知文化 | 自然景观 | 榆树52%、枣树48%、杨树22% |
| | 景观色彩 | 红色96%、绿色17%、黄色14% |

续表

| 空间分类 | 文化空间构成要素 | 选项(多选)及占比 |
| --- | --- | --- |
| 精神文化 | 艺术表达审美偏好 | 剪纸 64%、手绘 44%、插画 33%、摄影拼图 28% |
| | 文化主题审美偏好 | 英雄人物 58%、地标景观 43%、民俗故事 28%、动植物 19% |
| | 文化内容审美偏好 | 红色建筑遗产 51%、宝塔山 48%、延河 42% |
| 空间生产 | 文化产品消费偏好 | 纪念性 79%、美观性 66%、实用性 38%、创新性 21% |
| | 文化产品消费类型 | 工艺品 80%、家居用品 50%、产品包装 50%、办公用品 32% |
| | 文化产品消费价格 | 100 元以下 56%、100～150 元 24%、200 元及以上 6% |

从表 7.2 可以看出，延安王家坪红色建筑遗产文化空间构成要素得分较高为以下：从生活文化空间看，王家坪的建筑空间中的中共中央军委礼堂和窑洞建筑得分偏高；从感知文化空间看，王家坪的自然景观中的榆树和景观色彩中的红色得分偏高；从精神文化空间看，王家坪的审美偏好中的英雄人物、红色建筑遗产、地标景观及剪纸艺术得分偏高；从空间生产看，王家坪的文化产品消费偏好具有纪念性、美观性的纪念工艺品、家居用品及产品包装得分偏高。

## (二) 红色文化空间的符号提取

王家坪红色建筑遗产的价值重塑可以分为价值分层和价值捕获。价值分层包括从宏观层面解析地域环境价值，从中观层面剖析空间文脉价值，从微观层面实践创意传播价值；价值捕获包括从文化空间转译红色建筑的空间符号价值，由红色叙事表意红色建筑的象征符号价值，重塑王家坪红色建筑遗产的稀有价值。

### 1. 王家坪红色建筑遗产的建筑符号提取

符号是人类认识世界和自身的一种方式。符号能在人脑中唤起认知、心理效果或思想，它由符号形体、符号对象和符号解释构成。符号及其相互关系的集合体为符号系统。符号系统包括发送者、指代对象、信息、编码、媒介和接收者等要素。

王家坪红色建筑遗产的符号提取主要是从红色建筑遗产特色、地域文化特色、延安精神弘扬出发，结合生活文化、感知文化、精神文化方面的审美喜好及情感偏好，归纳出王家坪红色建筑遗产的构成要素。在建筑空间层面，构成要素有王家坪入口、中共中央军委礼堂旧址、毛泽东旧居、桃林公园、防空洞(见图 7.1)；在建筑结构层面，构成要素有地域特色窑洞、砖混结构、现代结构、土木结构；在自然景观层面，构成要素有榆树、枣树、杨树；在景观色彩层面，构成要素有红色、绿色、黄色；在艺术表达审美层面，有剪纸、手绘、插画、摄影拼图；在文化主题审美偏好方面，有英雄人物、地标景观、民俗故事、动植物；在文化内容审美偏好方面，有红色建筑遗产、宝塔山、延河；在文化产品消费偏好方面，有纪念性、美观性、实用性、创新性；在文化产品消费类型方面，有工艺品、家居用品、产品包装、办公用品。随着当今物质生活的丰富，日常消费行为从追求实用价值转变为注重符号价值，我们应结合现代的审美喜好、情感偏好及象征表意，提取王家坪红色建筑遗产的文化符号，进行文化创意产品的设计。

(a) 王家坪入口

(b) 中共中央军委礼堂旧址

(c) 毛泽东旧居

(d) 桃林公园

(e) 王家坪建筑风貌

(f) 防空洞

图 7.1　王家坪重要物质遗存

王家坪红色建筑遗产符号由显性及隐性两个层面构成。显性层面包括红色建筑遗产物质实体的历史沿革、空间特征及空间变迁；隐性层面包括红色文化叙事、延安精神阐释。因此，应通过解读王家坪红色建筑遗产的多层价值，将王家坪红色文化空间的地域场所呈现、延安精神阐释、文化创意营造相结合，联动红色产业的开发利用，使具有延安精神的王家坪红色建筑遗产的创意设计走向可读、可视、可用的红色文化传播，从而达到区域红色文化空间的共享和认同。表 7.3 所示为王家坪红色文化空间的提取。

表 7.3　王家坪红色文化空间的提取

| 价值解读 | 空间提取目标 | 空间提取过程 | 空间提取意象 | 空间提取意象目标 |
|---|---|---|---|---|
| 地域环境价值 | 地域场所呈现 | 黄土创意元素 | 黄色层 | 地域创意要素共享 |
| 空间文脉价值 | 延安精神阐释 | 红色创意元素 | 红色层 | 红色创意要素认同 |
| 实践创意价值 | 文化创意营造 | 绿色创意元素 | 绿色层 | 现代创意要素营造 |

### 2. 王家坪红色建筑遗产的红色文化续脉

王家坪红色建筑遗产的红色文化空间续脉主要从地域场所呈现、延安精神阐释、文化创意营造三个方面，进行王家坪红色建筑遗产的红色文化基因传承。在地域场所呈现层面，提取生活空间元素、感知空间元素、想象空间元素；在延安精神阐释层面，提取红色生活元素、红色感知元素、红色想象元素；在文化创意营造层面，提取生活创意元素、感知创意元素、想象创意元素。我们应在以上红色文化空间要素基础上，关注社会的共同参与，加强文化产业链的闭合，推动区域经济和社会发展(见图 7.2)。

（a）地域场所呈现

（b）延安精神阐释

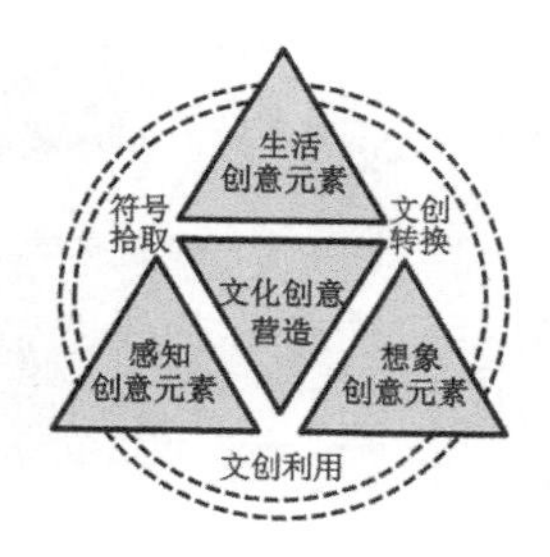


（c）文化创意营造

图 7.2　王家坪红色建筑遗产的红色文化续脉

## （三）红色文化空间的创意设计

王家坪红色建筑遗产文化创意的营造，强调延安精神阐释、地域场所呈现及文化创意营造的联动，以红色文化创意的产品为载体，将红色文化基因植入进产品设计，进行王家坪红色建筑遗产展示利用的文化创意设计，传承和弘扬延安精神。

### 1. 王家坪红色文化创意产品模式

文化产品是理论观念与物质载体的统一，其包含商品属性、意识形态属性及创意性。由于文化产品的特色文化和意识形态影响力主要存在于文化产品的消费领域，因此文化产品设计不但要重视文化产品的内在文化属性，还要重视文化产品的外部消费属性。随着低阶文化产业市场逐步饱和，文化消费从最初被动接受消费到主动探索消费，文化感知和文化想象成为提升文化消费的新的发力点。

目前，应根据王家坪红色建筑遗产现有文化产业的具体情况，以红色文化遗产的保护为先导，重视红色文化空间的传承，形成以红色文化创意产品“品牌内涵挖掘—品牌产品整合—品牌产业联动”为开发次序的王家坪红色文创模式，对红色建筑遗产的文化审美及消费调研进行整合。从文化上，加强延安精神的教育示范和社会引领的作用；从形式上，整合物质文化遗产和非物质文化遗产；从内容上，选择红色文化资源、地域文化资源、建筑文化遗产资源；从来源上，结合传统文化资源和红色文化资源，从市场的角度分析本地消费者和外地消费者的消费习惯和消费心理，进行合理定性，寻找红色文化产品的创意设计途径。图 7.3 所示为王家坪文化创意产品的整合。

王家坪革命旧址入口空间

中共中央军委礼堂空间

毛泽东旧居空间

中央军委桃林空间

（a）生活空间整合

宝塔山景观

王家坪建筑景观

防空洞建筑景观

植物景观

（b）感知空间整合

人民救星记忆

延安精神记忆

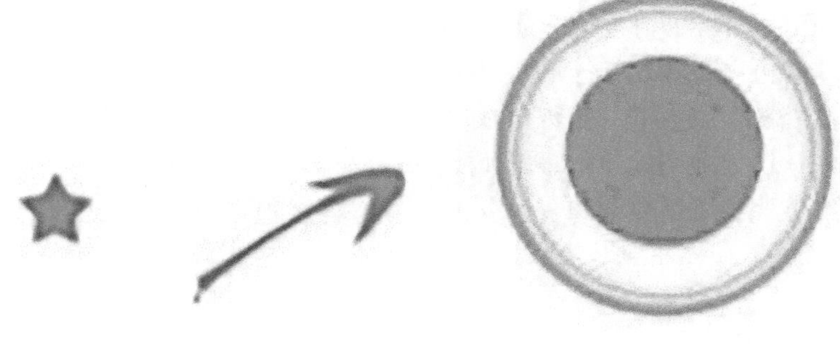

毛泽东思想记忆　　　　东方红记忆

(c) 想象空间整合

图 7.3　王家坪文化创意产品的整合

2. 王家坪文化创意产品设计

王家坪文化创意产品设计应做到文化产品主题与时代接轨，并与现实生活相关联。文化创意产品的内容以王家坪红色建筑遗产的物质形态要素及非物质形态要素为主。物质形态要素包括毛泽东旧居、周恩来旧居、中共中央军委礼堂等红色建筑遗产，非物质形态要素包括革命事件记载、著作、理想信念等革命精神和革命传统。在其文化产品设计过程中，应结合时代特点，将革命传统与时代精神紧密联系，结合消费者的审美及消费偏好，有效提升红色文化的生命力，延长红色文化产品的生命周期，做到开发与创新相结合，创造独具特色的王家坪红色文化创意产品(见图 7.4)。

(a) 瓷盘文化产品

(b) 抱枕文化产品

(c) 食品包装文化产品

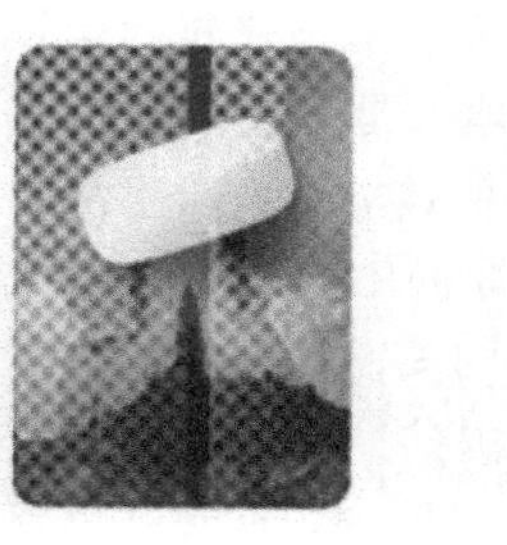

(d) 办公文化产品

图 7.4　延安王家坪红色文化创意产品

王家坪文化创意产品的设计，应在提炼红色建筑遗产的显性及隐性符号的基础上，将延安革命精神渗透其中，并兼顾文化产品的种类、性质及消费者的审美偏好。例如，在瓷盘文化产品设计中，以毛泽东旧居为设计主题隐喻毛泽东思想的成熟与发展，用红太阳寓意《东方红》的革命英雄主义精神，配以延安乡土树种——榆树，采用大众审美偏好的手绘艺术形式[图 7.4(a)]。在抱枕文化产品的设计中，以中共中央军委礼堂及革命领导人旧居为设计主题，用红色背景象征自力更生、艰苦奋斗的延安精神，采用大众审美偏好的剪纸艺术形式[图 7.4(b)]。在食品包装文化产品的设计中，以黄土高原沟壑纵横的自然景观及宝塔山文化景观为设计主题，用延安的农业景观——小米谷地为背景，采用大众审美偏好的插画艺术形式[图 7.4(c)]。在办公文化用品的设计中，以地标景观——宝塔山及中共中央军委礼堂旧址为设计主题，用红色向金色过渡的背景颜色隐喻中国革命事业的历史景象与未来景象，采用大众审美偏好的摄影拼图艺术形式[图 7.4(d)]。

在打造王家坪红色建筑遗产的文化衍生产品的过程中，有针对性地打造和传递地方特色产品，如针对本地特色农产品进行了针对性的宣传推广。在其他文化产品设计中，针对大众的文化需求、审美趣味、消费偏好，选择不同内容、不同风格的文化产品类型，如手提纸袋、钥匙扣、T 恤衫、储物布袋、胶带等，在产品设计中以红色建筑遗产为主线，结合红色革命记忆，以红色文化空间作为大众获得文化感知的要素，加快历史文化基因与现实文化的对接，促进延安革命文化与外界接轨，推进王家坪红色建筑遗产资源的市场化进程，让延安红色文化产品“走出去”。

### （四）小结

延安革命旧址是中国共产党人在延安艰苦奋斗、自力更生中所形成的文化遗产，从显性层面及隐性层面都体现出了延安精神。王家坪红色建筑遗产的展示利用从红色空间切入，进行红色建筑遗产的建筑符号的提取和红色文化空间的深入挖掘，通过艺术设计继承王家坪的红色文化基因，完成一系列红色文化创意产品设计，使红色文化与现代生活紧密结合，增加了红色文化的多样性使用价值，在弘扬延安精神的同时，有效推动了延安的经济建设。

## 二、王家坪红色建筑遗产的功能性利用

### （一）保护规划

自然气候与地理生态构成了本土建筑的生长环境和物质基础，同时孕育了其独特的社会形态和文化艺术。最早的建筑是供人栖居的场所，是具有瞭望和庇护功能的安全领域。建筑的真正意义在于对生活的体验，是对生活智慧和审美诉求的反映。延安是中国著名的革命老区，位于我国黄土高原的中心区域，因其具有军事要冲的区位优势，故历史上的延安曾是民族斗争和政治角力的关键区域，这为延安的多民族交流与文化融合提供了有利条件。延安红色建筑遗产是中国共产党驻扎延安时的红色文化遗产，是中国共产党在延安时革命工作和生活的智慧与审美体现。延安红色建筑遗产并非当时中国建筑结构最先进、建筑功能最齐全的，但透过建筑结构、建筑材料及建筑样式反映出了中国共产党人在营造活动中的建筑思想、建筑审美和精神向往。延安红色建筑遗产是中国近代最具代表性的红色

文化遗产。

延安古城区在延河、南川河河流交汇处，北有清凉山，西有凤凰山，东有宝塔山，依山傍水，自然环境十分优美。《延安市城市总体规划（2015—2030）》规定了延安保护规划重点是保护老城风貌，延续山水城市格局，维护生态城市特征，加强城市风貌控制，凸显圣地元素。

《延安市城市总体规划（2015—2030）》规定了王家坪革命旧址的重点保护范围及建设控制地带。王家坪革命旧址的重点保护范围为军委参谋部院、军委政治部院、军委桃园，东至花豹山山坡王稼祥旧居背墙外 10 米，桃园东侧外墙基，南至桃园南侧外墙基，西至脑畔山山腰叶剑英旧居西墙外 10 米，朱德旧居围墙墙基，王家坪小学操场东界，旧址大门外道路西侧道沿，北至脑畔山山腰叶剑英旧居北墙外 10 米，面积约 3.96 公顷。王家坪革命旧址的建设控制地带为东至市工商局院西墙基，南至延河北岸河堤，西至延安革命纪念馆住宅楼西墙外 35 米，东、北两面至山峰主脊，面积约 29.5 公顷。

根据《延安市城市总体规划（2015—2030）》保护范围的规划原则，结合王家坪革命旧址的现状，对王家坪革命旧址的保护规划如下：整治王家坪革命旧址以北的环境，修建至叶剑英旧址的上山道路，拆除道路上的民房，在道路以北种植树木，遮挡药检所大楼；在旧址的建设控制地带内禁止再增加任何与旧址无关的项目。

### （二）环境景观现状

（1）王家坪红色建筑遗产的现状：有中共中央军委礼堂旧址、中共中央军委总政治部组织部旧址、中共中央军委总政治部会议室旧址、延安华侨救国联合会旧址、毛泽东旧居、周恩来旧居、防空洞等。王家坪红色建筑遗产的建筑风格为地域建筑风格，以土木砖混合结构建筑及窑洞建筑为主。

（2）王家坪红色建筑遗产的保护状况：1947 年王家坪红色建筑遗产曾被破坏，1957 年对破坏的一些红色建筑遗产进行了修复。王家坪部分建筑遗产出现风化、剥蚀、破损情况，需要加强日常维护，王家坪红色建筑遗产缺少体验式的公共空间。

（3）王家坪红色建筑遗产的周边环境：王家坪红色建筑遗产依山而建，场地空间有限；旧址入口没有公共广场；旧址外围环境缺少配套设施，如游客中心及停车场；景观缺少生态可持续性。

综上可见，王家坪红色建筑遗产的现状、保护状况及周边环境亟须进行保护和利用，结合整个场地空间，王家坪红色建筑遗产的利用效率低，缺少对景观生态性的考虑，不能满足居民和访客的需求，因此需要对其进行优化设计。

### （三）保护利用的理念与策略

针对王家坪红色建筑环境景观现状，提出了“以保护利用为核心”“让场地原有记忆贯穿整个设计”“生态修复与安全为先导”的保护利用理念，需要整合遗产保护、窑洞修复、边坡治理、山体防洪、建筑修缮、景观改造、生态修复等多学科、多专业进行协同工作。

王家坪红色建筑遗产的保护利用策略如下：

（1）生态修复的可持续性：生态修复的目的是“维持和保全孕育生命的生态环境”，在满足人的视觉景观效果的同时，顺应植物的生理特征，最终构建能自我循环、可持续发展的生态环境。对王家坪红色建筑遗产，应采取景观生态修复的设计手段，包括构建生态安全格局，稳定地质岩土，将雨洪控制利用和绿化相结合，创造乡土植物群落的多样性等。

（2）空间功能设计的可达与轻扰：在景观场地及步道设计中，采取共享可达及有限介入的设计理念，减少人为对场地地貌的扰动，同时最大限度地增加生态修复的基底面积。对王家坪红色建筑遗产应利用山体崖洞遗留的台地高差进行台地种植，在满足景观功能的同时也为植被群落生长提供了条件。

（3）场所精神与地域文化的构建：在文化景观营造与场地周围环境设计中，注重自然过渡，相互补充和衬托，延续与传承延安历史文脉。对王家坪红色建筑遗产景观环境应采用室外场地节点与红色文化主题元素相结合，不仅进行了空间功能的划分，同时提升了红色文化氛围，并通过景观元素、地域材料等细节充分展现了红色文化主题。

### （四）环境景观优化设计

王家坪红色建筑遗产的环境景观设计从延安生态格局和城市空间轴线两方面进行。

在延安生态格局方面，延安生态格局是以延河、南川河、西川河等主要河流穿插城区以及与凤凰山、宝塔山、清凉山形成山地绿楔，它们形成的空间是延安山水格局的核心区域。在延安城市景观设计中，要突出山水城市特征，以“景在城中、城在景中”作为城市风貌的基本要求，加强山水绿楔的控制，塑造特色的中小尺度山水环境，构建不同层次的“山一水一城”格局。延安城市环境景观设计应当保护以宝塔山为制高点的，三山对峙、两水汇流的城市空间格局。王家坪位于延安中心城区的西北方向，作为山水绿楔空间的组成部分，在其景观优化设计中，以优化城市生态空间格局为目标，以尊重地形地貌、生态保护、红色文化体验为主题，采用乡土生态元素，如黄土高原地貌、窑洞建筑、乡土植物，保护王家坪红色建筑遗产的原生态格局，同时对现有的环境景观进行修复，塑造“共生、共享”的生态格局。

在城市空间轴线方面，延安城市空间以宝塔山为中心，依山势和水脉形成多条轴线，城市空间拓展中除了多条轴线外，还有多个组团，每个组团相对独立又相互联系，组团内部又有自己独立发展的轴线，其轴线向东西两侧延伸。王家坪紧邻清凉山、凤凰山，红色文化氛围浓郁，作为城市空间拓展的重要区域，在其环境景观优化设计中，延续城市动态空间发展态势，以延安革命纪念馆与延河大桥为组团轴线，增加王家坪红色建筑遗产周边环境的景观节点中的公共开敞空间，延续“动态、联动”的城市空间引导力。

#### 1. 设计主题

方案设计从两个方面入手：一是加强王家坪红色建筑遗产的环境景观与延安革命纪念馆之间的联系，延长原有场地的轴线，并增加一条步行的新轴线。新轴线与旧轴线相呼应，新轴线用感路、观路、忆路等设计主题对王家坪的红色文化记忆进行空间叙事，让场地在适应时代的发展中不丢失原有的历史文化记忆。二是提取红色建筑遗产符号作为设计元素并运用在环境景观设计方案中，利用空间组合、植被立体种植以及景观小品等设计手法进行王家坪红色建筑遗产的景观活化设计。例如，以“胜利之路”为主题，从红色建筑遗产符号中提取相关要素，用隐喻的手法、叙事性的表达，更深层次地挖掘王家坪红色建筑遗产的历史特色，营造更具文化底蕴的纪念性景观。

## 2. 设计框架

设计以空间叙事的手法，将场地分为“开端”“发展”“插叙”“结尾”四个空间序列。“开端”是主景观轴线的入口引导空间；“发展”是入口引导空间后面的抬高广场空间，广场的石墙上镌刻着革命领导人在王家坪期间发生过的历史事件；“插叙”是转折空间，位于次景观轴线的半封闭空间，空间中讲述了许多革命英雄事迹；“结尾”是主景观轴线的结束空间，空间通过文化符号提炼营造王家坪红色文化空间氛围，并引导人流进入纪念馆(见图 7.5)。

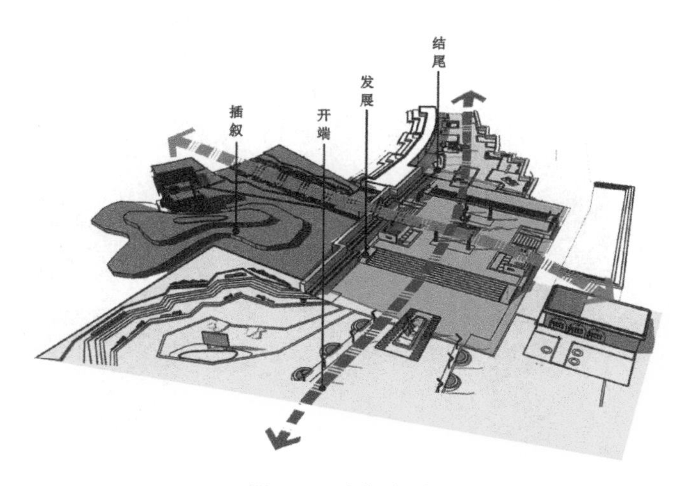


图 7.5　空间序列图

## 3. 设计方案分析

### 1) 景观结构

场地以两条景观轴线贯通，主要景观轴线沿原有的弧形场地轮廓进行设置，次要景观轴线穿过原入口与现入口进行设置，两条轴线丰富了访客和居民的多层次观赏体验。根据功能需求场地划分为五大景观空间，分布五个景观节点，通过轴线实现了王家坪红色建筑遗产周围环境的空间联动效果(见图 7.6)。

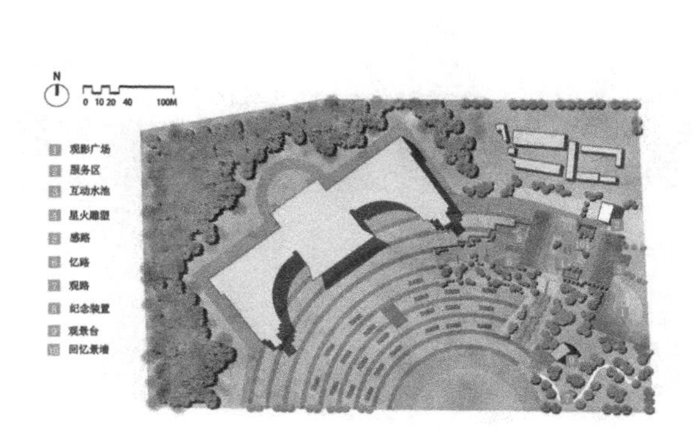


(a) 景观平面图

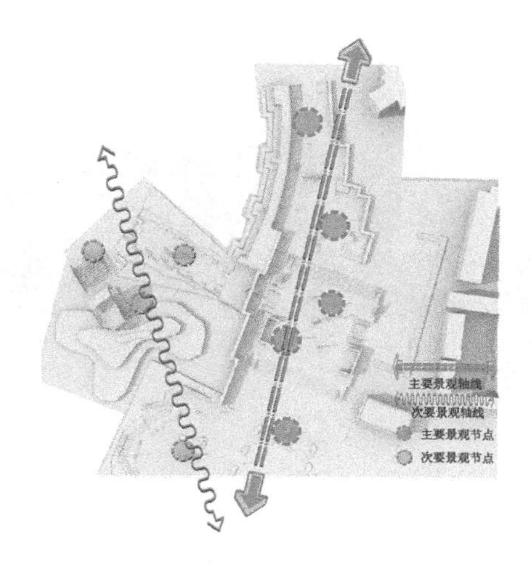


(b) 景观结构示意图

图 7.6　景观结构图

2）景观交通

场地设置两个出入口，以方便访客通行，在场地的北侧保留原有的停车场。场地根据不同的景观节点设计了不同的游览路线，其中景观主轴线为一级道路，景观次轴线为二级道路，场地进行人车分流，给访客舒适自在的步行游览体验(见图 7.7)。

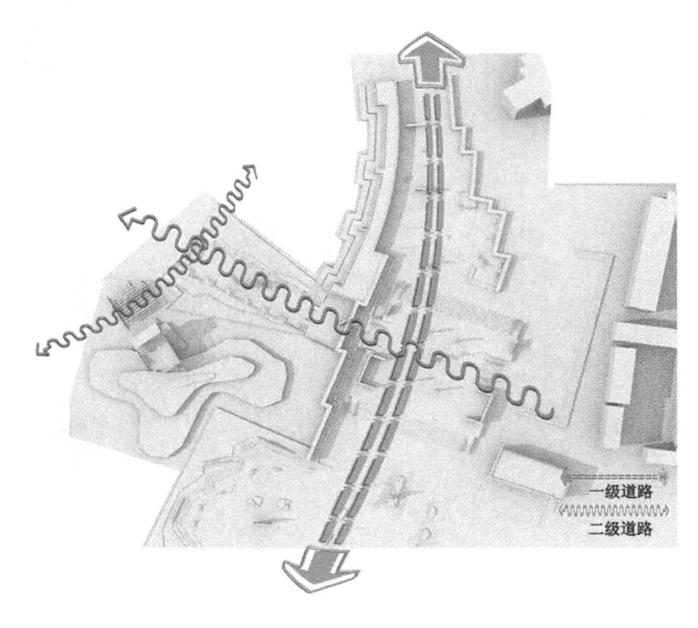


图 7.7　景观交通分析图

3）景观视线

本方案严格控制景观视线，利用场地内的地形高差起伏，形成丰富的景观层次，也营造场地不同特性的空间，通过对不同高差地形的改造达到不同的景观空间，增添了游赏的趣味感(见图 7.8)。

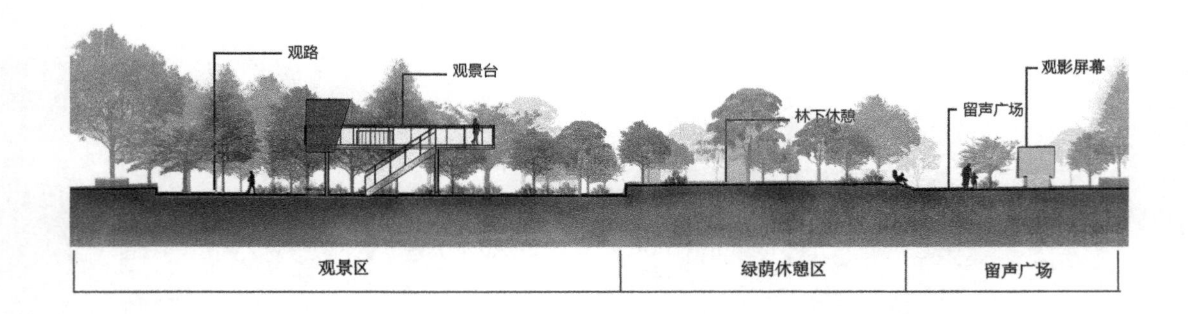


图 7.8　景观视线分析图

4）景观节点

景观节点分为五个，分别是入口广场节点、台地纪念广场节点、革命景墙节点、互动广场节点、观影广场节点。五个主要的景观节点相互串联并辅以次要节点，贯穿始终，形成了红色文化叙事的景观长廊。

(1) 入口广场。

入口广场的中间设计了互动水景装置，目的是增加游客与场地之间的关联性，为后续景观做铺垫。入口广场利用场地现有植物群落，打造一个安静的游赏空间，让游客以平静的心态感触红色革命精神。

广场中央设计的星火雕塑象征着中国红色革命从星星之火走向燎原之势，让游客铭记革命历史。广场中的水池隐喻着红色文化源远流长，表达了后辈不忘革命先辈的奉献及牺牲的感激之情(见图 7.9)。

图 7.9　入口广场

(2) 台地纪念广场。

台地广场设计了文化柱，文化柱提取了王家坪革命旧址大门为设计元素，采用拱形曲线的造型。文化柱上印刻了毛泽东、周恩来及彭德怀等革命先驱的诗词，以渲染红色革命的文化氛围。

台地广场的雕塑小品提取了延安腰鼓作为设计元素，采用腰鼓红飘带的动感造型。台地的铺装采用红色，铺装上雕刻着红军长征的地图。

台地广场的设计中将地域文化元素与红色文化元素相融合，在宣传延安地域文化的同时，弘扬了延安红色革命精神(见图 7.10)。

(3) 革命景墙。

景墙上刻有毛泽东等革命人物在王家坪居住期间所作的革命诗词。景墙两侧进行了镂空处理，这不仅增加了空间的层次感，还避免了景观实体墙的空间压抑感。景墙旁种有绿植，使得空间疏密变化，处处有景可观。景墙用黑色大理石，表现出了庄严肃穆的氛围(见图 7.11)。

图 7.10　台地广场

图 7.11　革命景墙

(4) 互动广场。

互动广场将王家坪的红色建筑遗产的文化符号进行提炼，并展示于玻璃数字媒体装置上，通过数字媒体使游人驻足倾听并观赏，让游客与空间产生互动，增强红色文化的“共鸣效应”。空间周围用绿篱进行围合，打造一个半封闭的视听空间，营造静谧的气氛(见图 7.12)。

图 7.12　互动广场

(5) 观影广场。

在观影广场，为了避免夏季烈日的暴晒，影响空间体验，设计采用乡土植物来营造惬意的林下空间。观影屏幕周围用本地毛石进行装饰，其上印刻红色艺术文化元素。广场设置树池座椅，满足游客的观影和休憩需求。室外观影以石材为主，耐磨且成本较低，便于后期的管理和维护(见图 7.13)。

图 7.13　观影广场

5）景观植被分析

根据调查结果可知，延安市地处黄河的中游地区，属于黄土高原丘陵沟壑区，此地植物种类较少，大多为外来引进植物种类，因此植物配置应符合延安的气候环境，选择耐寒与耐旱的植物。王家坪红色建筑遗产环境景观应选择适合红色文化的植物进行设计。在搭配的同时，注重植物生态系统，形成夏有夏景、秋有秋景的季相景观设计。

在植物的造景中，应体现延安地方特色，应将外来引进物种融入本地的乡土植物中，利用延安枣树、山丹丹等具有寓意和乡土特色的植物，隐喻延安红色文化，也在视觉上给体验者留下深刻的延安印象。在植物的种植设计中，注意乔灌木的多层次搭配方式，使植物景观在竖向设计上富有层次变化，丰富体验者的视觉观感。选用的落叶乔木有紫叶李、碧桃、国槐、栾树、山杨、洋槐等，常绿乔木有油松、侧柏、白皮松、樟子松等，灌木有小檗、大叶黄杨、丁香、蔷薇、胡枝子、锦鸡儿、紫穗槐、荆条等乡土植物。

# 参考文献


[1] 中共中央文献研究室中央档案馆. 建党以来重要文献选编(一九二一—一九四九) 第22册[M]. 北京：中央文献出版社，2011.

[2] 中国中共党史学会. 中国共产党历史系列辞典[M]. 北京：中共党史出版社，党建读物出版社，2019.

[3] 习近平. 之江新语[M]. 杭州：浙江人民出版社，2007.

[4] 国家文物局. 中国文物地图集，陕西分册(下)[M]. 西安：西安地图出版社，1998.

[5] 延安市地方志编纂委员会. 延安地区志[M]. 西安：西安出版社，2000.

[6] 陕甘宁边区红色记忆多媒体资源库：延安精神库(陕西省图书馆) [EB/OL]. http://www.sxlib.org.cn.

[7] 朱光亚. 建筑遗产保护学[M]. 南京：东南大学出版社，2019.

[8] 徐进亮. 整体思维下建筑遗产利用研究[M]. 南京：东南大学出版社，2020.

[9] 朱鸿召. 延安文艺繁华录[M]. 西安：陕西人民出版社，2017.

[10] 陈履生. 革命的时代：延安以来的主题创作研究[M]. 北京：人民美术出版社，2009.

[11] 埃德加·斯诺. 西行漫记[M]. 董乐山，译. 北京：生活·读书·新知三联书店，1979.

[12] 根室·斯坦因. 红色中国的挑战之二：跨进延安的大门[M]. 紫蔷，译. 上海：晨社，1946.

[13] 埃文斯·福代斯·卡尔逊. 中国的双星[M]. 祁国明，汪杉，译. 北京：新华出版社，1987.

[14] 安娜·路易斯·斯特朗. 中国人征服中国[M]. 刘维宁，何政安，郑刚，译. 北京：北京出版社，1984.

[15] 宁谟·韦尔斯. 续西行漫记[M]. 胡仲持，蒯斯曛，冯宾符，等译. 上海：复社，1939.

[16] 联合国教育、科学及文化组织，保护世界文化与自然遗产政府间委员会，世界遗产中心. 实施《世界遗产公约》操作指南[R]. 联合国教育、科学及文化组织，2017.

[17] 史特朗. 为自由而战的中国[M]. 伍友文，译. 上海：棠棣社，1940.

[18] RIEGL A. The modern cult of monuments: its character and its origin[J]. Oppositions, 1982[1903](25): 20-51.

[19] SEBASTIAN L, LIPE W D. Archaeology and Cultural Resource Management. Visions for the Future[M]. School for Advanced Research Press, Santa Fe, 2010.

[20] DELLA TORRE S. A coevolutionary approach to the reuse of built cultural heritage[C]. Il Patrimonio Culturale in Mutamento, 2019: 25-34.

[21] 中华人民共和国中央人民政府. 国务院关于公布第一批全国重点文物保护单位名单的通知[EB/OL]. (1961-03-14). http://www.gov.cn/guoqing/2014-07/21/content_2721152.htm.

[22] 中华人民共和国中央人民政府. 国务院关于公布第二批全国重点文物保护单位的通知[EB/OL]. (1982-02-23). http://www.gov.cn/guoqing/2014-07/21/content_2721159.htm.

[23] 中华人民共和国中央人民政府. 国务院关于公布第三批全国重点文物保护单位的通知[EB/OL]. (1988-01-13). http://www.gov.cn/guoqing/2014-07/21/content_2721163.htm.

[24] 中华人民共和国中央人民政府. 国务院关于公布第四批全国重点文物保护单位的通知[EB/OL]. (1996-11-20). http://www.gov.cn/guoqing/2014-07/21/content_2721166.htm.

[25] 中华人民共和国中央人民政府. 国务院关于公布第五批全国重点文物保护单位和与现有全国重点文物保护单位合并项目的通知[EB/OL]. (2001-06-25). http://www.gov.cn/guoqing/2014-07/21/content_2721168.htm.

[26] 中华人民共和国中央人民政府. 国务院关于核定并公布第六批全国重点文物保护单位的通知[EB/OL]. (2006-05-25). http://www.gov.cn/guoqing/2014-07/21/content_2721173.htm.

[27] 中华人民共和国中央人民政府. 第七批全国重点文物保护单位名单[EB/OL]. (2014-03-05). http://www.gov.cn/guoqing/2014-07/21/content_2721176.htm.

[28] 中华人民共和国中央人民政府. 国务院关于核定并公布第八批全国重点文物保护单位的通知[EB/OL]. (2019-10-16). http://www.gov.cn/zhengce/content/2019-10/16/content_5440577.htm.

[29] 陕西省重点文物保护单位[EB/OL]. http://wwj.shaanxi.gov.cn/wbxx/bkydww/wwbhdw/.

[30] 延安革命纪念地管理局. 延安市县级文物保护单位名单[EB/OL]. (2014-08). http://yagmjnd.gov.cn/wwzy/zljl/1557553557190762498.html.

[31] 延安市人民政府. 延安市人民政府关于公布第一批延安市文物保护单位的通知[EB/OL]. (2016-10-13). http://www.yanan.gov.cn/gk/zc/qt/szfwj/15164165 94144722946.html.

[32] 中共中央党史研究室. 中国共产党历史(第一卷)[M]. 北京：中共党史出版社，2002.

[33] 中共中央党史和文献研究院. 中国共产党的一百年[M]. 北京：中共党史出版社，2023.

[34] 中共陕西省委党史研究室. 陕西省革命遗址通览[M]. 西安：陕西人民出版社，2014.

[35] 张明胜. 延安革命史画卷[M]. 北京：民族出版社，2000.

[36] 武继忠，贺秦华，刘桂香，等. 延安抗大[M]. 北京：文物出版社，1985.

[37] 申沛昌，郭必选，杨延虎，等. 延安精神的原生形态[M]. 西安：陕西人民教育出版社，1993.

[38] 延安革命纪念馆. 延安革命纪念馆陈列集萃[M]. 北京：中国画报出版社，2011.

[39] 陕甘宁边区财政经济史编写组，陕西省档案馆. 抗日战争时期陕甘宁边区财政经济史料摘编(第一编)[M]. 西安：陕西人民出版社，1981.

[40] 中国延安干部学院. 延安时期大事记述[M]. 北京：中央文献出版社，2010.